黑金動盪

全球能源秩序的轉折點

頁岩革命 × 能源轉型 × 地緣政治 × 環保議題……
能源市場如何影響全球格局？

王建良，趙林，薛慶 著

低油價時代來臨！

從市場機制到政治角力，解讀全球石油經濟的未來趨勢

當國際市場震盪、產油國困境與新能源趨勢交織，
石油產業該何去何從？

目 錄

序言

第一部分　油價篇：油價變動的歷史軌跡與市場巨變

第一章
低油價的前世今生：國際油價體系與歷史低點的回顧 ………… 013

第二章
頁岩革命的衝擊：撼動全球油價的技術突破 ………………… 035

第三章
OPEC+ 的困局：產油國還能穩住油價嗎？ …………………… 061

第四章
疫情衝擊下的石油市場：灰犀牛與黑天鵝的交錯影響 ………… 079

第五章
油氣時代的終結？能源市場的未來走向 ………………………… 101

第二部分　國家篇：產油國的財政挑戰與能源政治博弈

第六章
資源詛咒再現？石油依賴國家的經濟困境與破解之道 ………… 125

目錄

第七章
財政緊縮下的資源國：油價波動如何衝擊國家預算 …………… 143

第八章
石油美元的霸權與挑戰者：全球經濟格局的金融戰場 ………… 165

第九章
石油政治的無形戰場：能源作為經濟武器的威力與風險 ……… 185

第十章
環保政策與能源轉型：消費國的低碳願景與石油業的未來 …… 201

第三部分　公司篇：石油企業的生存戰略與市場應對

第十一章
國際石油巨頭的應變之道：歷史上的低油價與產業調整 ……… 219

第十二章
國家石油公司的角色與挑戰：政策主導下的市場應變 ………… 239

第十三章
獨立石油公司的存亡之戰：低油價時代的併購風潮 …………… 259

第十四章
科技如何改變石油產業？新技術帶來的降本增效革命 ………… 279

第四部分　家庭篇：石油與我們的日常生活

第十五章
我們身邊的石油與天然氣：看得見與看不見的能源影響 ……… 297

第十六章
成品油價格的真相：政府從油價中收了多少稅？ ……………311

第十七章
能源轉型如何影響消費選擇？政策導向下的能源替代進程 …… 323

參考文獻

目錄

序言

　　早在 2014 年國際油價下跌並持續數年在低價徘徊之時,我們就有了寫一本關於油價的書的想法。為什麼要關注油價?主要原因還是源於與油價對應的交易物——石油的重要性。這種重要性可以在很多方面展現,例如它是當今人類社會消費的第一大能源,是全球最大宗的商品,是國際地緣政治動盪背後的重要因素,是各大主流媒體最為關注的時事話題,是每一個人日常生活時時刻刻都在使用的商品等等。而油價是影響石油市場最重要的因素與指標,這也是我們選擇油價作為話題的主要原因。

　　對於任何商品的價格而言,價格的高低波動是常態,但在本書的撰寫當中,我們更加關注低油價。實際上這是有原因的,為了說明背後的原因,我們這裡提出一個關於油價的「雙週期」概念。第一個週期是大週期,這個週期與石油開發利用的週期有一致性,即趨勢性上升,期間保持一段時期的高價執行,之後再趨勢性下降;第二個週期是小週期,即無論是在大週期的趨勢性上升,還是高價執行,還是趨勢性下降的過程中,都不是線性的,而很可能是週期性波動的。大週期對整個產業的影響是策略性的,而小週期的影響則更多的是戰術性的。在小週期內,我們更關注油價的價格,即油價高到多少或低到多少;而在大週期內,除了關注價格外,我們關注油價的長期走高或走低趨勢。我們文中所指的「低油價」,不僅指小週期內的油價下跌,更指大週期內油價的趨勢性非上漲狀態。

序言

　　小週期內的油價下跌是很好理解的，2008 年、2014 年、2020 年的油價暴跌等都屬於小週期內出現的價格下跌。但是為什麼說大週期內油價的未來趨勢是非上漲的一種狀態呢？我們提到，油價的大週期實際上和石油的開發利用是有關係的，或者說和我們前面提到的「石油的重要性」是有關係的。從西元 1859 年現代石油工業誕生，到目前已有 160 多年的歷史，可以說在前 150 年左右的時間中，石油的開發利用趨勢都是持續性成長，且增加速度都是非常快的，這使得石油價格也整體上保持上漲的趨勢。所以在此之前，國際社會更加關注油價過高對人們的影響。

　　轉變發生在 21 世紀的第一個十年。在 2008 年，全球金融危機爆發，成為石油趨勢改變的一個重要事件。自此之後，雖然全球石油需求在金融危機後快速恢復，但是呈現出來的僅僅是「恢復」，而沒有重現金融危機以前的「持續快速成長」之勢。或者說石油消費加速迎來了一個非常重要的轉折點，那就是加速逐漸放緩。而之後的 2014 年、2020 年油價暴跌，都和消費下滑或消費疲軟有著密切的關係。那麼，石油消費的這個變化是暫時性的還是趨勢性的？這個問題對我們判斷大週期是至關重要的。而至少從目前的情況來看，這個變化很可能是趨勢性的，原因是大家所熟知的氣候變遷和其他環境問題。在全球各主要經濟體紛紛推行「減碳」，積極應對碳排放，實現全球升溫在攝氏 2 度甚至攝氏 1.5 度的這個目標下，可以預期「去碳化」將成為未來數十年的熱門話題。石油雖然不是含碳量最高的能源，但是其相對的高碳性特點也使得其未來消費空間大大減少，且在長期內可能萎縮，這是石油趨勢背後的根本性原因。所以在這個背景下，我們更應該關注「低油價」。

　　那麼，我們這到底是一本什麼樣的書呢？首先，這是一本以油價為視窗，透視石油發展的書。本書的作者都是身處石油產業或與石油產業

密切相關的教育系統的工作人員，因此，在面對這個石油趨勢改變的時候，內心的急迫感和責任感促使我們去思考石油產業的發展。可以說，我們既是在寫油價，但更是在寫石油本身。其次，這是一本關注各主體與石油關係故事的書。我們前面提到過，石油的重要性使得很多主體都與石油有關，在本書中，我們著重分析了石油輸出國政府、石油公司和使用石油的消費者三類主體與石油及油價的密切關係，我們相信這三類主體也會關心這個話題。再次，這是一本回顧過去同時又展望未來的書。在這本書的撰寫中，我們既有對歷史的回顧和石油工業發展歷史的介紹，也有對未來石油產業發展的思考，也希望我們的思考能夠引發讀者的進一步思考。最後，這是一本知識性與趣味性相融的書。我們深知，石油的影響是廣泛的，因此，我們希望與此相關的讀者都能輕易了解我們所講的、所思考的。這使得我們在寫作的過程中，摒棄了較為死板的教科書式的內容灌輸，而是盡量用故事性的語言描述來講述問題，同時融入一些幫助理解問題的知識。相信大家讀起來應該會很輕鬆。

　　事物的變化似乎是漫長的，但是有些時候，變革卻是迅速的。身為普通大眾，我們可能沒有辦法做出迅速改變以搶占最佳的發展位置。2020 年爆發的 covid-19 疫情讓我們看到了很多人生活的平凡與不易，幾位作者也身處其中。勢不可擋，順勢而為才是我們應當積極思考的。「活在當下，尋求生存之道」是我們這本書的初衷，希望書中的觀點和故事能給您的生活有所啟發，這也是我們最大的心願。

王建良　趙林　薛慶

序言

第一部分

油價篇：
油價變動的歷史軌跡與市場巨變

第一部分　油價篇：油價變動的歷史軌跡與市場巨變

第一章

低油價的前世今生：
國際油價體系與歷史低點的回顧

　　隨著現代石油工業的發展，石油的策略價值日益凸顯，石油安全問題引發關注，圍繞石油開展的國際政治外交更加活躍，劇烈的油價震盪愈加頻繁。作為全球交易量最大的大宗能源商品，決定油價的根本因素依然是供需。由石油輸出國和石油消費國組成的供需雙方，共同構成了包括五大現貨市場、三大期貨市場、六大基準油價的成熟世界石油體系。回顧歷史，世界石油市場的價格體系經歷了寡頭壟斷定價、生產者定價和交易所報價三個階段。作為本書的第一章，我們將為各位讀者梳理國際石油市場及其價格體系的發展脈絡與現狀，講述歷史上歷次低油價事件。請大家跟隨我，一起進入石油的世界吧！

第一節
國際石油市場的運作與價格機制

一、現代石油工業的起源

1859年8月29日，美國人艾德溫・德雷克（Edwin Drake）在賓州的泰特斯維爾村（Titusville）鑽井取油成功，從此開啟了美國本土石油的大規模商業化開採之路，這也被認為是世界大規模商業用途開採石油的開始。正如博・黑恩貝克在《石油與安全》中所寫：「1859年美國發現了石油這種新資源，象徵著人類新紀元的開始。」

100多年前，美國賓州西北部的群山之中有一條漂浮著黑油的溪流。因為黑油是從山上的石頭縫中滲出來流進溪水中的，因此又被稱為「石油」。但在當時，石油被當地土著人認為是一種能治百病的「神油」。

1853年，美國正值經濟成長和工業化的穩定發展階段，但在當時廣泛使用的照明方法卻是點燃浸在動物油脂或植物油中的燈芯。因為照明效果不理想以及提煉燈油高昂的價格，人們對高品質、低價格的照明材料有著強烈的需求。美國人喬治・比爾斯在接觸到石油之後，他產生了用可燃燒的石油作為照明材料的新想法。

產生了這個想法後，比爾斯尋求合作，組成了投資集團。他們與耶魯大學的西利曼教授（Benjamin Silliman）合作，對石油進行實驗分析。在1855年4月16日，西利曼教授的實驗報告表明石油經過加熱之後，可透過蒸餾分離成多個部分，其中一種就是可用於高品質照明發光的油。

當時大部分的石油是從石頭縫裡滲出來的，像「油溪」一樣。收集方

法是用勺子刮油或擰乾吸滿石油的毯子，但這些原始的採集方法顯然無法適用於大規模採集、使用石油。這在當時成了一個大難題。比爾斯從鑽井取水的技術中得到了啟發，透過對鑽井取水技術的改造，提出了鑽井取油的方法。

1858年春天，公司的全權代理人德雷克來到了賓州的泰特斯維爾的「油溪」，在油溪附近開始透過打鹽井的方式採油，但過程十分緩慢，不少投資方逐漸放棄了投資。直到1859年8月27日的下午，鑽井架鑽頭鑽到69英尺深的地方時，鑽到了裂縫並主動下滑了6英尺。第二天，工人們發現在水面上漂著厚厚的一層石油，鑽井取油的方法成功了。泰特斯維爾鑽到石油的消息傳開後，人們都湧來泰特斯維爾採油，世界第一次大規模採油就此開始。之後，在油田建立了許多煉製用來照明的煤油的煉油廠，也逐漸出現了許多有關係的工廠，石油大規模開發生產的序幕從此拉開，現代石油工業也從此誕生。

二、國際石油市場

從德雷克的第一口油井產出原油至今，現代石油工業已經走過了160多個年頭。在此期間，石油產業逐漸成為全球經濟的重要支柱，在農業、工業、金融市場和終端消費領域都有著舉足輕重的影響。伴隨著產業的蓬勃發展，全球石油交易市場的規模也在不斷擴大，形成了當前以五大現貨市場和三大期貨市場為核心的市場。

1. 國際石油市場概況

供給方、消費方和價格體系共同組成了國際石油市場。國際石油市場上的供給方由沙烏地阿拉伯、美國、俄羅斯等國組成，消費方由美

第一部分　油價篇：油價變動的歷史軌跡與市場巨變

國、中國、印度、日本等國組成（見表 1-1）。

　　在國際石油市場上，石油價格是核心，而價格體系主要由五大現貨市場和三大期貨市場構成（如圖 1-1）。

表 1-1　2019 年國際石油市場主要生產者與消費者

名次	國家	產量（千桶／天）	占比	名次	國家	產量（千桶／天）	占比
1	美國	17045	17.91%	1	美國	19400	19.74%
2	沙烏地阿拉伯	11832	12.43%	2	中國	14056	14.30%
3	俄羅斯	11540	12.12%	3	印度	5271	5.36%
4	加拿大	5651	5.94%	4	日本	3812	3.88%
5	伊拉克	4779	5.02%	5	沙烏地阿拉伯	3788	3.85%
6	阿拉伯聯合大公國	3998	4.20%	6	俄羅斯	3317	3.38%
7	中國	3836	4.03%	7	韓國	2760	2.81%
8	伊朗	3535	3.71%	8	加拿大	2403	2.44%
9	科威特	2996	3.15%	9	巴西	2398	2.44%
10	巴西	2877	3.02%	10	德國	2281	2.32%

第一章　低油價的前世今生：國際油價體系與歷史低點的回顧

圖 1-1　全球原油三大期貨市場和五大現貨市場分布圖

(1) 五大現貨市場

　　現貨交易是一種傳統的貨物買賣方式，交易雙方可以在任何時間和地點，透過簽訂貨物買賣合約達成交易。五大現貨市場包括西北歐市場、地中海市場、加勒比海市場、新加坡市場和美國市場。西北歐市場以阿姆斯特丹、鹿特丹和安特衛普為核心，主要為德國、法國、英國、荷蘭等歐洲地區先進國家服務；地中海市場是歐洲另一個主要的現貨市場，這個地區的供應商主要是本地煉油商，特別是西義大利海岸的獨立煉油商。隨著從前蘇聯地區經過裏海的供應逐漸增多，這部分石油產品可能會成為更重要的供應來源。此外，阿拉伯海灣的石油也已進入這個市場；加勒比海市場主要依託於委內瑞拉、墨西哥等加勒比地區產油國的石油現貨貿易；新加坡市場出現時間較晚，但因地理位置優越，現在已經迅速發展成為南亞和東南亞地區的石油現貨交易中心；美國因其龐大的石油產量與消費量，而在毗鄰墨西哥灣的休士頓、大西洋的波特蘭港和紐約港形成了大型的石油現貨市場。

(2) 三大期貨市場

　　與現貨不同，期貨的交割期放在未來，價格、交貨以及付款的數量、方式、地點等都是雙方在合約中規定。期貨交易時交易雙方在期貨交易所公開競價，對未來特定月分石油標準合約達成交易。1970年代初期發生的石油危機，給世界石油市場帶來了巨大衝擊，石油價格劇烈波動，這催生了石油期貨的誕生。經過若干年的發展，石油期貨市場以其價格發現（在公開競爭和競價過程中形成的期貨價格，被作為國際石油市場的參考價格，具有價格導向作用）、規避風險（買進或賣出與現貨市場交易數量相當，但交易方向相反的石油商品期貨合約，在未來透過對沖、平倉來抵消現貨市場價格變動帶來的實際價格風險）、滿足投機三大功能，在國際石油定價中扮演著關鍵角色，在國際經濟中也發揮越來越大的影響。三大期貨市場包括紐約商業交易所（NYMEX）、倫敦洲際交易所（ICE）和杜拜商品交易所（DME）。紐約商業交易所地處紐約曼哈頓金融中心，於2008年被芝加哥商品交易所（CME）集團收購，以能源和稀有金屬產品交易為主，其中能源產品交易大幅超過其他產品的交易。交易所的交易方式主要是期貨和期權交易，涉及的石油品種主要有輕質低硫原油、取暖油、布倫特原油、柴油、丙烷等，在該交易所上市交易的西德克薩斯輕質原油（WTI）期貨合約價格是全球原油定價的基準價格之一。倫敦洲際交易所前身為倫敦國際石油交易所，成立於1980年，是歐洲最重要的能源期貨和期權交易場所，也是世界石油交易中心之一。在該交易所上市交易的布倫特（Brent）原油期貨合約價格是全球原油定價的基準價格之一。杜拜商品交易所是中東首個國際能源期貨以及商品交易所，交易品種包括阿曼原油期貨合約以及兩個非實物交割的期貨合約：布倫特-阿曼差價合約及WTI-阿曼差價合約。

2·國際石油定價規則

目前世界上普遍採用的原油定價公式有兩種：一是官價；二是標竿價格加上溢價（升水）或者折價（貼水）。官價是原油出口國國家的官方價格，例如沙烏地阿拉伯、阿曼、蘇丹的官方原油出口價格。標竿價格由美國西德克薩斯輕質原油（WTI）、北大西洋北海布倫特原油（Brent）、杜拜原油（Dubai）這三大基準原油價格以及幾個重要的具有代表性的地區性原油現貨價格構成；升、貼水一般由買賣雙方根據所產原油與標竿原油在 API 比重（API gravity，The American Petroleum Institute gravity）、含硫量、運輸距離等方面的差異談判確定。

長期以來，WTI 和 Brent 是國際原油市場公信度最高的基準原油。這兩種原油分別有現貨價格和期貨價格，但由於期貨交易量遠遠大於現貨，而且期、現貨價格可以透過期貨轉現貨交易與期貨轉掉期交易實現聯動，所以這兩種原油最近一個交割月分的期貨合約價格，被廣泛用作基準油價。WTI 期貨合約在美國芝加哥商品交易所集團旗下的美國紐約商品交易所掛牌交易，定價基於美國西德克薩斯輕質低硫原油，是美國進口石油定價和北美原油的主要定價基準，也是全球原油定價的基準價格之一。Brent 期貨合約在英國倫敦洲際交易所掛牌交易，定價基於英國和挪威北海四處油田的原油產量而定。非洲、中東和歐洲地區所產原油在向西方國家供應時通常採用 Brent 期貨價格作為基準價格。

除了上述兩種被廣泛採用的基準油價以外，世界各地還有自己的區域性基準價格。例如，隨著亞洲國家進口原油需求的急遽成長，海灣國家向亞洲出口原油時參照的阿拉伯聯合大公國杜拜酸性原油價格也占據了越來越重要的地位；此外，石油輸出國組織（OPEC，Organization of the Petroleum Exporting Countries）一籃子油價也是衡量國際石油市場價

格走勢的重要指標。OPEC 一籃子油價，全稱為 OPEC 市場監督原油一籃子平均價，涵蓋了該組織成員國主要原油品種，既包括輕質油，也包括重質油，總體品質低於 WTI 原油和 Brent 原油，其價格也被簡稱為「OPEC 油價」，是 OPEC 根據多種市場監督原油每日報價計算出來的一個加權平均值。

按地域劃分，北美原油的進出口貿易和國內銷售主要以 WTI 油價作為定價基準；前蘇聯地區、非洲和中東地區銷往歐洲的原油則以 Brent 原油價格作為定價基準；中東地區產出和銷往亞洲的原油主要以 Dubai 原油價格為定價基準；亞太地區的基準原油品種較為豐富多樣，以 Brent 原油、塔皮斯輕質原油和米納斯原油為主。

三、國際油價的影響因素

石油具有商品、金融和政治三大屬性，這三大屬性下的多種因素影響著油價的起起落落。

1. 商品因素

一是供給方因素。從供給的角度來看，影響油價的因素包括石油資源量、儲量等長期因素，OPEC 和非 OPEC 產量波動和剩餘產能等中期因素，商業庫存和策略儲備、生產運力等短期因素。

1）儲量。石油儲量的變動是影響油價最主要的長期因素之一，主要透過儲採比來反映。儲採比本質上反映的是石油開採速度與儲量增加速度的相互關係，因此也反映了石油工業的永續發展能力。儲採比變化會引發供需均衡的動態調整，例如，當石油儲採比下降時，意味著供給能力下降，石油價格抬升，而上升的價格一方面會抑制石油需求，另一方

第一章　低油價的前世今生：國際油價體系與歷史低點的回顧

面會使石油勘探開發投資增多，未來石油儲量上升，石油價格預期下降；當儲採比上升時，供給能力提升，供給與需求的差距減小且有供過於求的趨勢，石油價格承壓下跌，一方面刺激了需求，另一方面也減少了石油勘探開發的投資，使得未來石油儲量下降，石油價格預期回升。

　　2)剩餘產能。剩餘產能是指設計生產能力與實際成產量的差額。對於石油來說，剩餘產能就是預期生產的石油產量與實際生產的石油產量的差距，剩餘產能越大，意味著對市場需求的滿足程度越大，價格越傾向於下降；相反，如果剩餘產能小，則意味著供給一方的石油供應潛力小，容易出現供不應求的局面，價格上漲，同時抵禦市場波動的能力下降，石油價格容易出現波動。

　　3)庫存量。世界石油的庫存量主要由商業庫存和策略儲備構成。商業庫存的主要目的是保證企業在石油需求出現季節性波動的情況下能夠高效運作，同時防止潛在的原油供給不足。國家策略儲備的主要目的是應付石油危機。世界石油的庫存量也在一定程度上反映出國際石油市場上石油的供需狀況：石油的庫存量減少，說明石油市場上對於石油的需求旺盛，而石油的供給卻相對緊張，石油的價格有上升趨勢；反之，庫存量增加，說明國際石油市場對於石油的需求量減少，需求不旺，供過於求，國際油價有下降趨勢。因為這個關係，世界石油的庫存量也被認為是短期內調節供需關係、穩定油價的調節器。

　　4)生產運輸裝置。生產運輸裝置是指輸油管道、公路運輸車輛、原油鑽機數和各主要港口的裝船情況等，透過改變石油的供給量來對油價產生影響。輸油管道和運輸車輛是原油能夠供應到市場上的保障。活躍的原油鑽機數與石油開採量息息相關，活躍鑽機數多，說明原油開採量大。港口的裝船情況就是有多少石油完成了裝船，準備運往世界各地，

裝船情況也就反映了向世界市場上供應的石油量的多少。

二是需求方因素。從需求的角度來看，石油需求來源於煉油／石化企業對原油的需求、消費者對成品油和石油化工產品的需求。需求方總是根據市場價格訊號進行需求調整，但需求的變動又會反作用於油價。

1) 經濟執行情況。石油對總體經濟發展有著至關重要的作用，同時經濟執行情況也會對石油的需求變化產生顯著影響。當世界經濟穩步成長時，各產業為了擴大生產，會增加能源和工業原材料的投入，促進石油消費成長，同時，經濟的成長會促進居民收入的成長，使居民的能源消費需求進一步增加；反之，當世界經濟成長出現停滯甚至倒退時，能源需求量總體會出現下降趨勢，使石油消費隨之減少。

2) 能源利用效率。除了經濟發展影響石油的需求外，能源利用效率也對石油價格產生影響。科學進步與技術創新能夠帶來能源利用效率的提高，引起單位產出的石油消費量大幅下降。目前，世界各國都在大力發展節能技術，從長期來看，石油需求將逐步減少，這勢必將對石油價格的長期走勢產生影響。

3) 替代能源。商品需求還受到其相關商品的影響。當兩種商品互為替代關係時，一種商品需求和價格的變動，會引起替代品需求的反方向變動。石油雖然不存在完全替代品，但在它的各種用途上，都存在同其他能源的競爭，如煤炭、天然氣、核電、新能源（水力、太陽能、風能、地熱能、潮汐能）等。隨著主要石油消費國能源轉型的推進，新能源等替代能源的開發和利用會降低市場對石油的依賴，抑制石油需求。因此，從長期來看，能源轉型將會導致油價下跌。

4) 氣候變遷。供熱取暖也是石油的重要用途之一，氣溫的下降主要帶來取暖油需求的增加，間接影響油價上漲。

2・金融因素

石油作為一種重要的大宗商品，本身具有重要的金融價值，因此國際金融投資和投機行為會對石油的價格產生影響。金融因素中有影響力的是美元匯率與幣值，以及國際投機行為。

1）美元匯率與美元幣值。儘管世界各國一直在力推美元之外的其他石油貿易結算貨幣，但是由於美國強大的經濟實力，美元在國際貿易中依然被廣泛使用，WTI原油基準價格在國際貿易結算中依然占有重要地位，所以在目前的國際石油貿易中，「石油美元」仍然處於計價和結算的雙重壟斷地位。由於油價以美元計價，以不同貨幣單位計量油價自然會牽扯到匯率問題。如果貨幣走勢強弱不同，所表示的油價水準也會有高低差異。當美元貶值時，市場中以美元計價的石油價格就會上漲；當美元升值時，市場中以美元表示的石油價格就會下降。此外，美元貶值將造成產油國的實際收入減少，產油國需依靠提升油價以彌補損失。因此，美元貶值從一定程度上刺激了產油國提高石油的出口價格，從而直接導致國際油價攀升。美元貶值還將導致大量資金流入商品期貨市場，以規避美元貶值和通膨的風險，石油作為一種保值投資品被大量資金追逐，進一步促進油價上漲。

2）國際投機行為。期貨市場的交易者對油價未來走勢形成判斷以後，會透過建立多頭或空頭倉位，在接下來的上漲或下跌中獲得收益。分析期貨合約持倉情況，可以掌握市場交易參與者整體動向。當期貨合約的淨多頭持倉量上升時，表明交易者預期油價上漲，同時交易者的買入行為，也會在實際上推動油價上行；當期貨合約的淨多頭持倉量下降甚至變為負值時，表明交易者預期油價下跌，同時交易者的賣空行為，也會在實際上導致油價下跌。

3. 政治因素

　　石油不僅具有一般的資源性商品屬性，還具有策略物資的屬性，其價格和供應相當程度上受地緣政治事件的影響。地緣政治事件主要是指突發性的戰爭、革命、政變、領土爭端、宗教矛盾衝突、核武器擴散等。地緣政治因素對油價的影響體現為對於供需的影響。如果經濟大國或者原油需求大國經濟發展受到嚴重打擊，那麼區域性原油需求就會受到影響，進而影響油價。如果受到影響的國家是原油的出產大國或者原油運輸的重要交通樞紐，也將引發對原油需求和供給的變化，對油價產生影響。（如圖 1-2）

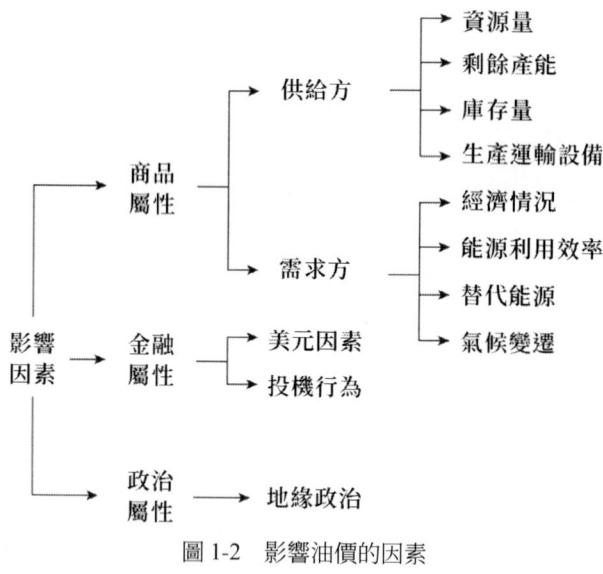

圖 1-2　影響油價的因素

第一章　低油價的前世今生：國際油價體系與歷史低點的回顧

第二節
歷史上的低油價：
從石油工業誕生到 21 世紀市場震盪

　　石油不僅僅是貿易商品，也作為政治手段、策略物資存在，石油價格一直以來都是全球共同關注的焦點問題，其價格波動不僅對能源產業產生巨大影響，同時也會對經濟社會發展產生重大的影響。預判國際石油價格走勢是各國政府和能源相關部門都十分重視的問題。截至 2020 年，對於整個油氣產業和各主要油氣生產國、消費國而言，其關注的焦點已經轉向了原油價格下跌的原因以及如何走出當前的低迷狀態。本節的內容就是回顧歷史上的幾次低油價，講述歷次低油價事件始末以及背後動因。

一、1973 年以前的低油價

　　1960 年以前，OPEC 尚未成立，石油的生產和需求受西方國家控制，油價長期處於 1.5～1.8 美元／桶的低價位。1960 年 9 月，OPEC 在伊拉克首都巴格達成立，之後便與西方的跨國公司在石油的生產權和定價權方面不斷進行博弈。但在 1960 年到 1970 年這 10 年的時間裡，OPEC 在國際石油市場上控制油價的能力微乎其微，原油價格一直保持在 1.8～2 美元／桶的價位，並沒有多大改觀。1970～1973 年，OPEC 在一系列談判中不斷勝利，石油國際市場中的原油價格決定權也逐漸落入 OPEC 手中，原油價格開始上漲，在 1973 年 10 月，油價達到了 3 美元／桶左右。

二、兩次石油危機後的低油價

1973年10月，第四次中東戰爭的爆發，以色列和阿拉伯國家隨之捲入戰火。美國尼克森總統（Richard Milhous Nixon）在1973年10月20日提議為以色列提供22億美元的軍事援助，這引起了阿拉伯國家的不滿，沙烏地阿拉伯宣布全面禁止向美國的石油運輸，很快得到其他的阿拉伯石油生產國的響應，第一次石油危機爆發，石油的供給不足引起油價的急遽上漲。這個時期，OPEC在實現了石油資源國有化之後，各主要石油生產國聯合將國際石油市場中的定價權牢牢掌握，並且利用石油資源的策略屬性，打擊、威脅歐美國家進行，以此來維護自身的利益。1973年10月16日，OPEC宣布將石油價格從3美元／桶左右提升至5.11美元／桶，同時停止對美國和荷蘭出口石油，歐美國家首次出現了能源危機。1974年1月油價已達到11.65美元／桶，在這種情況下，1974年2月美國建議召開了第一次石油消費國會議，建立了國際能源署IEA（International Energy Agency），能源問題從此成為國際政治外交中的重要議題，石油策略的影響也大幅凸顯。同時，OPEC也因此在國際上占據了重要地位。

第二次石油危機發生在1979年到1981年。1978年底，世界第二大石油出口國伊朗爆發了被稱作反美高潮的「伊斯蘭革命」，政局發生劇烈變動，伊朗的親美溫和派國王巴列維（Mohammad Reza Pahlavi）下臺。在1978年12月26日至1979年3月4日，伊朗停止全部石油出口，這造成了世界的石油供應短缺，石油價格由13美元／桶飆漲至34美元／桶。

1979年後，石油產量的銳減使得西方各國進行了持續一年多的石油搶購，有了較為充足的石油儲備。而兩伊的停產使得另一邊的沙烏地

第一章　低油價的前世今生：國際油價體系與歷史低點的回顧

阿拉伯看到了機會，迅速提高石油產量，緩解了世界石油供應的緊張，在 1981 年油價穩定在 34～36 美元／桶。石油危機之後，面對危機帶來的石油需求下降，石油市場萎靡，為了鼓勵石油消費，重新奪回石油市場占有率，1985 年 7 月，沙國國王法赫德（Fahd of Saudi Arabia）宣布以低價銷售石油。但這引起了國際石油市場的大動盪，國際油價立即下跌。在兩次石油危機中，OPEC 就已經完全的掌握了石油定價權，並在 1981～1985 年的時間裡實行原油產量配額制，維持在高位油價，但由於其成員國內部不遵守協議以及非 OPEC 的不配合，油價從 36.08 美元／桶下降至 27.98 美元／桶。1985 年，OPEC 宣布以爭奪市場合理占有率來取代過去的限產保價政策，導致在 1986 年石油價格戰爆發，油價暴跌，1985～1986 年，油價由 27.98 美元／桶下降到 15.05 美元／桶。之後隨著 OPEC 產油國石油產量的增加以及節能和替代能源的發展，OPEC 對油價的控制能力有所下降，原油價格也不斷回落。這個時期也被稱為第二次石油危機的消化階段。這個階段對於 OPEC 以及非 OPEC 都產生了巨大的損失，歷史上稱之為「逆向石油危機」。在此背景下，雙方意識到了必須避免惡性競爭，加強合作，實行聯合減產，才能夠真正防止原油價格的下跌。在雙方聯合減產後，國際油價開始止跌走穩。

1986～1997 年，布倫特原油均價在 15.05～20.61 美元／桶的較低數字上徘徊波動（1990～1991 年由於波斯灣戰爭導致的油價大幅漲落除外）。這個時期石油的勘探開發技術進步，生產石油的成本不斷下降，石油的產量有所增加，國際油價也不再由 OPEC 單方面決定，開始變為由 OPEC、石油需求、國際石油資本共同決定，也就意味著國際油價實現了市場定價。

三、1997～1998年亞洲金融危機期間的低油價

伴隨著現代化趨勢，亞洲許多開發中國家走上快速發展的道路，成為世界石油消費的主要地區。然而1997年，亞洲爆發金融危機。這場金融危機首先由泰國放棄固定匯率制轉而實行浮動匯率制，導致在東南亞引起了金融風暴。隨後8月分，馬來西亞不再對令吉進行保值努力，新加坡幣也受到衝擊。10月下旬，作為國際金融中心的香港也在劫難逃。11月中旬，金融風暴在韓國爆發。1997年下半年日本的銀行和證券公司也紛紛破產。金融危機從東南亞席捲全亞洲。金融風暴下，經濟發展停滯，許多國家對石油的需求大幅下降，油價也隨之下跌，在金融危機的第一階段，油價在15～19美元／桶浮動。

1998年初，印尼金融危機爆發，亞洲金融危機進入了第二階段。印尼政府為穩定本國貨幣幣值，試圖採用與美元固定匯率的連繫匯率制，然而卻遭到了國際上的反對，印尼一度陷入經濟政治雙重危機。受其影響，東南亞各國再受衝擊。同時與東南亞關係密切的日本也陷入困境，伴隨日元的大幅貶值，亞洲金融危機繼續深化。在這個階段，油價從16美元／桶降至10美元／桶。

1998年8月，這場金融危機進入了第三階段。第三階段中，俄羅斯成了主要發起點，自身經濟危機的同時，也傳遞到歐美國家股市、匯市，引發市場劇烈動盪。而這也表明，亞洲的金融危機已具有全球意義。1999年金融危機結束，這次金融危機造成了全球的經濟成長放緩，據國際貨幣基金組織1998年的數據顯示，全球經濟成長速度僅為2.8%，石油價格也因此下滑，國際油價滑落至9美元／桶。

另一邊的OPEC在面對經濟危機時供求失調、油價下跌的國際石油

市場，卻進行了不合時宜的增產，產量從 2503 萬桶／天提升到了 2750 萬桶／天，儘管在 1998 年 3 月和 6 月，OPEC 先後兩次決定削減產量，但仍然沒有產生多大影響，國際油價進一步下跌，惡化了低油價局勢。

四、2008 年次貸危機時的低油價

經歷了 1997～1998 年的低油價之後，國際油價自 1999 年 3 月開始反彈，油價一路攀升，在 2000 年 8 月突破了 31 美元／桶，2000 年 9 月 7 日達到了 35.18 美元／桶。2003 年之後，油價持續上漲。2007～2008 年美元走勢和遊資炒作（動用最大努力獲得最大利潤，不局限產業地域時間，炒作一切帶來謀利的對象）使得油價暴漲。

同時，進入 21 世紀後，伴隨著全球經濟的持續成長，特別是中、印等新興經濟體的快速發展，世界原油消費開始持續成長，世界原油市場開始出現供應緊張的趨勢，OPEC 成員國的剩餘產能也一度耗盡。在此情況下，國際原油價格一路走高，在 2008 年 7 月創下了近 150 美元／桶的歷史最高油價紀錄。

然而這種「瘋狂」的價格很快遇到了打擊。2007 年以來依靠著供不應求的背景和美元貶值的推力、國際投機投資炒作為手段的加持，油價不停暴漲。然而 2008 年 9 月在美國爆發的金融危機引發的全球金融市場出現流動性不足的危機和金融業的震盪，投資者對於經濟發展前景感到擔憂、不樂觀，這直接導致投機炒作資金離場，油價失去了上漲主要動力。同時，由於美元用於結算世界上大部分的貿易，市場上美元存量最多，流動性最好。此時美元加印，使得各類機構流動性緊張時，都選擇最容易獲取的美元，因此在危機期間，美元實現了升值。這樣一來，油價上漲的主要手段也不再靈驗。與此同時，經濟的低溫使得對於石油的

需求也大幅減少,然而原油仍然保持高產量生產,導致原油庫存有增無減,供過於求的局面出現。在 2008 年 12 月下旬,油價已經處於 40 美元／桶的價格。

五、2014 年的油價下跌

2014 年 6 月分至 2016 年,21 世紀的第二次油價大跌到來。根據美國 EIA(Energy Information Administration)數據,原油價格從 2014 年 7 月的 103.59 美元／桶下跌到 12 月的 59.29 美元／桶,僅僅半年,下跌幅度就超過 40%。之後國際原油價格也一步步下跌,甚至突破了 40 美元／桶的關口。這次的油價下跌是美國頁岩油革命、全球經濟低迷、環境約束等一系列綜合因素的結果。

首先,美國頁岩油革命引領下,全球非常規原油的供應開始成長,這個變化使得原油走出了 2004 年後供應停滯不前的局面,重新使得全球原油供應在 2010 年後進入新一輪的成長期(見圖 1-3)。供應增多,原油價格下降。其次,全球經濟的不景氣。非 OPEC 國家是支撐世界經濟成長和全球石油需求成長的主要動力,然後在金融危機卻使得這些國際經濟發展受到衝擊,成長速度放緩。最後,傳統經濟發展模式受到環境問題的約束。回顧歷次原油價格下跌,作為原油消費成長主力的各消費國都不曾面臨環境問題的束縛,但目前中、印兩個最大的開發中國家都在 2015 年巴黎氣候峰會上做出了減少排碳的承諾,經濟發展需要在一定程度上為保護環境做出讓步。在以上三方面因素的作用下,全球對於原油的需求成長速度必然放緩,並且新能源也會對原油進行部分替代。如此便形成了原油供給持續成長、需求持續疲軟的形勢,油價最終於 2014 年 6 月開始下跌。

第一章　低油價的前世今生：國際油價體系與歷史低點的回顧

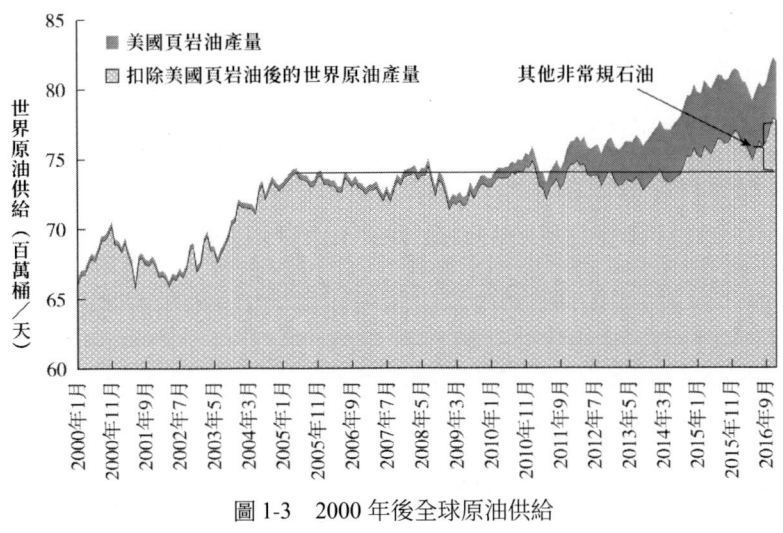

圖 1-3　2000 年後全球原油供給

數據來源：美國能源資訊管理局（EIA）

六、2020 年的油價下跌

2020 年 3 月，國際油價再度開啟低油價時期，這是 21 世紀的第三次油價大跌。2020 年 3 月 30 日油價已降至 14.1 美元／桶，自 2018 年來首次跌破 15 美元大關，到了 2002 年 11 月以來的最低點。

這次的油價大跌，是遭受到了疫情肆虐造成的需求大減和產油國爭奪市場占有率造成的供給激增的雙重打擊。需求一側，covid-19 疫情導致 30 億人處於封鎖狀態，全球石油需求下降接近 20%。疫情造成經濟活動低迷，燃料需求冷淡，儘管 20 國集團為全球經濟注入了 5 兆美元，美國也批准了高達 2.2 兆美元的歷史上規模最大的援助計畫以刺激市場，但現實仍然是美國、歐洲和中國的石油需求每天減少 1,500 萬至 2,000 萬桶。

面對石油需求減少的情況，以沙烏地阿拉伯為代表的 OPEC 組織希望透過減產來平衡供需，維持油價，但卻遭到了俄羅斯的拒絕。於是在供給一側，俄羅斯和沙烏地阿拉伯展開了爭奪，雙方無視市場需求，進行產量競賽和低價競賽，這使得更多的石油湧入庫存，石油價格也進一步下跌。據石油貿易公司 Trafigura Group 預計，在疫情嚴重的 2020 年上半年，全球僅有 16 億桶的儲油能力，但卻將有 18 億桶石油增加，石油已無處可存，這些都造成了油價的下跌（見表 1-2）。

表 1-2　歷年低油價對照表

	時間	原因	具體價格
1973 年之前的低油價	1960 年以前至 1973 年	西方國家控制原油生產和需求	1960 年之前 1.5～1.8 美元／桶 1960~1970 年之間 1.8～2 美元／桶 1973 年 10 月到達 3 美元／桶
兩次石油危機後的低油價	1981～1986 年 1986～1997 年	非 OPEC 成員國原油產量成長；節能和替代能源的發展；石油探勘開發技術進步，石油成本下降，產量增加	1986 年 15.05 美元／桶 1986～1997 年 15.05～20.61 美元／桶
1997～1998 年低油價	1997～1998 年	亞洲金融危機	1998 年 9 美元／桶
2008 年的低油價	2008 年	金融危機	2008 年 12 月下旬 40 美元／桶
2014 年的低油價	2014～2016 年	美國頁岩油革命引領下，全球非常規原油的供應開始成長；全球經濟的不景氣；傳統經濟發展模式受到環境問題的約束	2014 年 12 月 59.29 美元／桶，隨後突破 40 美元／桶關口

第一章　低油價的前世今生：國際油價體系與歷史低點的回顧

	時間	原因	具體價格
2020年的低油價	2020年	疫情肆虐造成的需求大減和產油國爭奪市占率造成的供給激增	2020年3月30日14.1美元／桶

第一部分　油價篇：油價變動的歷史軌跡與市場巨變

第二章

頁岩革命的衝擊：
撼動全球油價的技術突破

　　2007 年以來，工程技術進步推動美國頁岩氣革命走向成功，增強美國能源獨立性的同時，也改變了世界能源局面。頁岩油氣產量的爆發式成長，徹底打破了能源界關於油氣峰值到來的預言，頁岩油氣一度成為能源投資的「新寵」。但事實上，美國頁岩氣鑽井歷史可追溯至 1821 年。當世人意識到美國頁岩產業異軍突起之時，美國油氣生產商已走過近三十年的前期探索階段。國際油氣市場因頁岩風暴產生了翻天覆地的變化。2014 年低油價在衝擊國際石油公司的同時也深深影響了美國本土頁岩油生產商，其頑強的生命力和快速的適應能力也使得頁岩油氣產業進一步蓬勃發展。本章中，我們將從人煙稀少的北達科他州頁岩地層談起，講述頁岩工業在短短幾十年時間從 0 到 1 的創造過程。

第一節
從頁岩氣技術突破到頁岩油崛起的歷程

一、美國頁岩氣工業的萌芽（1982 年前）

早在 1820 年代，美國第一口天然裂縫頁岩氣井就在紐約州弗裡多尼亞鎮（Fredonia）成功完井，並投入使用。這個時期的頁岩氣開發主要集中在阿帕拉契盆地（Appalachia）泥盆紀淺層頁岩氣開發，地域覆蓋了西維吉尼亞州西部、俄亥俄州東部和肯塔基州東北部，直井衰竭式開採是這個時期的主要開採方式。另一個早期頁岩氣開發區域集中在密西根盆地的 Antrim 區塊——鑽井歷史可追溯到 1940 年代，但直到 70、80 年代 Antrim 才引起了天然氣生產商的注意。與第一口頁岩氣井類似，埋藏淺、易開發、天然裂縫發育是早期頁岩氣鑽井的共有特徵，直井和清水壓裂等天然氣開採技術基本可以滿足這部分頁岩氣的開發需求。

受早期美國井口氣價管制、地質認知不足和開發技術落後的影響，早期頁岩氣開發進展十分緩慢。隨著老井開發造成的底層壓力降低，老井附近新鑽井的最終採收率也逐漸下降。根據美國國家石油委員會數據，1971 年後新鑽天然氣井的平均最終採收量為 200 百萬立方英尺，相比 1971 年前的 680 百萬立方英尺下降了 70.6%。早期的頁岩氣井單井儲量同樣下降明顯，如肯塔基州 Big Sandy 油田的氣井單井儲量由 840 百萬立方英尺下降至 240 百萬立方英尺，下降幅度 71.4%。

為緩解國內天然氣資源的嚴重短缺，美國政府於 1970 年代後期投入了大量資金支持非常規天然氣開採技術研發專案，並為非常規氣開發

提供稅收減免和激勵定價的優惠政策。美國政府在這個時期的大型非常規天然氣開發專案,如針對美國東部地下廣闊的泥盆紀頁岩層的東部天然氣頁岩專案,為提高這個由小型分散生產者所組成的產業對泥盆紀頁岩的物性和化性認知、引進更加精確的測井和完井技術奠定了基礎。從1978年到1992年專案結束,美國能源部東部天然氣頁岩專案支出總計1.37億美元,其中,約2/3是在1978至1982年投入。除美國能源部的費用投入外,能源研究與發展管理局投入超過0.2億美元,天然氣研究所投入約0.3億美元,私人企業在東部天然氣頁岩專案的研發投入也達到0.35億美元。該專案的研發工作由美國能源部的科技中心、國家實驗室、大學和私人企業共同完成。自政府專案啟動後,頁岩氣產量大幅增加。1978年年均產量為700億立方英尺,1992年達到2,000億立方英尺。當然,產量的增加並不僅僅是由於東部天然氣頁岩專案,激勵定價、稅收減免、天然氣研究所的研發專案以及私營企業都為產量的錯長做出了貢獻。

二、艱難的技術突破瓶頸階段(1982～2002年)

1981年,德克薩斯州的獨立天然氣生產商——米契能源(Mitchell Energy)公司在德州巴奈特頁岩區塊(Barnett)鑽開第一口頁岩氣探井——C.W. Slay No.1,並組建了北德州地質和工程研究團隊,真正意義上的頁岩氣革命自此拉開了序幕。經過18年的實踐和技術累積,1999年,此區塊也產出了第一批商業頁岩氣。在巴奈特頁岩區帶的開發過程中,米契能源發揮了至關重要的作用,是美國頁岩氣革命的奠基企業。

巴奈特頁岩位於沃思堡盆地以及與德州中北部相鄰的本德拱,岩層大約覆蓋了巴奈特地理範圍的東部三分之一,三面環繞著沃斯堡市,面

積約 72,520 平方公里。這區域域在 1995 年也被美國地質調查局（USGS）劃為 045 省（本德拱－沃斯堡盆地省），並被歸入巴奈特－古生代總石油系統（TPS）管轄。巴奈特頁岩形成於密西西比世的中至晚期（Middle to Late Mississippian），沉積於 3.47 億年至 3.23 億年前，與早期阿帕拉契盆地泥盆紀頁岩氣明顯不同，巴奈特頁岩氣鑽井對象為熱成因、緻密、連續儲層的頁岩氣，這類非常規氣田的勘探和生產的技術複雜性遠高於早期頁岩氣開發，傳統的直井衰竭式開採無法提供油氣運移的動力，而需要更高水準的技術。

在開採頁岩氣這類非常規油氣資源的過程中，水平鑽井和水力壓裂技術是引發巴奈特頁岩以及隨後的美國各地非常規氣藏開發熱潮的主要原因。

頁岩氣開採的關鍵技術

・水平鑽井

水平井是高角度鑽井（傾角一般大於 85°），透過在儲層內設定長井筒段來提高儲層效能。與垂直井鑽探相比，水平鑽井更容易接觸到地層。水平井在低滲透性氣藏和高滲透性氣藏中都適用，越來越多的頁岩氣企業依靠水平井完井來優化採收，保證油井的經濟性。

・水力壓裂

水力壓裂（Hydraulic fracturing）是一種油氣井增產、注水井增注的儲層改造技術。對於常規油氣，開採靠的僅僅是鑽井引起的壓力變化，初

期由氣蓋和石油溶解氣體的壓力（即氣驅）和下面截留石油的水產生的向上水壓（即水驅）將石油提升到地面，後期產能下降則需要抽水或人工提升的方式。但非常規油氣往往被困在厚度不一的不透水的沉積岩層的孔隙和裂縫中，例如頁岩層、緻密砂岩層和緻密碳酸鹽岩層中，傳統的開採方式無法滿足此類開採的需求。水力壓裂則是透過機械方式在岩石中產生大量裂縫，使被困在地下岩層中的天然氣或原油通過這些裂縫移動到井筒，然後從井筒中流向地面。

・提高石油採收率技術

提高石油採收率技術（Enhanced Oil Recovery，簡稱 EOR）的發展也對非常規油氣田的開採至關重要。米契能源公司（Mitchell Energy）於1981年發現了巴奈特頁岩區帶，但直到1990年代後期在石油採收率上有所突破後，規模化生產才成為可能。

此階段的技術研發和重大技術突破持續到2002年。在20年漫長的鑽井技術突破瓶頸過程中，全美僅巴奈特區塊開展了大量頁岩氣鑽探試驗。2000年，米契能源終於證實了頁岩氣可實現商業化開採。截至1999年底，米契能源共鑽了482口巴奈特頁岩井，同一時期的其餘15家作業公司合計僅鑽102口巴奈特頁岩井。若截至1995年，這個差異更為明顯：米契能源總鑽井量達264口，而其餘8家作業公司僅鑽20口。2002年，美國能源巨頭戴文能源（Devon Energy）以現金和換股的方式收購米契能源，並在之後的鑽井作業中，將米契能源取得的水力壓裂等經驗與水平井鑽井技術相結合，加快了頁岩氣開採全面工業化的步伐。在開發巴奈特頁岩中獲得的技術經驗也為美國其他頁岩區塊的開發利用提供了參考。

三、頁岩氣遍地開花（2002 年後）

21 世紀初期，隨著美國常規天然氣產量的下降和其他經濟原因的影響，天然氣價格持續高價，經濟性提升是頁岩氣產能快速成長的重要原因之一。當然還有其他原因，例如有利的地質條件，土地和礦權的私有化，靠近天然氣消費地的市場結構，豐富的水資源，天然氣管網設施，開放性政策以及優惠稅收的有力刺激，這些獨特性是美國以外的很多地區所缺乏的。

在 2002 年以後，馬塞勒斯（Marcellus）、費耶特維爾（Fayetteville）、海恩斯維爾（Haynesville）和伍德福德（Woodford）四大頁岩氣區塊開發加速，技術與新地質條件的磨合時間明顯縮短。2010 年，緻密氣與頁岩氣總產量達到 11.3 兆立方英尺，首次超過了其他天然氣來源；2019 年，緻密氣與頁岩氣總產量達 26.2 兆立方英尺，供應了美國 81.1% 的天然氣。在此期間，以頁岩氣為代表的非常規氣的迅速成長也促成了美國由天然氣淨進口國變為淨出口國，2017 年美國天然氣淨進口首次由正轉負，這個差值也在後續幾年中保持著擴大趨勢（如圖 2-1 和圖 2-2）。

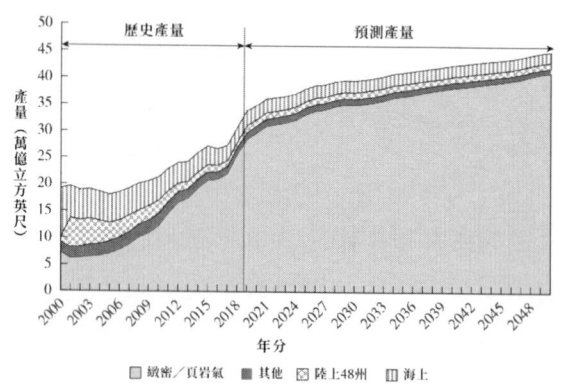

圖 2-1　2000～2050 年按類型劃分的美國天然氣產量

數據來源：美國能源資訊管理局（EIA）

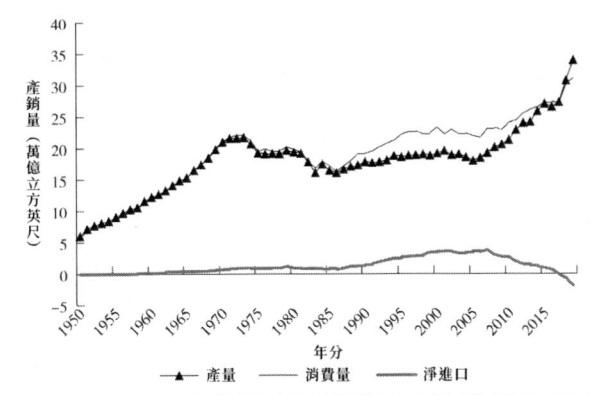

第二章　頁岩革命的衝擊：撼動全球油價的技術突破

圖 2-2　1950～2019 年美國天然氣消費量、產量和淨進口量情況

數據來源：美國能源資訊管理局（EIA）

繼巴奈特之後的四大頁岩氣區塊

・馬塞勒斯

2004 年，Range Resources 首次將巴奈特的壓裂方式應用到阿帕拉契盆地馬塞勒斯頁岩區塊，開啟了美國資源潛力最大的頁岩氣區塊開發。經歷了三年開發方式改進的過渡期，Range Resources 不斷優化井位部署、減小套管尺寸、縮短鑽進時間，顯著降低了單井鑽井成本。2008 年，賓州大學和紐約州立大學的兩位地質學教授類推估計馬塞勒斯資源量超過 500 兆立方英尺，可採資源量約占 10%，可滿足美國整整兩年的天然氣需求。這個估計極大地鼓舞了產業對馬塞勒斯的投資熱情，土地交易急速攀升，從長期固定的 25 美元／英畝、12.5% 的礦區使用費率上漲至高達 6000 美元／英畝、15%～20% 的礦區使用費。

・費耶特維爾

2004 年，Southwestern Energy 正式宣告開始費耶特維爾的鑽井測試工作。從 2004 年至 2007 年，費耶特維爾的鑽井量從 13 口成長至超過

600 多口，天然氣產量從 1 億立方英尺上升至接近 888.5 億立方英尺。Southwestern Energy 一直是費耶特維爾最主要的作業者之一，早在 2002 年的地質研究中，Southwestern Energy 就確定了該地區的開採潛力，於是自 2003 年初開始大舉購入開發所必需的土地。在打下第一口發現井——「Thomas 1-9」時，該公司已經購入了主力區域 45.5 萬英畝土地，從此確立了 Southwestern Energy 在費耶特維爾的主導地位。

・海恩斯維爾

根據路易斯安那州天然氣資源部的數據，第一口海恩斯維爾頁岩氣井是由 Chesapeake 擔任作業者、於 2006 年開鑽、2007 年完井。但直到 2008 年，水平鑽井技術和水力壓裂才首次被應用到海恩斯維爾。2008 年 3 月，Chesapeake 對外公布了其過去兩年在路易斯安那州針對海恩斯維爾頁岩氣的地質發現和發現井數據。這個發現吸引了部分企業加入海恩斯維爾頁岩氣開發的行列，也有企業與 Chesapeake 展開聯合經營。自 2008 年起，海恩斯維爾鑽井量超過 2,400 口，2010 年達到鑽井高峰期。2010 年時，接近 190 個鑽機在該區域同時作業，僅 2010 年就鑽開 875 口井。

・伍德福德

伍德福德頁岩區塊的水平鑽井始於 2005 年，到 2008 年初，共有 750 口伍德福德天然氣井。伍德福德頁岩區塊包括三個部分，依面積，從大到小為：Arkoma Woodford、SCOOP/STACK 和 Granite Wash，其中 Arkoma Woodford 主要為頁岩氣聚集，SCOOP/STACK 具有很多富油層位。自 2010 年起，在高油價和低氣價的驅使下，作業者的工作重心轉移到富油層區。

第二章　頁岩革命的衝擊：撼動全球油價的技術突破

四、頁岩油的異軍突起

相比於天然氣，石油作為全球最重要的一次能源本應存在更廣闊的市場與更大的盈利空間，但在美國的頁岩工業發展史上，頁岩油資源潛力卻一度被排除在美國的油氣資源版圖之外。這個發展上的落後有很多原因，但究其根本是技術的問題。在頁岩氣開發興起之後，由於頁岩油與頁岩氣的開採背後依賴的關鍵技術（包括上文提及的水平鑽井和水力壓裂技術）是相似的，頁岩氣開採過程中的成熟理論、技術演進及豐富的原始數據累積也為頁岩油的異軍突起奠定了堅實的基礎。

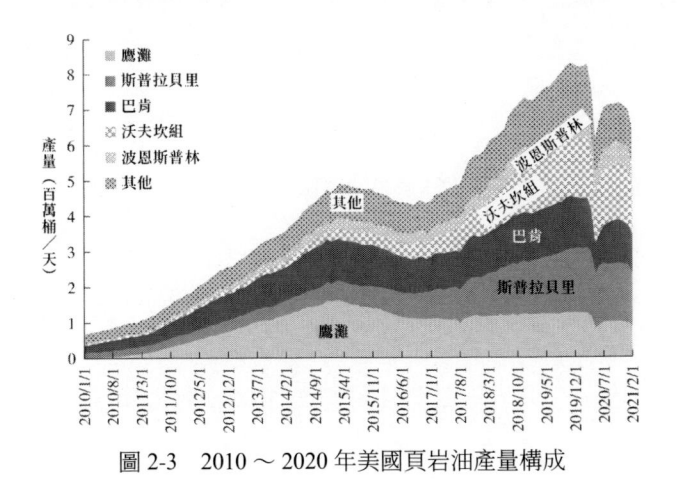

2007年，水平鑽井和水力壓裂的新技術開始應用到北達科他州的巴肯（Bakken）頁岩油鑽井中來。2011年開始，頁岩油產量成長速度高，舉世矚目。除了巴肯頁岩油區塊外，鷹灘（Eagle Ford）也一直在近十年時間裡保持較高產能。此外斯普拉貝里（Spraberry）和沃夫坎組（Wolfcamp）是近年來頁岩油生產的一股新生力量，從2010年起產量就一路高漲，並在2018～2019年間雙雙超過巴肯和鷹灘這兩大老牌頁岩產區（見圖2-3）。

圖2-3　2010～2020年美國頁岩油產量構成

數據來源：美國能源資訊管理局（EIA）

四大頁岩油區塊

・巴肯

巴肯的開發歷史橫跨近 60 年，但前 50 多年都沒有針對威利斯頓盆地中部深層巴肯頁岩的開發，因為這部分頁岩較厚且處於超高壓狀態，天然裂縫並不發育，技術要求很高。2000 年，蒙大拿州發現了艾姆庫利油田，引起了人們對毗鄰此油田的巴肯的關注。2006 年，EOG Resources 公司宣布在北達科他州這一側的巴肯發現了甜點，並預測北達科他州的頁岩油產量可達 70 萬桶。這個消息傳開後，巴肯頁岩油井鑽井量從 2006 年的 300 口越增至 2007 年的 457 口，也掀起了一番土地收購的熱潮。

・鷹灘

2008 年，Petrohawk 公司率先在鷹灘區塊成功鑽入頁岩油井。Anadarko、Apache、Atlas、EOG、Pioneer、SM Energy 和 XTO 也緊隨其後，加入了鷹灘開發的競爭。鷹灘區塊深層的井主要產氣，但往東北方向淺層移動，產液量逐漸上升，甚至成為純粹的油田，而非氣田。2014 年前的高油價是鷹灘受到各類獨立石油天然氣公司追捧的原因。

・斯普拉貝里

近十年來，位於德州和新墨西哥州的二疊紀盆地已經成為美國最富饒的石油生產區。斯普拉貝里、沃夫坎組、波恩斯普林 (Bonespring) 都是其組成部分，這當中斯普拉貝里一直以來是二疊紀盆地的核心區塊。在 covid-19 疫情造成的全球石油產業停滯之前，斯普拉貝里是二疊紀盆地十大油田中唯一一個近年來年產油量持續成長的油田。

第二章　頁岩革命的衝擊：撼動全球油價的技術突破

・沃夫坎組

自 1980 年代以來，沃夫坎組頁岩一直是「Wolfberry Play」區塊的一部分，這個區域是由斯普拉貝里向外延伸形成的。到 2016 年，該地區已經鑽探並完成了 3,000 多口水平井。2016 年底，美國地質調查局發表報告，稱在二疊紀盆地中沃夫坎組地區發現預計儲量達 200 億桶的巨大油田和 16 兆立方英尺氣田，這是美國地質調查局 2013 年對巴肯資源評估值的近 3 倍，也是美國有史以來評估過的最大的非常規原油儲量。

第二節
頁岩革命如何重塑國際石油市場

頁岩油革命不僅改變了美國國內的能源局面，也對國際能源市場造成了巨大的衝擊。當然反過來，頁岩油生產商也受到了國際油氣市場價格波動的影響，尤其是面對 2014 年油價下行以及 2020 年 covid-19 疫情衝擊下的油價暴跌，頁岩油企業受限於相對高昂的生產成本，遭遇了更大的挑戰。此外，從地緣政治的角度，美國作為世界主要能源消費國，其在能源供給上角色的轉換也深刻的改變了全球地緣政治局面。

一、頁岩油衝擊國際油價

受限於常規原油產量成長速度放緩，全球的原油供應從 2004 年起就停滯不前。2005 年 4 月，全球原油產量達到 74000 千桶／天，並連續五年（2006～2010 年）維持在 75000 千桶／天上下波動（見圖 2-4）。但從需求角度來看，隨著社會發展及經濟成長，全球原油需求在 2005～2014 年整體保持了上升狀態。從供需關係的角度來看，原油供給與需求在成長上的失衡使得原油價格在之後的幾年裡一路攀升，2005 年 1 月 WTI 月平均價格為 47 美元／桶，短短半年後的 8 月就達到 65 美元／桶，2006 年 5 月價格突破 70 美元。之後價格繼續保持上漲，2008 年上半年油價一直保持在 100 美元左右，最高甚至達到 134 美元／桶。這個成長趨勢一直延續到 2008～2009 年內的全球金融危機。金融危機下，全球經濟短時間內的崩盤直接導致原油需求驟降，油價在短期內暴跌至 40 美元／

桶的低位，但隨著經濟復甦，油價也在 2010 年回歸 80 美元／桶，並在此後三年裡在 80～100 美元／桶的區間內波動。

經歷了多年的資金投入和技術累積，美國頁岩油自 2010 年起逐漸在國際原油市場嶄露頭角，產量從 2010 年的 0.83 百萬桶／天一路增至 2014 年的 4.11 百萬桶／天，增量為 3.28 百萬桶／天，實現年均 49.2％的成長速度，這也使得多年來停滯不前的原油供給開始成長。2010 年至 2014 年間，全球原油產量增加 3.47 百萬桶／天，美國頁岩油貢獻了 94.5％。在需求穩定上升的情況下，產量的突然上漲勢必會影響市場價格。

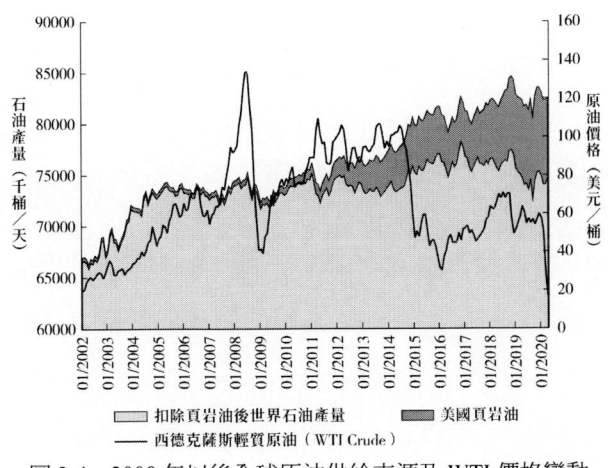

圖 2-4　2000 年以後全球原油供給來源及 WTI 價格變動

數據來源：美國能源資訊管理局（EIA）

2014 年 6 月，國際原油價格開始斷崖式下跌，WTI 原油月度現貨價格在維持了 4 年 80～100 美元高位後從 106 美元／桶一路下跌，半年時間就跌破 50 美元，隨後的 2015 年依然保持下跌的趨勢，在 2016 年甚至觸及 30 美元的低點。這個趨勢直到 2017 年中才有所緩和，在三年多的

時間內，國際油價維持在 40～50 美元／桶，這個階段的低迷相比 1997 年和 2008 年兩次由經濟危機引發的油價下跌更具有持續性，對全球油氣產業產生了深遠影響。

長期的低油價使得石油公司營業收入下滑，投資壓力大幅增加，為了應對低油價，各大石油企業廣泛採用削減投資規模、優化資產組合、精減人員等降本增效措施。據統計，自 2014 年低油價以來，各大石油公司勘探投資與 2013 年高峰時期相比削減 35％～60％。埃克森美孚（ExxonMobil）、BP（BP plc）、殼牌（Shell plc）、道達爾（Total S.A.）、雪佛龍（Chevron Corporation）、挪威石油（Equinor）、埃尼石油（Eni）這七大國際油公司的平均員工人數也從 2014 年的 76,102 人減少到 2015 年的 65,545 人，並在 2016 年繼續降至 64,792 人。

二、低油價下的頁岩油生產商

2014 年以來的低油價風暴席捲了整個油氣產業鏈，促成這次油價暴跌的頁岩油生產商更是首當其衝，高昂的開採成本使其在這次衝擊中遭受了最大的挑戰，鑽機數和鑽井量銳減。

鑽機是一種能進行地表鑽洞的機械設備，用於鑽新井或對現有的井進行側鑽，以進行後續的勘探、開發和生產石油。鑽井量是反映石油開採盛衰的一個重要指標，而油價的波動在約一季的滯後時間內對鑽機數量以及鑽井活動有很大影響。2014 年 6 月的油價下滑直接導致了鑽井量從 9 月開始驟降。根據美國油服公司貝克休斯（Baker Hughes）的數據，鑽井量從高峰時期的 1,930 口一路跌至 2016 年 5 月的 408 口，意味著 80％的石油開採業務的停擺，這對於頁岩油生產商無疑是滅頂之災，尤其是眾多規模較小、業務單一的獨立石油公司。（見圖 2-5）

第二章　頁岩革命的衝擊：撼動全球油價的技術突破

圖 2-5　美國石油鑽井數與 WTI 月平均價格

數據來源：貝克休斯公司

　　獨立石油公司占比高是美國石油天然氣產業的一大特點，美國《國內稅收法》第 613A（d）條對獨立生產商的定義是：一年內石油和天然氣零售額不超過 500 萬美元，或在一年內平均每天煉製原油不超過 75,000 桶的生產商。美國約有 9,000 家獨立石油和天然氣生產商，開發了美國 91％ 的油井，開採了美國 83％ 的石油和 90％ 的天然氣。頁岩油氣參與方的多元化以及細分化給產業帶來了活力，但對獨立石油公司自身來說也存在兩方面風險，一是業務專業化下的風險集中，二是流動資金有限。

　　業務專業化下的風險集中源於美國許多獨立石油公司僅僅開展上游勘探開發業務，這能極大減少前期固定資產的投入、簡化業務流程以提高效率，但卻因為業務專業化無法像國際油公司透過上下游一體化來自然對沖油價波動風險，在持續的低油價下也難以快速將投資轉向中下游以減少損失。而美國的眾多中小型獨立油公司也因為其規模較小、資金有限，在應對風險的能力上有所欠缺。在油價低迷的背景下也因此難以維持業務，無法獲得穩定的現金流，最終往往因現金流斷裂等因素宣告破產。

但當我們回歸產業整體視角，從美國頁岩油的產量以及在全球占比入手，美國的頁岩產業事實上挺過了 2014 年的這個寒冬，並且在之後迸發出更大的力量。那些挺過這場寒冬的企業依賴於技術進步和套期保值。

1. 技術進步

技術突破是貫穿頁岩油革命的主旋律。頁岩油開發的一大特點是正式投入生產後，產量快速上升，然後在高峰保持一段時間，接著進入漫長的產量遞減階段。新井日產量和產量遞減率是衡量油田開採潛力及生產效率的兩個重要的指標。新井日產量衡量油井在新投產的一段時間內的日均產量，反映了油井的最大的開採效率。產量遞減率，即單位時間產量遞減百分數，反映了油井開發的持久度。

根據美國能源資訊管理局（EIA）的數據，從 2007 年以來，美國新井平均首月石油產量穩定增加（圖 2-6），成長的態勢並沒有因 2014 年油價暴跌而放緩，巴肯以及二疊紀盆地這兩大產區甚至在 2014 年前後快速成長，說明單井產量和單井利潤率在持續增加。

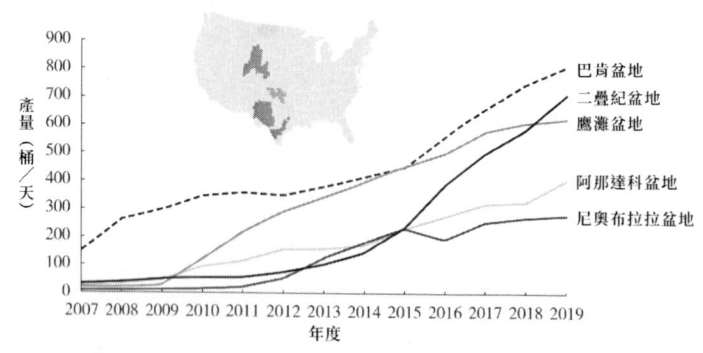

圖 2-6　2009～2019 年分割槽塊首月平均新井日產量

數據來源：美國能源資訊管理局（EIA）

第二章　頁岩革命的衝擊：撼動全球油價的技術突破

產量遞減率方面，根據油田分析公司 NavPort 的數據，2015 年美國二疊紀盆地的新井產量在達到峰值後的四個月裡下降了 18%，遠低於 2012 年同期 31% 的降幅和 2013 年 28% 的降幅。巴肯頁岩的變化更為明顯，新井產量在四個月後的遞減率從 2012 年的 31% 降至 2015 年的 16%。IEA 也指出，美國生產原油和天然氣的油井總數已經從 2014 年高峰期的 103.5 萬口下降到 2018 年的 98.2 萬口，但產量仍在不斷增加，這也反映出技術在不斷進步，生產效率大幅度提升。

開採過程中技術進步反映到成本上便是盈虧平衡油價的不斷下降。2015 年，根據 Rystad 能源公司的全球最高液體燃料成本排名，北美頁岩油排名第二，平均盈虧平衡價格為每桶 68 美元。而到了 2019 年，頁岩油的平均布倫特盈虧平衡價格已經降至每桶 46 美元，僅比沙烏地阿拉伯和其他中東國家的巨型陸上油田高 4 美元。世界銀行公布的《大宗商品市場展望》也印證了這個趨勢：2013～2017 年，美國頁岩油平均盈虧平衡油價下降了 42%（圖 2-7）。成本的大幅下降不僅降低了頁岩油企業的經營風險，顯著提升了利潤空間，也促進了頁岩油生產商對新油田勘探以及油氣開發技術創新的投入。

圖 2-7　美國頁岩油平均盈虧平衡油價

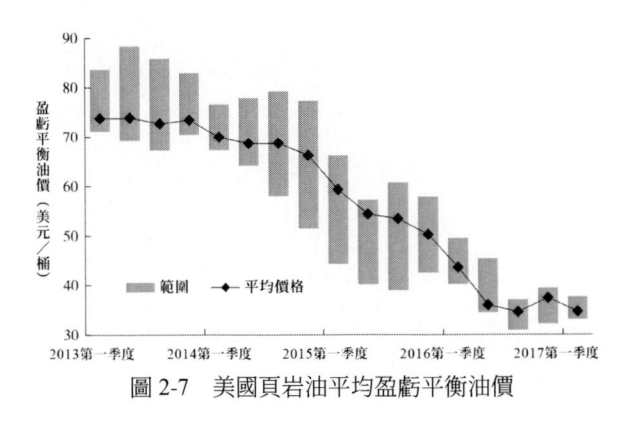

數據來源：世界銀行

第一部分　油價篇：油價變動的歷史軌跡與市場巨變

2· 套期保值

　　國際石油市場供需關係起伏不定，常受到不可預見的事件影響，價格波動劇烈。美國頁岩油生產商因缺乏下游業務，而無法進行一體化風險對沖，金融套期保值便成為頁岩油廠商應對油價波動的重要手段。套期保值是指在利用期貨、期權等衍生工具在金融市場上進行數量相等，但交易方向相反的買賣活動，目的是透過現貨與衍生品價格的同向變動而鎖定原油價格。相比於常規油氣開採幾十年的生命週期，頁岩油開採週期短的特性也使得頁岩油生產商擁有對其全部產量進行套期保值的能力。

　　根據摩根士丹利對北美43家勘探開發公司的套保研究，隨著時間推移，越來越大比例的產量被套期保值。截至2018第一季，當年44％的產量受到套期保值的保護，而上一年同期的數據僅為39％。規模較小的公司更傾向於在早期使用套期保值以降低風險。IHS Markit的統計顯示，截至2017年1月，美國小型資源勘探公司2017年套期保值量平均占總產量的51％，而同類型的大型資源勘探企業僅為18％。

　　2014年的這次低油價，套期保值在維持頁岩油生產商營業收入方面發揮了不可替代的作用。以美國獨立石油公司──戴文能源（Devon Energy）為例，2014年7月起，油價開始下跌，進入到2015年，全年的WTI價格都維持在40～50美元的區間中。普遍來說，石油公司會在提前一年就開始對下一年的產量進行套期保值，並隨著時間推移比例逐漸增加。2015年，戴文能源淨利潤達到20.83億美元，很好地對沖了油價突然下跌造成的風險（表2-1）。2015年，假設沒有提前套期保值（即按照市場價格交易），戴文能源的單價僅有42.12美元／桶，但考慮到套期保值效果後，總的變現價格能達到72美元／桶（表2-2）。

第二章　頁岩革命的衝擊：撼動全球油價的技術突破

表 2-1　2014～2016 年戴文能源石油相關套期保值盈虧及公允價值變動

年分	2014	2015	2016
套期保值盈虧（百萬美元）	90	2083	-41
公允價值變化（百萬美元）	1721	-1687	-103
合計	1811	396	-144

表 2-2　2014～2016 年戴文能源套期保值前後單位石油結算價

年分	2014	2015	2016
無套期保值的變現價格（美元／桶）	82.47	42.12	36.72
套期保值的現金結算（美元／桶）	1.56	29.88	-0.74
變現價格（包括現金結算）	84.03	72	35.98

當然，套期保值這類風險管理手段更多的是對沖中短期、小範圍的波動。在 2014～2016 年這場持久的低油價環境中，頁岩油廠商倘若無法透過優化業務、縮減開支以及技術進步大幅度削減成本，最終也只能落到破產的境地。

根據海恩斯-布恩油田破產監測數據（Haynes And Boone Oil Patch Bankruptcy Monitor），從 2015 年第三季起，每季新增油田破產案例數都在 10 例以上，2016 年第二季甚至達到了 34 例，直到 2016 年末油價開始回升，油田破產案例才開始減少（圖 2-8）。

第一部分　油價篇：油價變動的歷史軌跡與市場巨變

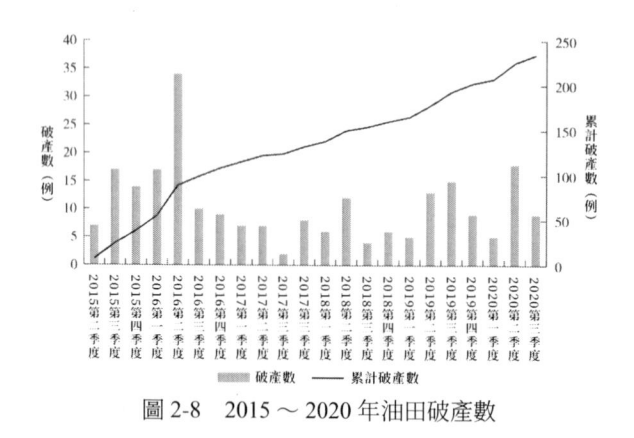

圖 2-8　2015～2020 年油田破產數

數據來源：海恩斯 - 布恩油田破產監測數據

對單一企業而言，破產是不折不扣的悲劇，但當我們回歸產業層面的整體視角，這也是一場優勝劣汰的自然選擇。那些技術先進、高效運作、精益管理的頁岩油生產商最終挺過了 2014 年的這個寒冬，留在了市場上，並且在之後迸發出更大的力量。從 2017 年初，當油價有所回升，但依然維持在 50 美元左右時，頁岩油產量就開始出現攀升，年中便回到了 2015 年油價下跌時期的產量高峰；此後成長勢頭迅速，從 2017 年中的 488 萬桶／天一路漲至 2019 年底的 822 萬桶／天（圖 2-9），占全球原油供給近 10%。

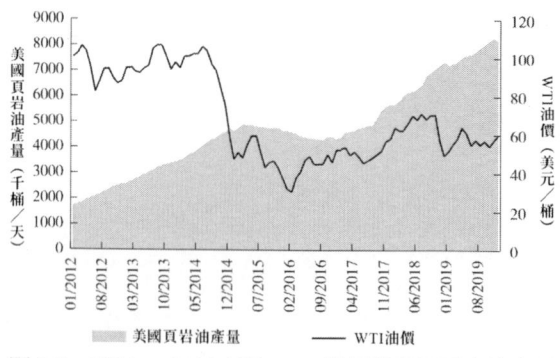

圖 2-9　2014～2019 年的 WTI 油價與美國頁岩油產量

數據來源：美國能源資訊管理局（EIA）

三、全新的國際原油市場

頁岩油革命不僅是石油工業史上的一次偉大的技術突破，更是勢如破竹，扎根於國際原油市場的一股全新的力量，它徹底顛覆了舊的國際原油市場。

自 1960 年代成立起，石油輸出國組織（OPEC）憑藉成員國的巨大石油儲量與產量，在全球原油市場中有決定性的影響力，OPEC 原油產量在很長一段時間中占全球總原油產量近 40%，但頁岩油革命卻在不到十年時間裡，讓美國成為原油生產領域不可忽視的存在。

2009 年年中，經歷了金融危機暴跌後的原油價格逐漸回升，並在接下來的很長一段時間裡在 90 美元附近波動，這也吸引了大量的資金投入到石油開採中，貝克休斯鑽井數（Baker Hughes Rig Count）也伴隨油價走高並維持在 3,500 的高位，這時美國新鑽的大部分油井都是頁岩油井。兩年後，頁岩油產量暴漲，從 2011 年底僅占世界原油產量的 2%，一路升至 2014 年底近 5%，並在 2019 年達到 10%。

頁岩油革命的勝利對傳統產油國的市場地位發起直接挑戰，並大肆侵蝕其市場占有率。2008 年和 2014 年的兩次油價暴跌尚未挫傷全球原油需求穩步增產的勢頭，唯有 2020 年初爆發的 covid-19 疫情——被國際貨幣基金組織（IMF）稱為「大蕭條時期以來最嚴重的經濟衰退」的公共衛生事件，真正對石油需求產生較大的衝擊。疫情面前，底層需求下滑的衝擊也並非是簡簡單單由市場價格下降就能控制的，短期內的石油需求對價格是相當不敏感的，根據經濟合作暨發展組織（OECD）的估計：價格下降 20% 才能使需求端吸收 1% 的供應成長。在需求平穩甚至倒退的情況下，美國節節攀升的頁岩油產能需要對外釋放，只能以搶占傳統產油國的市場占有率為代價。

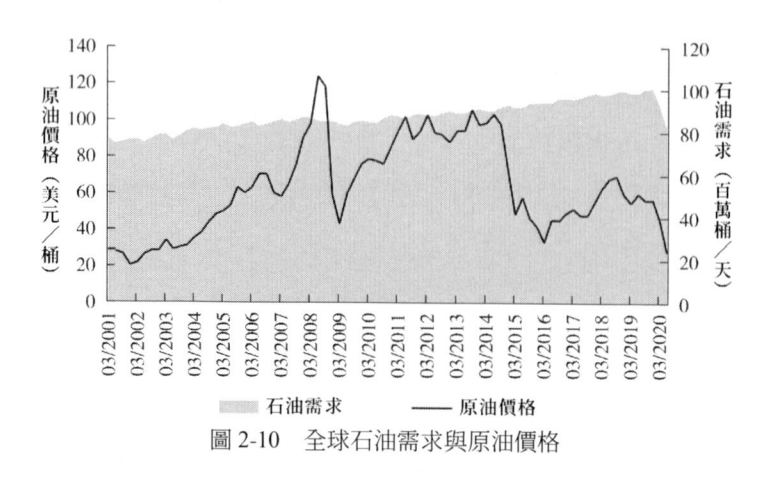

第一部分　油價篇：油價變動的歷史軌跡與市場巨變

圖 2-10　全球石油需求與原油價格

數據來源：美國能源資訊管理局（EIA）

頁岩油使得美國的能源供應日趨獨立，能源自給自足可能使美國在中東等能源豐富的地區的策略利益減小，進而改變其舊的策略部署。而當其產能更進一步提高，角色由能源進口方轉向出口方後，美國將更積極爭奪國際能源消費市場，例如在歐盟天然氣市場中與俄羅斯展開博弈。與此同時，在頁岩氣領域持續大量的投入也能鞏固其在全球潔淨技術領域的長期競爭地位。

頁岩氣革命和頁岩油革命不僅是美國的油氣革命，也是全球非常規油氣領域的一場巨大變革。常規原油供應在經歷了幾十年的成長後已在2008年達到高峰，此後產量出現停滯並呈現略微下滑的趨勢，其產量已經從2008年的69百萬桶／天下降到2018年的67百萬桶／天。根據IEA發表的《世界能源展望2019》，到2040年，在既定政策情境下，常規原油產量將下降約5百萬桶／天，而其在全球石油供給的份額將從目前的70%下降到2040年的60%。從資源供應管道來看，OPEC及俄羅斯為代表的傳統產油國在未來的石油產量將會趨於穩定，主要供應常規油氣；但非OPEC國家的石油產量在未來的幾十年中會經歷大幅度上漲，

第二章　頁岩革命的衝擊：撼動全球油價的技術突破

增幅主要是緻密油以及天然氣液。與此同時，預計石油需求會從當前的96.9百萬桶／天，一路升至2040年的106.4百萬桶／天。這意味著，要滿足日益高漲的全球石油需求，供給的增量將主要依靠非常規油氣產能的提升，非常規油氣勢必是石油工業的未來。

> **案例：喬治・米契（Gorge Mitchell）的堅持與美國頁岩氣革命**
>
> 美國的頁岩氣革命在短短幾十年時間裡將原本停滯不前的油氣供給向前推進，衝擊了國際油氣市場，並建立起全新的國際原油市場。縱觀整個頁岩氣革命史，水力壓裂的技術突破絕對是這場巨大變革的關鍵，而米契正是推動這項技術的先驅人物，所以被譽為「水力壓裂之父」。

一、米契和他的能源公司

米契於1919年出生於一個希臘移民的家庭，他的父親曾以放羊為生，來到美國以後，為鐵路部門工作過，之後經營一家鞋店，米契從小就是一個經濟拮据的孩子。之後，他來到德克薩斯農工大學主修石油工程，最終獲得優秀畢業生的榮譽。

畢業後，米契為阿莫科石油公司工作過，之後加入美國陸軍工程兵部隊，負責監督建築專案。退伍後，他開始創業，與他的兄弟成立了一家石油公司，並於1946年在休士頓開始了他們的石油勘探業務。

米契總是能在那些已經被人證實是乾井的地方進行探礦，並找到新發現。他們從芝加哥的一個商人手中買下沃斯堡北部的一塊被稱作「野人墳場」的土地使用權，並且很快就在這一塊荒地上成功鑽了13口井。隨後，他們購買了更大的土地面積，並成功鑽了一系列油井，這讓公司

業務走向成功，成為美國石油和天然氣產業的生產商之一。沃斯堡北部這區域域也成為公司業務的支柱，在這片土地鑽探的 1 萬口井中，有 35％到 40％的井都能打出石油或天然氣。到 1970 年代中期，米契能源公司共擁有 1,000 多英里的管道和 3,000 多口井。

1970 年代末，米契能源公司進行首次水力壓裂，但這次嘗試耗資巨大，公司的投資者和董事會成員對這項投資提出了質疑。在 1980 年代和 1990 年代初，米契能源公司業績蒸蒸日上，開採了一口又一口的井，其中許多井址都是由米契親自確定的。在此期間，公司嘗試應用不同的水力壓裂技術，在德州的巴內特頁岩上鑽採油氣。1990 年代末，米契能源公司最終找到合適的技術來有效益的開採地層中的天然氣，公司的天然氣產量開始激增，巴內特頁岩從此變成了北美最富饒的氣田之一。當然這項技術並非僅僅適用於巴內特，米契能源公司也將這個突破應用到了其他頁岩井。到 2001 年，公司天然氣產量接近 3.65 億立方英尺／天，兩年內成長了 250％。

二、執著的企業家精神

縱觀米契的成功之路，米契並不是那個發現頁岩中蘊藏著石油與天然氣的人。早在 1821 年，第一口頁岩油井就在 Dunkirk 頁岩中完井。米契也並不是水力壓裂技術的發明者，這項技術早在 1949 年就在美國奧克拉荷馬州進行了商業化應用。但他是首次將這兩者結合，並真正顛覆石油工業的人。

幾十年來，地質學家們都知道，巨大的石油和天然氣資源被困在緻密的頁岩中。人們也都一致認為，開發這些資源的成本太高。但米契拒絕這個共識，他的偉大在於遠見和勇氣的結合。他堅信，技術手段一定能釋放達拉斯和沃斯堡下面的巴內特頁岩中的巨大能源儲備。在看準目

第二章　頁岩革命的衝擊：撼動全球油價的技術突破

標後，他也堅持不懈，在近 20 年時間一直與這塊無情的岩石抗爭。

20 年的堅持並不是一帆風順的，大量的嘗試帶來的是高昂的支出和負債，整個公司的產量長期未出現實質性的成長，財政狀況岌岌可危。1998 年末，米契能源公司的股價跌破 10 美元，一年之內下跌了一半以上。1999 年，米契試圖出售他的公司，但卻乏人問津。

2001 年公司實現巨大的產量突破，米契再次與大型公司聯絡，以出售他的公司，但大多數人仍然持懷疑態度，認為在頁岩層中鑽探是一個短期的奇蹟。但是在 2001 年，另一家中型能源生產商——戴文能源公司，同意以 31 億美元收購米契的公司。一夜之間，喬治‧米契的身價就接近 20 億美元，躋身全球前 500 富豪行列。

《石油世紀》(The Prize) 的作者、IHS Markit 公司副董事長丹尼爾‧耶金 (Daniel Howard Yergin) 評價說：「喬治‧米契創造了對 21 世紀最重要的能源創新。」《經濟學人》(The Economist) 也這樣評價：「很少有商界人士能像喬治‧米契一樣，在改變世界方面做得如此之多。」

衡量一個創新者的標準是以超乎尋常的技術獨創性為標準，還是以堅定不移的決心為標準？當然，米契有一些前者，但更多的是後者。面對近 20 年的失敗與世界的懷疑，他放眼未來，並始終選擇了堅定信念，朝著目標前進，最終顛覆石油產業。

第一部分　油價篇：油價變動的歷史軌跡與市場巨變

第三章

OPEC+ 的困局：
產油國還能穩住油價嗎？

　　2020 年 9 月 14 日是 OPEC 成立 60 週年紀念日。OPEC 在其成立後的幾十年裡，長期占據全球原油市場的霸主地位。在國際油價的歷次大幅波動中，OPEC 發揮著石油生產「調節器」的作用。直到美國頁岩油的興起，OPEC 的霸主地位受到挑戰。現在，OPEC+ 代替 OPEC 成了平衡油價供應、穩定油價的核心組織。2019 年 1 月 OPEC+ 進行減產，但對油價的影響較小。面對美國頁岩油持續增產的壓力，OPEC+ 的主導權逐漸被削弱，透過傳統聯合減產來穩定油價的手段顯得更加乏力。疫情當下，石油價格戰硝煙又起，本章將對 OPEC、OPEC+ 的前世今生進行詳細介紹，帶您了解 OPEC+ 面臨的囚徒困境以及 covid-19 疫情下原油市場如何上演「三國殺」。

第一節
OPEC 的起源與發展

石油輸出國組織（OPEC），是拉丁美洲和中東石油生產國為了協調成員國之間的石油政策、反對西方石油壟斷資本的剝削和控制而建立的國際組織。

第二次世界大戰結束後的最初幾年，全球石油勘探、開發和銷售幾乎完全由西方石油公司控制。1900 年到 1945 年期間，西方跨國石油公司與產油國簽訂租讓合約，只付少量的礦區使用費，就可在幾十年內占據一個國家大部分的石油開採權益。例如：英國跨國石油公司承租伊朗 76.4％的國土面積協議達 60 年；美國跨國石油公司承租沙烏地阿拉伯 74.1％的國土面積協議達 60 年；英美兩國跨國石油公司承租科威特全部國土協議達 92 年。這種壟斷為西方先進國家帶來了豐厚的利潤，但拉丁美洲和中東產油國卻收入甚微。隨著第二次世界大戰後民族解放運動的興起，許多產油國政府在政治上獨立後，逐漸意識到加強本國石油資源控制權的重要性，紛紛要求經濟上的獨立。為了擺脫控制，和西方石油公司競爭，1960 年 9 月，委內瑞拉、科威特、沙烏地阿拉伯、伊朗和伊拉克五個產油國與出口國的石油部長聚在伊拉克巴格達召開部長級會議，成立了 OPEC。表 3-1 顯示 OPEC 成立後，各成員國每日石油產量。

第三章　OPEC+ 的困局：產油國還能穩住油價嗎？

表 3-1　OPEC 成員國成立時石油產量（百萬桶／天）

國家	產量	西方石油公司在產油國的企業
伊朗	1.07	伊朗國家石油公司成立於 1948 年，1954 年成為一個外國公司財團
伊拉克	0.97	伊拉克石油公司，由 bp、Shell、Mobil 等共同擁有，成立於 1958 年
科威特	1.69	BP 和海灣石油公司共同擁有科威特石油公司
沙烏地阿拉伯	1.31	阿拉伯美國石油公司成立於 1930 年代
委內瑞拉	2.85	委內瑞拉石油公司成立於 1960 年

數據來源：OPEC

OPEC 作為一個非官方的組織，其成立的目的是協調各國石油政策，商定原油產量和價格，採取共同行動，反對西方國家對產油國的剝削和掠奪，保護本國資源，維護自身利益。OPEC 的宗旨，是透過消除不利和不必要的價格波動，來保障國際石油市場油價的平穩，保障所有成員國在任何情況下都能獲取穩定的石油收入，並能為石油消費國提供充裕、實惠和長期的石油供應。

1962 年 11 月 6 日，在聯合國祕書處報備，OPEC 成為一個正式的國際組織。最初 OPEC 將總部設在瑞士日內瓦，5 年後（1965 年 9 月 1 日）遷到了奧地利維也納。OPEC 成立後不久，成員國數量迅速增加，最多的時候，成員國達到 15 個。目前 OPEC 的成員國有 12 個，分別為阿爾及利亞、剛果、赤道幾內亞、加彭、伊朗、伊拉克、科威特、利比亞、奈及利亞、沙烏地阿拉伯、阿拉伯聯合大公國、委內瑞拉。

OPEC 組織主要由 OPEC 大會、祕書處、理事會構成。

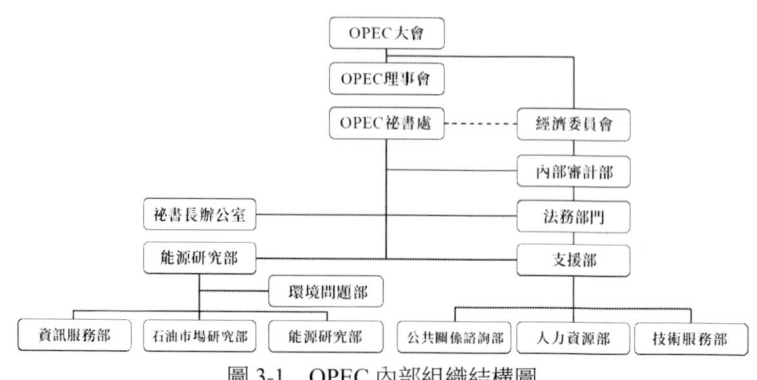

第一部分　油價篇：油價變動的歷史軌跡與市場巨變

圖 3-1　OPEC 內部組織結構圖

OPEC 大會是組織中的最高權力機構，由各成員國派出的石油、礦產和能源部長組成。一般大會每年召開兩次，可能還會召開特別會議。大會採取一國一票制度，負責制定 OPEC 的方針以及執行方式，同時 OPEC 大會還決定要不要接納新的成員國。

OPEC 理事會隸屬於 OPEC 大會，由每個成員國派出的一名代表組成。理事會監督祕書處的行政管理，審議由祕書長向大會提交的有關 OPEC 日常事務的報告，並批准各委員會和祕書處的報告。理事會管理 OPEC 的日常事務，執行大會決議，草擬年度預算報告，並提交給 OPEC 大會審議。

OPEC 祕書處履行組織內部的行政職能。祕書處的最高行政官員是祕書長，由會議選舉產生，任期 2 年；副祕書長選舉產生，任期 3 年。在祕書處內，由經濟、金融和能源研究部組成的能源研究司處理包括石油在內的問題以及相關的金融問題。

了解了 OPEC，那麼 OPEC+ 又是什麼呢？簡單來說，是指 OPEC 和以俄羅斯為首的非 OPEC 成員國聯合形成的組織。2016 年，俄羅斯帶領亞塞拜然、巴林、汶萊、哈薩克、馬來西亞、墨西哥、阿曼、南蘇丹、蘇丹這幾個非 OPEC 石油輸出國，聯合 OPEC 組成了 OPEC+。

第三章　OPEC+ 的困局：產油國還能穩住油價嗎？

第二節
OPEC 重大歷史事件回顧

一、1960 年代

1960 年代，「去殖民化運動」在眾多拉丁美洲和中東國家盛行。國際石油市場的控制權主要把控在石油「七姊妹」手中。OPEC 的及時成立，結束了西方跨國公司破壞性的競爭。OPEC 採取的第一步是擴大成員國，以加強對石油公司的談判能力。此外，OPEC 透過制定一系列原油生產和交易的制度，大力推動了價格侵蝕的結束，其中包括統一稅收制度，即向在成員國領土上經營的石油公司徵稅，使其符合海灣地區適用的稅收制度，用固定的官方公布價格作為計算稅收和特許權使用費的參考，而不是實際市場價格。

在成立的最初 10 年裡，OPEC 還沒能夠立即採取行動來改變與西方跨國石油公司的不平等經濟關係，但已經能解決西方各大石油公司透過用單方面壓低原油標價的辦法來進一步加強對拉丁美洲和中東各產油國的經濟掠奪。成員國們共同致力於為該組織在國際石油市場中謀求合法地位，以求打破當時「七姊妹」的壟斷。

二、1970 年代

1970 年代，洛克斐勒 (John Davison Rockefeller) 將石油市場從混亂轉變為穩定。1970 年代，世界石油市場的年消費量以 5% 至 9% 的速度

遞增，石油消費量從 1953 年的 6.49 億噸，躍升到 1973 年的 28.2 億噸，淨成長 3 倍多。石油的產量也快速成長，但產油大國美國的石油剩餘生產力在逐年減少，市場的供應能力減弱。這使得世界變得更加依賴中東和北非的石油，提高了產油國的市場地位，OPEC 的活動也越來越活躍。

在這 10 年來，以 OPEC 為主的產油國經過頑強抗爭，透過參與或直接國有化的方式，一步步摧毀了存在多年的舊租讓制，從西方主要國家及其石油公司手裡奪回了石油資源、石油生產和產品的主權，以此為基礎，進一步取得了對西方世界原油價格的決定權，並逐步掌握了自己的原油和石油產品的獨立貿易權。毋庸置疑，德黑蘭協定象徵著石油市場的控制權逐漸從國際石油公司開始向石油出口國轉移。在德黑蘭和的黎波里建立的新體系下，OPEC 可以透過提高油價，而不是透過增加產量來增加收入，獲取更多的利潤。

但這 10 年裡，發展也並非一帆風順，OPEC 內部在第二次石油危機中分裂了。

話說兩次石油危機

◆ 第一次石油危機：1973 ～ 1978 年

因為美國和荷蘭在 1973 年戰爭中支持以色列，阿拉伯國家為了懲罰他們，決定對西方發達資本主義國家實施禁運。雖然禁運僅僅導致世界石油供應量減少 5%，也只持續了兩個月，但油價卻上漲了四倍。石油價格的攀升，擴大了西方大國國際收支赤字，最終引起了 1973 ～ 1975 年戰後資本主義世界最大的一次經濟危機。

第三章　OPEC+ 的困局：產油國還能穩住油價嗎？

◆ 第二次石油危機：1979 ～ 1981 年

由於伊朗發生推翻巴列維王朝的革命，1979 年油價再次上漲。從 1978 年末至 1979 年 3 月，伊朗停止對外輸出石油六十天，導致每日石油市場短缺石油 500 萬桶，這大約占世界總消費量的 1/10。國際石油市場的原油供應突然減少，供需關係緊張，原油被大肆搶購，油價急遽上升。

1979 年油價開始暴漲，從 13 美元／桶增上漲至 1980 年底 41 美元／桶。1980 年 9 月兩伊戰爭爆發，價格持續上漲。到 1980 年底，伊拉克和伊朗的石油生產完全停止，世界每天損失 900 萬桶，加上恐慌和囤積，供應關係再度緊張，引起油價再度上揚。在這個階段，OPEC 內部發生分裂。內部多數成員國認為應該順應市場供不應求的形勢，提高油價，沙烏地阿拉伯卻主張保持油價不變，甚至大幅增產來壓低價格。主要出口國輪番提高官價，更是火上澆油，結果 OPEC 失去市場調控能力。第二次石油危機，引發並加重了又一次世界性的經濟危機。

三、1980 年代

1980 年代，國際油價開始走下坡。原因是石油庫存非常高，明顯的經濟衰退已經出現，在消費國，產品價格和需求在下降，石油的庫存仍在增加。這種轉變迫使 OPEC 成為真正的卡特爾，透過向成員國分配市場占有率，限制供應，抬高價格。

1983 年 3 月，為了不讓 OPEC 在全球石油市場的占有率繼續下跌，OPEC 召開會議，首次下修官方銷售價格，將阿拉伯輕質原油基準降至

每桶 29 美元。產量的降低造成了石油總收入的減少，給多數成員國造成了經濟困難，出現了作弊行為，加劇了供應過剩，價格暴跌。

沙烏地阿拉伯從 1982 年到 1985 年一直阻止現貨市場價格的暴跌。1982 年至 1985 年底，現貨市場價格從每桶 33 美元緩緩跌至 28 美元。大多數 OPEC 成員國都依賴沙烏地阿拉伯來承擔負擔和保護油價，沙烏地阿拉伯是唯一一個削減供應，來支撐其他所有國家價格的 OPEC 成員國，可謂犧牲巨大。忍無可忍的沙烏地阿拉伯在 1985 年 10 月下旬，開啟「水龍頭」，淹沒了市場。沙烏地阿拉伯以「淨回值定價」為基礎出售石油，而不是以固定價格出售給煉油商，這導致了石油價格的嚴重下跌。1986 年夏天，阿拉伯輕質原油的售價低於每桶 8 美元。

1987 年 1 月，OPEC 改變了其定價制度，將原本單一的沙烏地阿拉伯的阿拉伯輕質原油基準價格，替換為以一籃子七種原油作為參考價格：阿爾及利亞撒哈拉混合油、杜拜原油、沙烏地阿拉伯的阿拉伯輕質原油、印尼的米納斯原油、奈及利亞的波尼輕質原油、委內瑞拉的朱納輕質原油和墨西哥依斯莫斯輕質原油。

1980 年代末，國際石油價格有所改善。OPEC 啟動了與非 OPEC 產油國對話與合作，非 OPEC 國家產量下降和需求增加，使得 OPEC 重新獲得了市場占有率，國際石油市場趨於穩定。

四、1990 年代

OPEC 時代的頭二十年異常動盪，價格大幅波動。雖然 1990 年代初期，政治經濟發生了大改變，蘇聯解體，東歐劇變，波斯灣戰爭爆發，但是第三個十年有所不同。對於 OPEC 和石油市場來說，形勢正在穩定

第三章　OPEC+ 的困局：產油國還能穩住油價嗎？

下來，進入一個發展較平穩的時期。

石油需求在 1990 年代處於波動之中，但總體上比 1970 年代上升的速度要慢。儘管沒有像 1960 年代末和 1970 年代初那樣以 5%至 9%的速度快速成長，但消費已經從 1980 年代近乎持平的糟糕成長（平均 0.3%）恢復到 1990 年代的平均 1.5%或每年 1.1 萬桶／天的成長速度。

與需求一樣，石油市場的供應方也在不斷變化，但淨供應成長是適度的。蘇聯的供應量在 1996 年從 11.5 百萬桶／天下降到 7.1 百萬桶／天，但隨後開始緩慢回升，到 10 年後達到 7.5 百萬桶／天。英國的產量從 1980 年代末的 270 萬桶／天下降到 1990 年代初的 198 萬桶／天，但到 1990 年代末又猛增到幾乎 300 萬桶／天。挪威的產量幾乎翻了一番，從 1990 年的每天 170 萬桶增加到 1997 年的每天 330 萬桶。

OPEC 與 1997 年亞洲金融危機

1993 年，多種因素導致油價暴跌，其中包括伊拉克對世界石油市場的出口預期恢復、北海石油產量激增以及需求疲軟，但是 OPEC 當時忽略了這些訊號。例如，1996 年油價上漲不僅是由於亞洲需求增加，也是由於伊拉克和聯合國推遲簽署石油換糧食計畫。1997 年底，OPEC 決定將 1998 年上半年的配額提高 10%，因為它誤判亞洲石油需求將繼續成長。不幸的是，1997 年的亞洲金融危機證明 OPEC 這種做法是錯誤的 —— 油價開始下跌。

五、21 世紀

　　1999 年和 2000 年石油價格的急遽上漲導致需求下降，2001 年非 OPEC 產油國產量增加造成油價下跌，OPEC 被迫兩次減產——1 月減產 150 萬桶／天，3 月減產 100 萬桶／天。

　　2001 年底，美國遭受九一一恐怖襲擊後，石油需求再次下降。航空旅行減少和經濟成長放緩導致世界石油需求下降。於是，2001 年 11 月，OPEC 同意在非 OPEC 產油國也將日產量削減 50 萬桶的前提下，自 2002 年 1 月 1 日起將日產量削減 150 萬桶。

　　儘管 2002 年世界經濟成長放緩，世界石油產量增加，但政治問題推高了油價。為了抗議以色列入侵約旦河西岸，伊拉克在 4 月停止了 1 個月的官方石油出口。

　　2002 年 5 月以來，油價一直在上漲。OPEC 在 2002 年 12 月召開會議，決定採取不同尋常的行動——透過增加配額，同時削減產量來削減石油產量。但是 OPEC 成員國違反了他們每天 300 萬桶的配額。OPEC 決定增加每天 130 萬桶的配額，減少每天 170 萬桶的產量。當價格繼續上漲時，OPEC 召開會議，增加了每天 150 萬桶的產量。

　　2003 年，石油價格繼續上漲。美國入侵伊拉克的可能性和幾個產油國的政治緊張局勢使得油價居高不下。

　　2008 年美國房地產泡沫引發的次貸危機，造成了全球性的經濟發展減慢以及世界性的經濟危機，不久後，油價出現了暴跌。從 2008 年 147 美元／桶的最高價跌到年底 30.3 美元／桶的最低價。

　　2014 年，為了把美國剛剛崛起的頁岩油革命扼殺在搖籃中，沙烏地阿拉伯大幅增加石油產量，石油價格大幅下降，最終導致 2014 年下半年

第三章　OPEC+ 的困局：產油國還能穩住油價嗎？

石油價格徹底崩潰。持續到 2016 年，世界石油價格觸底達到 22.48 美元／桶。

2016 年 11 月，為解決全球石油產量不斷增加導致的油價下跌，OPEC 宣布減產並與其他產油非成員國，如俄羅斯、哈薩克和墨西哥達成協議，OPEC+ 由此誕生。

到 2020 年，受 covid-19 疫情影響，全球市場嚴重震盪。2020 年 3 月，OPEC+ 召開會議，建議再次削減產量，應對疫情對於需求側的衝擊，保住價格。但俄羅斯沒有在原油限產問題與 OPEC 達成新的協議，懷恨在心的沙烏地阿拉伯國家石油公司 11 日宣布，將把原油極限產能從當前的每天 1,200 萬桶提升至 1,300 萬桶。自 4 月起，沙烏地阿拉伯的原油供應量將大幅提高至每天 1,230 萬桶，國際原油價格再度下跌。

第三節
OPEC+ 的囚徒困境與產油國的博弈

為了抑制美國頁岩油的興起，沙烏地阿拉伯從 2014 年開始決定大幅增加石油產量，石油價格不斷下跌。到了 2016 年，國際石油價格為 22.48 美元／桶，這個價格僅為 2014 年 6 月石油價格的 25%。

低油價導致產油國收益大大減少，該怎麼解決呢？讓 OPEC 各成員國達成一致協議減產，形成供不應求的局面，提高油價？但此舉絕非易事，因為 OPEC 內部面臨著「囚徒困境」。

「囚徒困境」講述的是兩名犯罪嫌疑人犯罪後被警方逮捕，分房審訊。警察知道這兩個人有罪，但缺乏足夠的證據。警察告訴大家：「兩人否認的，各判一年；兩人供認的，各判八年；一人供認，一人否認，供認的一人獲釋，否認的一人獲刑十年。」如表 3-2 所示，表中數字表示坐牢的年數。

表 3-2　囚徒困境

	B 供認罪行	B 否認罪行
A 供認罪行	(8，8)	(0，10)
A 否認罪行	(10，0)	(1，1)

從表中我們可以知道雙方同時選擇不坦白是最優策略，同時選擇坦白是最劣策略。但由於囚徒無法信任對方，因此傾向於互相揭發，而不是保持沉默，最終導致落在非合作點上。

囚徒困境反映了一個深刻的問題：「為什麼即使合作對雙方都有利，

第三章　OPEC+ 的困局：產油國還能穩住油價嗎？

也難以保持合作？」

說到 OPEC 減產的問題，我們可以使用一個簡單的模型來演繹。如表 3-3 所示，我們假設市場上僅有 2 個產油國，兩國初始產量相同，兩國國情基本相同，市場為有效市場，博弈雙方均理性。表中 p，q 表示各國的收益，其中，p2>p1>p0，q2>q1>q0。

如果雙方達成一致協議，決定減產，那麼由於市場出現供不應求的局面，油價將會上升。但是，如果雙方達成協議，但是其中一方選擇了作弊，在暗地裡偷偷維持原來的產量，那麼，在短期內，作弊的一方不僅在短期內不會受到損害，甚至可以提高本國的收益，原因是總產量在下降，油價上升。但是，這種作弊行為維持不了多久，另一個國家就會發現這種作弊行為使得自身利益受損，會停止為了成全他國的利益而減產的行為，選擇增產。最後的結果是兩方都選擇不減產。

表 3-3　OPEC 內部博弈圖

	B 國減產	B 國不減產
A 國減產	(p0，q0)	(0，q2)
A 國不減產	(p2，0)	(p1，q1)

我們來回顧一下 1980 年代的歷史，就能找到囚徒困境的前車之鑑。1882 年 3 月，OPEC 正式開始建立「生產調節」制度，為了控制市場的供需和價格趨勢，分配原油生產配額。但是 OPEC 的成員缺乏自律性，無法保證生產配額制度的進行。

沙烏地阿拉伯作為 OPEC 的領頭羊，為了穩固生產配額制度這個體系，當時主動扮演調節者，為了彌補其他成員國留下來的缺口，不斷調節產量。但是其他成員國要嘛表面同意減產，實際上在背地裡悄悄超額生產；要嘛就是直接撕破臉面，直接降價增產搶奪市場占有率。就這樣

第一部分　油價篇：油價變動的歷史軌跡與市場巨變

一路跌跌撞撞，價格一路下降，OPEC 成員國開始不斷相互指責，隨後又開始一起指責非 OPEC 產油國，指責它們利用 OPEC 採用限產政策時搶奪了市場占有率。

在不利的市場情況下，只有沙烏地阿拉伯在獨自減產支撐這個局面，不斷減少產量來維持價格，但是巨大的壓力使得沙烏地阿拉伯不堪重負，即使產量從 1980 年每日 1,050 萬桶降低到 1985 年 2 月每日 220 萬桶，價格也毫無起色。

忍無可忍的沙烏地阿拉伯在 1985 年以「淨回值定價」的價格來銷售石油，使得石油的價格一路暴跌，導致石油市場一片狼藉。

什麼是淨回值定價？

淨回值是以消費市場上成品油的現貨價乘以各自的收率為基數，扣除運費、煉油廠的加工費及煉油商的利潤後，計算出的原油離岸價。淨回值定價體系的實質是把價格下降風險部分轉移到原油銷售一方，以保證煉油商的利益，因此適於原油市場相對過剩的情況。1985 年，沙烏地阿拉伯就是在當時原油市場供過於求的情況下，採取這種油價體系來爭奪失去的市場占有率。

生產配額的崩塌，使得西方先進國家經濟遭受重創，由於油價的暴跌，蘇聯的經濟面臨崩潰，最終在幾年後解體，OPEC 成員國也損失慘重，石油的收入大幅縮水。

而 OPEC+ 整體面臨空間與時間的囚徒困境。

空間，OPEC+ 成員國與非 OPEC+ 產油國之間沒有調節機制，

第三章　OPEC+ 的困局：產油國還能穩住油價嗎？

OPEC+ 的生產配額保價制度難以奏效，在石油市場供需穩定的情況下，雙方的市場占有率呈此消彼長的關係。一旦 OPEC+ 減少產量，它的市場占有率會被侵蝕，但是產量過高，供過於求，價格下降，也會帶來經濟損失。

時間，油價過高會刺激其他替代能源的興起，價格過低會將未開採的資源更廉價的出售。在地下石油儲量一定情況下，當前多產油能更快變現，但同時也擔負著未來資源枯竭的風險。現在如果少開採石油則可以將資源留到以後獲取更高的收益，但是會承擔了未來石油被取代而因此失去收益的風險。

在有限次的重複博弈過程中，OPEC+ 中的每一個參與者在選擇合作時都可能面臨被其他方出賣的風險，OPEC+ 內部成員由於自身國情和對低油價的承受能力不同，因此在初期每一方都傾向去選擇「背叛」來獲取短期收益。但俗話說：「城門失火，殃及池魚。」當「黑天鵝」（如 covid-19 疫情）出現，油價低到每個參與方的承受能力之下時，大家會紛紛「組隊」選擇合作來提高油價。但當「黑天鵝」消失後，參與方又更傾向於選擇背叛來獲取短期的收益。

我們可以找出幾個原因來解釋為什麼 OPEC+ 內部會出現囚徒困境。OPEC+ 內部管理不嚴格，沒有能有效約束成員國行為的機制；組織裡的每個成員都是大型石油生產出口國，在市場上存在著競爭，難以保持政策一致。同時各成員國之間存在差距，國情各不相同。因此，成員國的經濟對石油的依賴程度和對石油價格的承受能力不同，面對石油價格的波動和石油供求的變化，各國很難找到利益平衡。

第一部分　油價篇：油價變動的歷史軌跡與市場巨變

> **案例：國際原油市場上演「三國殺」**

自 2013 年起，沙烏地阿拉伯、美國、俄羅斯原油日產量都超過千萬桶，在原油供應市場呈三足鼎立的態勢。過去，由於美國對石油的消耗巨大，人們通常把美國放在沙烏地阿拉伯和俄羅斯的對立面。但是 2019 年 12 月 31 日，EIA 表示，美國每日石油的出口量比進口量多出了 89,000 桶。這意味著，自 1973 年以來，美國首次成為石油淨出口國。同時，美國的石油產量已經超越沙烏地阿拉伯和俄羅斯，為列全球第一。

2020 年，由於俄羅斯拒絕減產，沙烏地阿拉伯增產，以及美國紛紛釋放出要推動減產消息，導致國際油價暴漲超出 20%。在紛繁複雜的原油市場中，三個國家頻頻出手，上演「三國殺」。

身為最大的石油出口國和全球第三大產油國，因 3 月俄羅斯否定了沙烏地阿拉伯的減產協議，沙烏地阿拉伯在這場戰役中最先出手，打響了價格戰，撕破了 OPEC+ 維持 6 年的減產協議，基於 OPEC+ 的維也納聯盟也隨之破裂。

3 月 6 日前，沙烏地阿拉伯財政部要求政府削減 20%～30% 的預算。

3 月 6 日，OPEC 和非 OPEC 產油國在奧地利的維也納舉辦了 OPEC+ 會議。此前，OPEC+ 原本 210 萬桶／天的減產協議將會在 3 月 31 日到期。OPEC 提出要減產的建議，希望能把即將到期的減產協議延期到 6 月 30 日，同時減產的規模再降低 150 萬桶／天，其中 OPEC 的份額占其中的 2/3，非 OPEC 產油國占 1/3。這個提議卻遭到了俄羅斯的拒絕，雙方未就此達成共識。在過去的三年裡，OPEC 一直和俄羅斯合作，限制產量。俄羅斯是減產最大的非 OPEC 產油國，但是出讓的市場占有率基本都被美國頁岩油掠奪走。3 月 6 日的維也納會議上，OPEC 提出讓

第三章　OPEC+ 的困局：產油國還能穩住油價嗎？

俄羅斯每日再減少 30 萬桶原油時，俄羅斯表示不接受這種提議，因為俄羅斯有自己的算盤要打。

在 2014～2019 年之間，俄羅斯外匯存底大幅成長，到 2020 年 3 月俄羅斯的外匯存底已經達到了 5,800 億美元，當時受到疫情的影響，美國的頁岩油的發展受到了阻礙，具有良好財政狀況的俄羅斯想藉此機會拉低油價，使得美國頁岩油受損。在此背景下，俄羅斯認為自身可以在每桶 25～30 美元的低油價下生存數年時間。

受到俄羅斯拒絕減產的影響，3 月 8 日，沙烏地阿拉伯宣布將官方油價每桶下調 6～8 美元，同時從 4 月開始，將原油的日產量從原來的 970 萬桶上調到 1,000 萬桶，如有必要，甚至增至 1,200 萬桶。3 月下旬，石油的運量陡增，間接印證了沙烏地阿拉伯的說法。

3 月 9 日，全球原油價格暴跌，自 1991 年波斯灣戰爭以來，這是歷史上第二大原油價格單日跌幅，跌幅突破 26.55％，一度下跌到 30 美元／桶以下。

此後，沙烏地阿拉伯阿美連續宣布要擴大產能。3 月 30 日，沙烏地阿拉伯能源部發出宣告，從 5 月起沙烏地阿拉伯原油的日出口會在原來的基礎上增加 60 萬至 1,060 萬桶不等。

沙烏地阿拉伯增加產量，挑起價格戰的原因，似乎是在針對以俄羅斯為首的非 OPEC 產油國，希望他們能重回談判桌，同意減產的提議，以此來抬高油價。同時，沙烏地阿拉伯也希望能藉此打壓高成本的頁岩油氣，擴大自己的市場占有率。沙烏地阿拉伯這種增加產量的做法，在 2014 年為了阻撓美國剛剛崛起的頁岩油革命也用過，沙烏地阿拉伯決定猛增石油產量，大幅降低石油價格，最終導致 2014 年下半年石油價格徹底崩潰。

第一部分　油價篇：油價變動的歷史軌跡與市場巨變

2020 年，超低的油價對美國頁岩油產業也造成了不利的影響。美國達拉斯聯邦儲備銀行（Federal Reserve Bank of Dallas）最新的調查顯示，2020 年第一季，與能源產業狀況相關的商業指數下跌至 -50.9，遠遠低於上年第四季的 -4.9。過去的 10 年裡，美國頁岩油產業獲取大量的融資，「據 Evercore 投資公司統計，過去 10 年，美國大型公共生產商一共向石油開採領域投資 1.18 兆美元，其中絕大部分流向頁岩油生產，但實際收回僅有 8,190 億美元，收益狀況不樂觀。」由於 covid-19 疫情，時下很難再獲得融資，更糟糕的是，頁岩油產業有大量的債務將要到期。

因此，對於價格戰，美方積極參與其中，與沙烏地阿拉伯和俄羅斯都進行高級別的電話協商。甚至，有美國官員提出要建立美沙石油聯盟的設想，希望能夠兩方合作以此代替 OPEC。

在這場價格戰中，美國也並非「手無寸鐵」，美國國會曾多次企圖推動反 OPEC 法案，該法案允許美國企業對 OPEC 發起反壟斷訴訟，並禁止一切外國組織合謀操縱能源價格，透過該法案來脅迫沙烏地阿拉伯停止價格戰，來挽回本國的頁岩油產業。

時任的美國總統川普出於挽救美國頁岩油產業等原因，充當「和事佬」，將沙烏地阿拉伯與俄羅斯重新拉回了談判桌。2020 年 4 月這三國聯合其他國家，達成減產 970 萬桶／天的協議。從某種角度看，「三國殺」開始逐漸演變成「三國同盟」。

第四章

疫情衝擊下的石油市場：
灰犀牛與黑天鵝的交錯影響

2020年，covid-19疫情席捲全球，全球經濟大幅萎縮、金融市場劇烈動盪。國際石油市場受到的損失更是史無前例：交通燃料消費遭遇重創，石油供應嚴重過剩，上游投資全面萎縮，庫存創出歷史新高，WTI原油期貨史上首次出現負油價。在能源轉型加速的背景下，供應過剩成了幾乎必然發生的「灰犀牛」事件。當covid-19疫情這隻「黑天鵝」飛上犀牛背，變成國際石油市場「供需雙殺」的催化劑時，石油市場潛伏已久的矛盾全面爆發，全球石油市場供需基本面在頃刻間遭受重創。疫情得到全面控制後，石油產業將永遠無法回到從前的發展，那麼後疫情時代，這個產業究竟將走向何方？covid-19疫情帶給全球石油市場的不僅是災難與挑戰，同時也孕育著新的機遇與新的思考。

第一部分　油價篇：油價變動的歷史軌跡與市場巨變

第一節
市場基本面的結構性變遷與潛在風險

　　早在 covid-19 疫情爆發之前，全球石油供應過剩的問題早已積重難返，供大於求的市場局面下，諸多矛盾層出不窮。從供給方來看，全球原油產量不斷攀升，世界排名前三位的超級產油大戶──美國、俄羅斯和沙烏地阿拉伯之間摩擦不斷，在各方博弈的過程中，不同的產油國陣營各自為戰，地緣政治、金融市場動盪交織，但石油供應擴張的趨勢從未扭轉。從需求方來看，總體經濟成長動力逐漸減弱，各石油消費國能源轉型步伐加快，化石能源在能源消費結構中的占比逐年下滑，石油需求的高速成長也難以為繼。

　　來自供需兩方的負面影響，共同造成了石油供應的相對過剩。2011～2014 年，全球石油市場的供應缺口為年均 23 萬桶／天，而 2016～2019 年，全球石油市場已經出現了年均 35 萬桶／天的供應過剩──短短 5 年的時間裡，供需局面發生了顛覆性的改變。以國際能源署發表的 OECD 商業石油庫存數據為例，2011 年 OECD 商業石油庫存的可供消費天數為 43.2 天，到 2019 年時已經大幅攀升至 50.8 天，創歷史最高水準。

第四章　疫情衝擊下的石油市場：灰犀牛與黑天鵝的交錯影響

圖 4-1　OECD 商業石油庫存可供消費天數

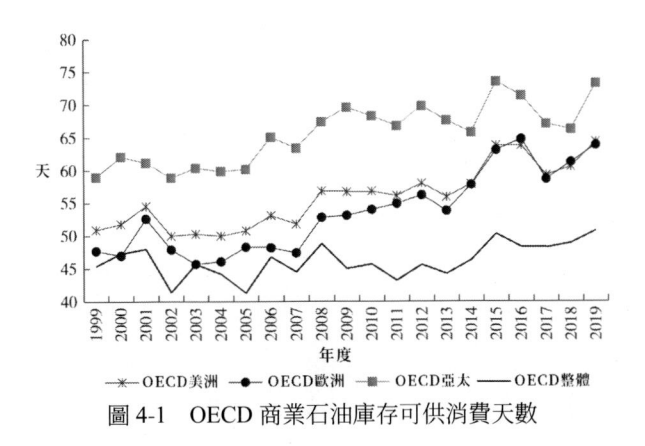

數據來源：國際能源署（IEA，International Energy Agency）

一、美國頁岩油扭轉全球石油供應短缺局面

在本書的第二章，我們詳細介紹了美國頁岩油產業如何一步步崛起。2008 年以來，美國頁岩油產業逐漸成長為世界原油市場上一股勢不可擋的供應力量，衝擊了舊有供應局面。毫不誇張的說，頁岩油的繁榮正是造成近年來石油供應過剩局面的根源。藉助高油價和頁岩油革命的東風，美國陸上頁岩油產量在 2011～2015 年迎來第一個高速成長期，美國石油總產量也從 2010 年的 776 萬桶／天增至 2015 年的 1300 萬桶／天。

2014～2016 年國際油價的斷崖式下跌，給頁岩油生產商帶來了巨大的財務壓力。由於現金流吃緊，生產商被迫收縮生產活動，並積極削減成本、進行套期保值。2019 年美國頁岩油的盈虧平衡成本降至 40 美元／桶左右（WTI 計價），比 2014 年的美國頁岩油盈虧成本下降 45%（圖 4-2）。

得益於成本的不斷下降和政策的大力扶持，美國頁岩油產業迅速擺脫了 2014～2016 年油價暴跌的陰影，2016～2019 年頁岩油產量出現又一輪爆發，累計成長 310 萬桶／天，2019 年產量比 2015 年提高了

64.2%。美國石油總產量也達到 1700 萬桶／天的歷史新高,是 2010 年產量的一倍以上。

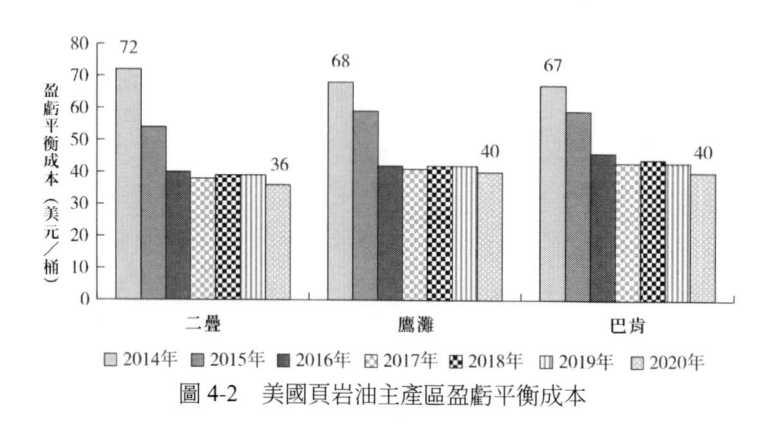

圖 4-2　美國頁岩油主產區盈虧平衡成本

數據來源:標普全球(S&P Global Inc.)

二、OPEC+ 互相取暖難阻石油供應擴張勢頭

面對頁岩油的步步緊逼,OPEC 曾經嘗試扭轉被動局面,以增產計畫抑制頁岩油企業的產能擴張步伐,但是美國頁岩油產業在低油價環境下表現出來的韌性,使 OPEC 增產策略效果大打折扣,一方面,美國原油產量的降幅遠遠不及預期,另一方面,大部分 OPEC 成員國的經常帳戶赤字飆升,本國財政狀況岌岌可危。兩大陣營的這一輪正面競爭中,OPEC 幾乎全面屈居下風。

在極端惡劣的市場環境中,低油價和高庫存取代了美國頁岩油,成為產油國共同的敵人。為了擺脫困境,重新奪回石油市場的話語權,OPEC 與俄羅斯等非 OPEC 產油國被迫互相取暖。2016 年 11 月,OPEC 與俄羅斯等十個非 OPEC 產油國(俄羅斯、亞塞拜然、巴林、汶萊、哈薩克、馬來西亞、墨西哥、阿曼、南蘇丹、蘇丹)組成了維也納聯盟(簡

第四章　疫情衝擊下的石油市場：灰犀牛與黑天鵝的交錯影響

稱 OPEC+），達成了覆蓋範圍更廣的減產協議，透過協商一致的限產策略，實現去庫存、託油價和增加石油收入等共同目標。

　　維也納聯盟及其減產協議，對於推動全球石油市場再平衡、扭轉油價頹勢，發揮了立竿見影的效果，但並沒有從根本上改變供應過剩的局面。一方面，減產協議在具體實施的過程中，難以100%執行。因高庫存和低油價而形成的惡劣石油出口環境，是維也納聯盟合作減產的基礎，這種極端市場狀態下催生的協議具有先天的脆弱性，其約束力會隨著市場的復甦而直線下降。另一方面，減產協議與部分產油國的地緣政治動盪、經濟制裁等不確定性因素疊加，導致OPEC成員國的實際減產額度高於減產協議約定的水準，給了美國頁岩油、巴西深水油田、歐洲北海油田等非OPEC資源更大的成長空間，全球石油產能不降反升。2016～2019年，OPEC市場占有率從2011年的39％降至2019年的35％，閒置產能規模一度接近400萬桶／天（見圖4-3），而同期美國原油產量在全球總量中所占比重從13％上升至17％——非OPEC產能不斷擴張，OPEC低成本產能隨時有可能重返市場，其結果是，即使在2018～2019年油價迴光返照的幾個月裡，基本面的平衡也異常脆弱。

圖4-3　OPEC閒置產能規模

數據來源：標普全球（S&P Global Inc.）

三、川普美國優先策略埋下油市崩盤隱患

美國前國務卿季辛吉（Henry Kissinger）曾經感慨：「如果你掌控了石油，就控制了所有國家。」而美國也確實在相當長的一段時間內，身體力行的貫徹著這個理念。作為全球第一大石油生產國和消費國，美國的不同群體對於油價有差異化的訴求，而美國政府也在爭取民眾支持、提高就業、維護世界霸權等目標的驅動下，透過內政外交政策對石油市場施加影響力。很多措施雖然給美國帶來了經濟和政治收益，但也為石油市場埋下了隱患。

川普（Donald Trump）擔任美國總統期間，把美國政治力量對油價的影響發揮到了極致。一是透過經濟制裁，強行切斷伊朗、委內瑞拉原油出口管道。2018 年 5 月，川普政府宣布單方面退出《聯合全面行動計畫》（*JOCPA，Joint Comprehensive Plan of Action*），並對伊朗施加經濟制裁，受此影響，伊朗原油產量大幅萎縮，從 2017 年的 380 萬桶／天下降到 2019 年的不到 240 萬桶／天；2019 年 1 月，川普政府宣布對委內瑞拉原油出口施加制裁，使該國的石油產業雪上加霜，全年石油產量不到 90 萬桶／天。二是為頁岩油產業大開綠燈，無論本國油氣勘探開發、管道建設還是原油出口，都打著創造就業、提振經濟的口號，給予最大的支持。這些政策使美國基本實現了石油自給，也讓華爾街投資者賺得盆滿缽滿，但與此同時，也使 OPEC 陣營內大量可控的石油供應被非 OPEC 陣營「市場化」的石油供應所取代，為 2020 年石油市場的全面崩盤埋下了隱患。

第四章　疫情衝擊下的石油市場：灰犀牛與黑天鵝的交錯影響

四、全球石油需求高速成長階段進入尾聲

從長遠來看，即使沒有 covid-19 疫情的衝擊，在總體經濟和能源轉型兩大因素的影響下，傳統化石能源的需求也將趨緩。

原油需求與經濟成長趨勢息息相關，而發達經濟體在過去的幾年裡，已經逐漸顯現出經濟內生成長動力不足的跡象。根據國際貨幣基金組織（IMF）的統計數據，2017～2019 年世界經濟成長速度分別為 3.30%、2.98%、2.36%，而 OECD 國家經濟成長速度分別為 2.57%、2.21%、1.62%，已降低至 2008 年金融危機爆發以來的最低水準。IMF 指出，由於製造業和貿易活動惡化、地緣政治緊張局勢加劇、關稅提高等因素，投資需求遭到嚴重抑制，世界經濟成長速度也隨之大幅放緩。2017～2019 年，雖然全球原油需求總量仍保持成長（圖 4-4），但成長速度逐年下滑，分別為 2.1%、1.1%、0.8%，其中 OECD 國家需求成長速度分別為 1.3%、0.6%、-0.6%，再也難以恢復到 2008 年金融危機以前 5000 萬桶／天的高位（圖 4-5）。

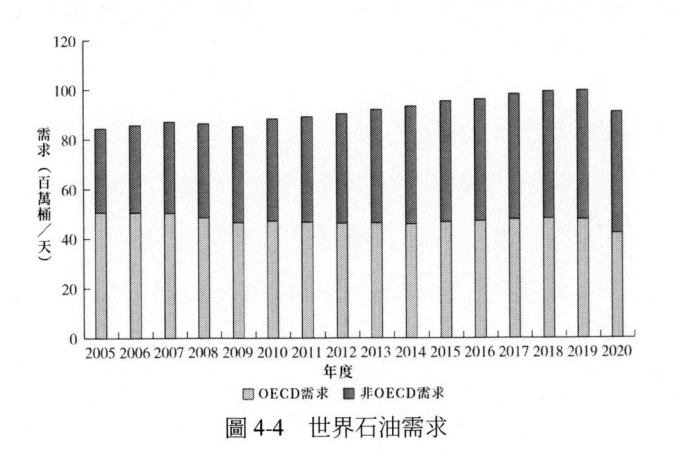

圖 4-4　世界石油需求

數據來源：國際能源署（IEA）

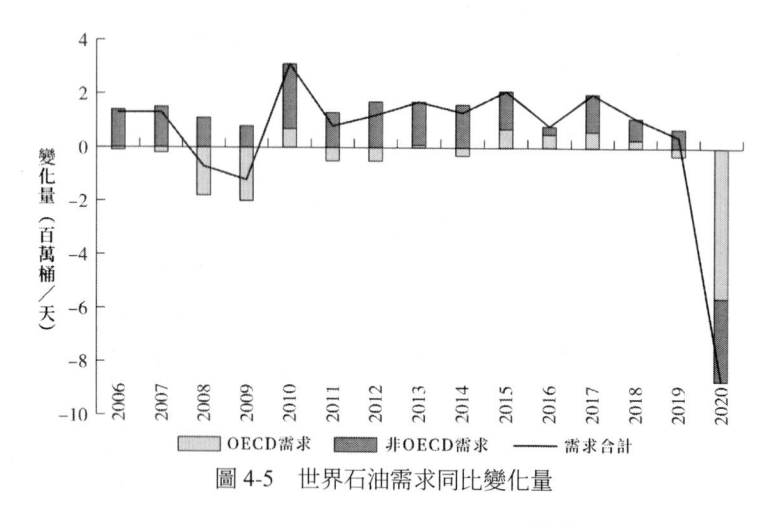

第一部分　油價篇：油價變動的歷史軌跡與市場巨變

圖 4-5　世界石油需求同比變化量

數據來源：國際能源署（IEA）

除了經濟因素以外，能源消費結構的綠色低碳轉型，也對石油需求的成長有很大的影響。氣候變遷在過去幾年逐漸發展成為各國面臨的共同挑戰。在 2015 年底的巴黎氣候峰會上，與會國家共同通過的氣候變遷協定，各國需以「自主貢獻」的方式參與全球應對氣候變遷行動。在氣候變遷、油價波動等多種因素的作用下，各國紛紛加大技術研發力度，推動能源轉型發展。

在 OECD 國家表現疲軟的情況下，非 OECD 國家成為石油需求成長的主要來源，2010～2019 年這十年裡，全球石油需求累計增加 1480 萬桶／天，其中有 1360 萬桶／天是由非 OECD 貢獻，所占的比例超過 90%。但是主要的發展中經濟體，同樣面臨著經濟成長速度放緩和能源轉型加速的壓力，石油需求的高速成長期已經進入尾聲。

第二節
covid-19 引發的石油市場危機與需求崩潰

一、covid-19「黑天鵝」來襲

2020 年，covid-19 疫情席捲全球，成為人類歷史和世界經濟史上的一次「超級黑天鵝事件」。根據 IMF 在 2021 年 1 月發表的《世界經濟展望報告》，2020 年世界經濟比 2019 年萎縮 3.5%，全球貿易額同比減少 9.6%，全球石油市場也遭受了史無前例的重創。

covid-19 疫情下，全球石油市場需求腰斬，供應受阻，供需基本面因素更加凸顯。國際石油市場需求和供應兩方面的變化都嚴重利空，這是 2020 年國際原油價格暴跌的主要原因。

圖 4-6　WTI 原油期貨首行合約價格走勢（2005～2020 年）

數據來源：美國能源資訊管理局（EIA）

全球石油市場也遭受了規模空前的重創，石油需求瞬間蒸發，供應量急遽飆升，國際油價經歷了「史詩般的崩潰」（如圖 4-6 所示）。2020

年，布倫特均價 43.21 美元／桶，同比下跌 32.7%；WTI 均價 39.34 美元／桶，同比下跌 31.0%；杜拜均價 42.3 美元／桶，同比下跌 33.4%，各基準原油品種的年度均價創 2004 年以來新低。4 月 20 日 WTI 原油期貨合約出現 -37.63 美元／桶的負價格，4 月 21 日布倫特油價跌至 2002 年以來最低價 19.33 美元／桶。

二、石油需求空前萎縮

受各國封鎖政策的影響，民眾行動受限，石油需求驟減。汽油、航空煤油、柴油、燃料油等交通燃料消費空前萎縮。此外，餐飲業、零售業等與石油需求息息相關的產業，亦在 covid-19 疫情影響下受到重創。2020 年，全球石油消費量年均下降近 900 萬桶／天，幾乎抹掉了近七、八年的消費增量，其中第 2 季石油消費同比減少約 1600 萬桶／天，單季降幅創歷史最高水準。值得注意的是，一些國家不斷出現疫情反撲，封鎖規定時鬆時緊，防疫力度的不確定性進一步阻礙經濟復甦。2019～2020 年全球主要國家和地區分季石油需求同比變化見圖 4-7。

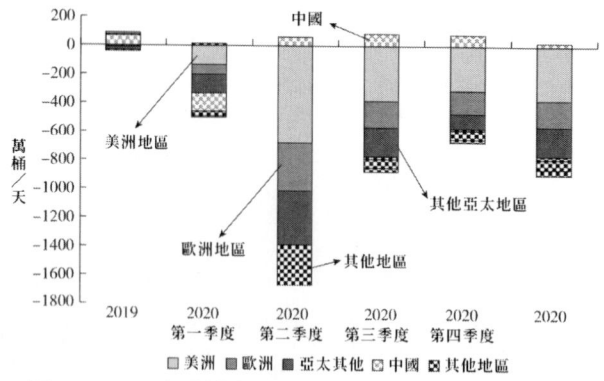

圖 4-7　2020 年全球主要國家和地區石油需求同比變化

數據來源：國際能源署（IEA）

三、供應過剩嚴重失控

面對石油需求的大規模崩盤，產油國卻一再錯失應對危機的最佳時間。

2020年3月初，減產成員國部長級會議上，OPEC提議將之前210萬桶／天的減產協議延長至6月30日，同時將減產規模在現有基礎上再提高150萬桶／天，以支撐受公共衛生事件衝擊的油價，但是這項提議遭到俄羅斯的拒絕。由於OPEC和非OPEC兩大陣營在減產規模的問題上產生重大分歧，會議不歡而散，減產談判以破裂告終。此後，沙烏地阿拉伯報復性的降低了銷往遠東和歐洲的石油價格，並宣稱要將產量擴大至1230萬桶／天，俄羅斯強硬跟進，加速了油價的暴跌過程。

2020年4月，疫情和油價的雙重打擊，把分崩離析的減產聯盟成員國重新拉回了談判桌。內憂外患夾擊之下，沙烏地阿拉伯與俄羅斯兩大核心成員國帶頭超額減產，試圖力挽狂瀾，號稱史上最大規模的減產協議成功。談判期間，以沙烏地阿拉伯為代表的OPEC減產成員國、以俄羅斯為代表的非OPEC減產成員國、以美國為代表的市場化陣營，三方「聯袂登場」，在一定程度上展現了主要產油國合力維穩國際油價的態度。然而，減產協議並不足以扭轉石油市場供需失衡的局面。從2020年第2季的供需情況來看，全球石油需求分別同比減少1620萬桶／天，而石油供應僅同比減少810萬桶／天，這意味著大量的石油湧入了庫存。根據IEA和標普全球的統計，全球陸上原油庫存於2020年9月中旬達到29.7億桶的歷史最高水準，比疫情爆發前增加了15.5%，全年OECD商業石油庫存平均可供消費天數達到74天，遠高於2008年次貸危機時期（57天）和2016年油價暴跌時期（64天）的水準。比庫存更快反映國際石油市場崩盤狀態的，是「自由落體」般暴跌的國際油價，2020年5月交割的NYMEX WTI原油期貨合約甚至在4月20日出現了歷史性的「負油價」。

OPEC+ 的歷次限產

2016年12月10日，為應對當時全球石油市場的「寒冬」和「跌跌不休」的國際油價，以沙烏地阿拉伯為首的11個OPEC國家和以俄羅斯為首的11個非OPEC國家在維也納召開會議，達成第一輪減產協議，減產幅度180萬桶／天（OPEC減產120萬桶／天，非OPEC減產60萬桶／天），減產基準是2016年10月的產量水準，維也納聯盟橫空出世。

2018年12月，減產協議經過三次延續後，維也納聯盟達成新一輪減產協議，減產幅度調整至120萬桶／天（其中OPEC減產80萬桶／天，非OPEC減產40萬桶／天），減產基準是2018年10月的產量水準。

2019年12月，OPEC+第7次會議決定對減產幅度繼續加碼，追加減產50萬桶／天，減產幅度達到170萬桶／天。執行時，沙烏地阿拉伯自我加壓，使得減產幅度一度超過200萬桶，達到210萬桶／天。

2020年3月，OPEC+提出新提案：追加減產150萬桶／天至2020年底（基準是2018年10月產量減120萬桶／天再減50萬桶／天）。但俄羅斯拒絕減產，會議談崩。

2020年4月，OPEC+迎來史上最大規模減產。隨著全球疫情的進一步惡化，需求崩潰式下滑，疊加原油價格戰導致的產量成長，導致庫存量激增，OPEC+會議達成的減產協議主要內容如下：

- 2020年5月1日至2020年6月30日，減產量為970萬桶／天。
- 2020年7月1日到2020年12月31日，減產量為770萬桶／天。
- 2021年1月1日至2022年4月30日，減產量下調至580萬桶／天。
- 該協議的有效期至2022年4月30日，該協議的延期將在2021年12月進行稽核。

第四章　疫情衝擊下的石油市場：灰犀牛與黑天鵝的交錯影響

2020 年 4 月 21 日，美國 WTI 5 月交割的原油合約價格跌至 -37.63 美元／桶，這意味著賣方必須向買方償還資金才能完成交易。

如何理解負的油價？

紐約商業交易所 WTI 原油期貨合約於 1983 年掛牌上市，合約規格為 1000 桶／手，目前已發展成為全球成交規模最大的原油期貨合約（2019 年交易量達到了 2.91 億手）。合約交割方式為實物交割，交割地點為美國中西部奧克拉荷馬州的庫欣鎮（Cushing）。該地區位於奧克拉荷馬和圖爾薩之間，是一個 8,000 人的小鎮，1912 年發現高產油田後，原油生產推動了管道、煉廠等產業鏈的配套發展和普及。截至 2020 年，該地區可操作庫容為 7,609.3 萬桶，極限庫容 9,142 萬桶。優越的地理位置、四通八達的管網設施和強大的倉儲能力，吸引了紐約商品交易所選擇庫欣作為 WTI 原油期貨合約的交割點。

WTI 原油期貨合約的做多者（買方）需要在奧克拉荷馬州庫欣的管道或儲油設備按離岸價（FOB）完成交割，且有權使用 Enterprise 庫欣儲油設備或 Enbridge 庫欣儲油設備的管道。若臨近交割日，該地區倉庫容積緊繃，則做空者（賣方）往往需要付出倉庫成本等額外成本，做多者才願意接盤。此外，如果 WTI 原油買方進入最終交割環節，但又確實無法指定交割閥門接貨，則必須承擔不能交割的後果，包括保證金損失、直接現金罰款、名聲汙點、抵押品清算、交易資格取消等。極端情況下，買方甚至有可能面臨其他的法律責任，例如，若買方進入交割期後，因找不到儲油場所而導致原油洩漏，則會因汙染環境而遭受懲罰。在期貨合約交易過程中，若從合約價格中扣除這些額外成本後出現負值，則負油價將成為可能。

現貨方面，2020 年，因石油需求萎縮、供應過剩、庫存告急，懷俄明瀝青酸油和加拿大 WCS 等原油現貨品種先後出現負價。為適應標的

現貨的負數價格，2020年4月3日，芝商所公告稱 Globex 平臺 WTI、RBOB 等多種期貨和期權產品支持價格零值和負值交易。為了應對標的原油價格跌至負數，清算所將原油期權定價和估值模型轉換為巴舍利耶模型。巴舍利耶模型得標的資產可以取負值，大家一直認為這是荒謬的，而在 2020 年，金融市場顛覆我們傳統的理論認知。正是為了應對標的原油價格跌至負數，CME 清算所將原油期權定價模型轉換為巴舍利耶模型，印證了該模型的科學性，也在客觀上使得原油期貨價格跌至負值成為可能。

大多數 WTI 市場參與者會在到期前透過現金結算平掉期貨頭寸，只有約 1% 的合約是實物交割。2020 年 4 月，由於儲存空間有限，WTI 期貨在臨近最後交易日時已不具備有利的實物交割條件。截至 4 月 17 日，庫欣的原油儲存設施具有 7,600 萬桶的工作儲存能力，其中 6,000 萬桶（占管道填充和運輸中的存貨的 76%）已裝滿。而同一時間，由於油價大幅下跌，持續在低位徘徊，吸引了大量投機資金進場抄底，而大部分多頭持倉者卻得不到獲利平倉的機會，導致 WTI 原油 5 月合約的未平倉合約達到 108,593 手，遠高於約 60,000 手的五年均值水準，市場陷入流動性危機。為避免實物交割，多頭不計成本平倉，集中抛售導致市場發生踩踏。4 月 20 日，WTI 5 月合約持倉量減少 95,549 手，全天交易量為 24.8 萬手，負值區間交易量 1.68 萬手，占比 6.8%，-30 美元／桶以下交易量 4250 手，占比 1.7%。

四、上游投資全面削減

國際油氣價格暴跌，石油生產商首當其衝。埃克森美孚、BP、殼牌、雪佛龍和道達爾五大國際石油公司 2020 年上半年淨利潤同比下降

第四章　疫情衝擊下的石油市場：灰犀牛與黑天鵝的交錯影響

54.4％，上游利潤同比下降 77.6％，道達爾、挪威國油等多家企業信用評級遭到下修。為了應對低油價，石油公司普遍加強投資管控、削減投資規模，2020 年全球上游開發投資僅為 3,000 億美元左右，遠低於 2016～2019 年平均 4,000 億美元的投資規模（圖 4-8），其中美國頁岩油氣生產商投資降幅達到 36％。由於收入銳減，大型石油公司加大力度剝離低效、非核心資產，部分中小生產商爆發債務危機，惠廷石油（Whiting Petroleum Corporation）等 110 家美國石油公司宣布破產，其中包括勘探開發公司 47 家、油服公司 63 家，WPX 等多家中小頁岩油生產商被併購，西方石油公司（Occidental Petroleum）、諾貝爾能源公司（Noble Energy）等企業宣布減薪。此外，全球各大石油企業紛紛宣布裁員計畫。截至 2020 年底，全球油氣產業的裁員人數已逾 10 萬人。2020 年 5 月，石油巨頭雪佛龍宣布將在全球裁減約 10％～15％的員工；2020 年 6 月，英國石油公司宣布已開始裁員約 1 萬人；以「不裁員」著稱的埃克森美孚，都在 2020 年 10 月底宣告將在未來兩年全球裁員約 1.4 萬人。

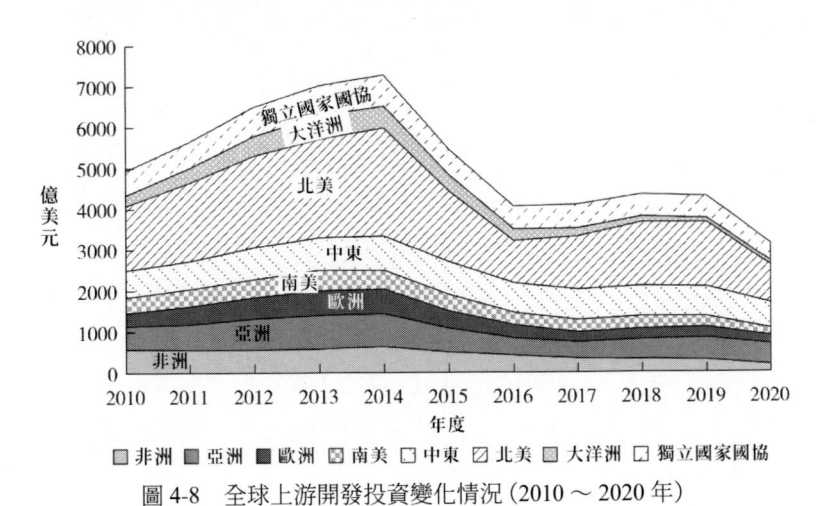

圖 4-8　全球上游開發投資變化情況（2010～2020 年）

數據來源：路透社

五、煉油毛利跌落谷底

由於終端消費疲軟,全球煉油毛利持續在低位徘徊。2020年,西北歐複雜型煉廠煉油毛利年均2.3美元／桶,同比下降56.4%,美灣年均7.2美元／桶,同比下降52.7%,新加坡年均0.4美元／桶,同比下降89.7%(圖4-9)。受到高庫存和低利潤的雙重衝擊,全球大量煉廠被迫轉型或永久關閉,部分新增專案的投產時間也遭到推遲。

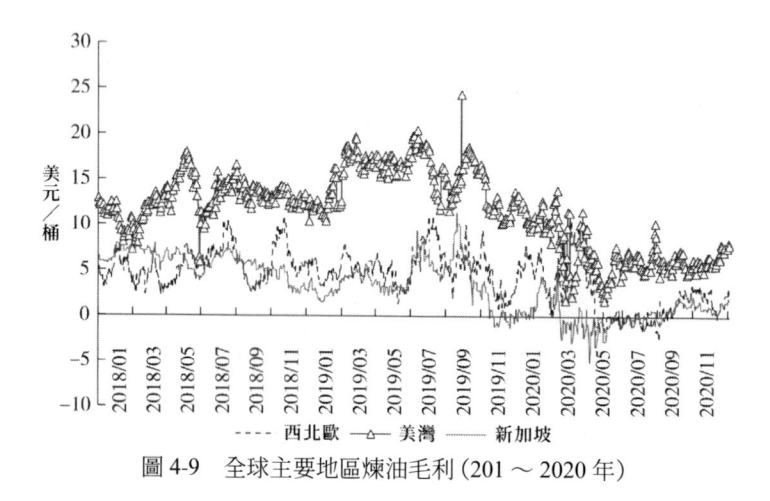

圖4-9 全球主要地區煉油毛利(201～2020年)

數據來源:路透社

第三節
後疫情時代：石油產業的長期轉型與挑戰

一、全球石油消費峰值提前來臨

後疫情時代的經濟復甦，將是緩慢而充滿不確定性的過程。根據 IEA 在 2020 年發表的《世界能源展望報告》和 2021 年 2 月發表的《石油市場月報》觀點，疫情導致 2020 年全球能源需求總量減少 5%，若疫情能夠在 2021 年基本得到控制，全球經濟和石油需求將在 2021 年年底前恢復到疫情前的水準，能源需求則要到 2023 年初，才能完全修復疫情造成的創傷。但極端情況下，低成長與債務危機相繼出現，將使全球經濟陷入更加漫長的低潮期，能源需求的復甦節奏也將隨之放緩。

需要指出的是，後疫情時代並不是所有的能源品種都可以同步復甦。拜登（Joe Biden）上任後，立刻用重返《巴黎協定》來彰顯其對內力推綠色能源、對外重拾氣候外交手段的決心。IEA 認為，在未來的 20 年內，可再生能源將占據電力需求成長量 90% 以上，其中太陽能光電的成長尤為可觀。

幾家歡樂幾家愁，可再生能源占據發展快車道的同時，曾經在人類社會發展中舉足輕重的化石能源，發展前景卻空前黯淡。根據 IEA 2020 年最新發表的能源展望報告，2025 年石油在全球能源需求結構中的占比為 30.8%，比 2019 年下降 0.6%；未來 5 年石油需求總量的成長速度為 2% 左右，比過去 5 年下降 8%。IEA 和 OPEC 在其最新發表的中長期展望報告中認為，基準情景下，全球石油需求在 2030 年左右達到高峰，而

IEA 的「永續發展」情景，以及 BP 最新發表的《世界能源展望》報告，均把全球石油需求達到高峰的預期時間點提前到了 2020～2025 年。

二、化工原料需求占比加速上升

covid-19 疫情對石油需求結構還將產生潛移默化的影響，主要展現在兩個方面：一是改變人們工作和消費習慣，使線上辦公、教育、消費等更加普及，商務旅行減少，抑制運輸燃料消費；二是化工產能保持較強的成長態勢，拉動化工原料需求強勁成長。過去的 10 年裡，道路交通用油占石油需求成長量的 60％，而未來的 10 年裡，在成長量中占據 60％比重的將變為石化產品。這主要是因為對塑膠的需求不斷增加，尤其是對包裝材料的需求。

乘用車銷量成長速度放緩，直接拉低汽、柴油需求成長動力。信用評等機構穆迪（Moody's）和汽車產業分析機構 LMC Automotive 預計，2020 年全球汽車銷量將下降 20％；IHS Markit 預測下降 22％；麥肯錫（McKinsey & Company）預測下降 29％。各機構普遍認為，受疫情影響，銷量恢復要到 2023 年以後。

儘管汽車銷量下滑，汽車技術的進步並未受到疫情影響。IEA 預計，世界主要國家汽油車燃油效率年均提高 1.4％；柴油車效率年均提高 1.0％。預計 2019～2025 年全球汽、柴油需求年均成長僅為 0.5％左右，個別年分甚至下降。

疫情導致航空出行意願下降，航煤需求成長中斷。歷史上，全球航煤消費與 GDP 的相關性較高，彈性係數在 0.7 左右，但受疫情影響，出於安全考慮，人們選擇飛機出行的意願下降，這將給全球航煤市場帶來巨大衝擊。國際航空協會預測，2020 年全球航空運輸需求將比 2019 年

降低50％以上，2021年降幅收窄至24％，航空業對石油的需求恐怕要到2025年前後才能恢復到疫情前的水準。預計2019～2025年全球航空運輸需求年均成長3.3％，比疫情前的預測值低2％。航空貨運受疫情影響相對較小，2020年全球航空貨運量相比2019年下降3％左右。隨著疫情得到控制，全球經濟景氣逐步回升，2019～2025年航空貨運量有望達到年均1.8％的成長速度。總體來看，2019～2025年全球航煤需求年均成長1％左右。

化工原料對需求成長的貢獻度超過50％。石化產品作為材料，廣泛應用於人們生活和相關產業（例如洗潔劑、藥品和油漆等）中，產品鏈距原油端較遠，受到covid-19疫情影響相對較少。預計石腦油、液化石油氣（LPG）和乙烷等石油化工原料的需求將繼續保持較快成長，其成長量占石油需求成長的50％以上。

三、油氣上游擴張節奏大幅放緩

石油公司上游投資水準的大幅削減，是對covid-19疫情和超低油價的應激反應，還是永久性的收縮？從目前的種種跡象來看，後者的可能性更大一些。

石油需求前景的不確定性、國際油價的斷崖式下跌，以及全球對能源轉型和減碳的空前重視，三座大山同時壓頂，油氣上游產業節衣縮食的日子很可能不會隨著疫情危機的解除而結束。由於石油公司效益慘淡，財務壓力高升，只能節衣縮食，把錢花在刀口上，自然難以像高油價時期那樣，把大筆的現金流投入到上游勘探開發業務中。

更令人擔憂的是，不僅石油企業的自有資金捉襟見肘，外部融資管道也在以肉眼可見的速度減少。在全球日漸高漲的應對氣候變遷浪

潮中，包括貝萊德投信（BlackRock Inc）、洛克斐勒基金會（Rockefeller Foundation）在內的多家投資機構都明確列出了從化石燃料領域撤資的計畫，而相對充裕的石油產能，更讓投資者有充分的理由看衰石油產業的投資報酬前景，無論是從社會效益還是經濟效益考慮，油氣上游的投資熱度都跟著百元以上的高油價一起，與這個時代漸行漸遠。

如果油氣上游領域的低投資成為一種「新常態」，無疑將會給全球石油供應體系的穩定性帶來巨大的挑戰。BP 在其《2020 能源展望報告》中指出，如果石油企業在未來的 30 年內，只對現有的油田進行維護，並按部就班的將已經批准的專案建成投產，那麼全球石油產量的年均衰減率將達到 4% 左右，到 2050 年全球石油供應量將下降到 2500 萬桶／天，僅為當前水準的四分之一。在這種情況下，石油供應短缺和油價的再次飆升將不可避免。

當然，這種極端的情形幾乎不可能成為現實。在 30 年的發展過程中，投資者有充足的時間對供應短缺引發的高油價做出反應，石油產業的技術水準和各國的油氣儲量，也完全能夠滿足全球的石油需求。BP 認為，在不同的情況假設下，為了實現全球石油供需的大體平衡，在未來 30 年內，所需的油氣上游投資總額約為 9 兆～ 20 兆美元（2013 ～ 2018 年的年均投資水準約為 8,000 億美元）。

雖然一定規模的上游投資仍然可期，但是石油供應的高速擴張態勢很可能已經一去不復返。任何一個理性的石油公司決策者，都會盡最大努力把有限的資金投入到回報前景最為豐厚的油氣專案中，這意味著很多高成本的油氣專案將被永久放棄，全球石油供應的擴張節奏也將隨之大幅放緩。

第四章　疫情衝擊下的石油市場：灰犀牛與黑天鵝的交錯影響

　　總體來看，covid-19疫情對全球石油市場造成的衝擊有其偶然性，但石油市場週期性的供應過剩，卻是積重難返之下的必然結果。縱使沒有「黑天鵝事件」的影響，全球石油市場的供大於求的局面仍將長期存在，能源結構轉型的歷史也難以逆轉。因此，「黑天鵝」為偶然，而石油市場深刻變革的「灰犀牛」為必然。

　　「千變萬化兮，未始有極。」covid-19疫情的大流行給全球石油市場帶來了巨大的衝擊。但正所謂「禍兮福所倚，福兮禍所伏」，在這個風雲突變的時代，無論是國家或個人，都應在這個歷史的十字路口上，對過去與將來進行新的思索。

第一部分　油價篇：油價變動的歷史軌跡與市場巨變

第五章

油氣時代的終結？
能源市場的未來走向

2016年3月31日，特斯拉公司（Tesla, Inc.）發表了一款大眾經濟型電動汽車，自此掀起了電動汽車市場的狂熱開端。根據國際能源署（IEA）數據，2019年全球電動汽車銷量已突破210萬輛，電動汽車存量提升至720萬輛。電動汽車的迅速發展給能源產業的未來發展增添了無限可能。2014年以來，國際油價風雨飄搖，新能源動力技術不斷突破，低碳化的能源轉型在全球加速進行，油氣工業似乎陷入了「十面埋伏」。全球能源結構出現了調整的端倪，但油氣時代真的要終結了嗎？新能源產業對傳統油氣產業將造成多大的衝擊？未來能源轉型又將沿著什麼樣的路徑轉變？本章將從歷史及未來的眼光審視油氣工業如何在能源轉型中立足和發展。

第一節
石油與天然氣在未來能源結構中的角色

一、石油仍是動力燃料的主要來源

縱觀歷史上的幾次重大能源消費結構的轉變，核心驅動力都是技術進步。目前為止，按照能源構成分類，人類已經經歷了三個能源時期：薪柴時代、煤炭時代和當前以石油、天然氣為主導的石油時代。

薪柴時代，人類普遍透過燃燒木材、稻草以及牲畜糞便等，來取暖和烹飪。對火和這類燃料的利用極大改善了當時人類的生存條件，使人類走向了與其他哺乳類動物完全不同的進化之路。

經過了18世紀的工業革命，蒸汽機成為主要生產動力，開創了世界工業大發展。19世紀末，電力開始應用於社會各領域，成為工礦企業的主要動力，也是生產和生活照明的主要能源，這就進一步加速了社會生產力的大發展。現代煤炭工業應運而生，逐步替代柴草，成為世界消耗的主要能源。19世紀中葉，內燃機的出現，汽車問世。石油以其更高的熱值、更易運輸等特性，於1960年代取代了煤炭的地位，成為全球的主要能源。

然而，三個時期的劃分並不意味著能源轉型是一個單一線性、快速替代的演變。相反，從能源系統的角度，能源轉型是一個發展緩慢、不均勻的過程。這種緩慢變化的背後主要緣於能源消費總量的飛速成長。

第五章　油氣時代的終結？能源市場的未來走向

能源消費隨著人口、經濟發展等因素不斷成長，根據曼尼托巴大學能源系統學者瓦茲拉夫・史密爾（Vaclav Smil）的計算，從1850年到2000年，人類世界的能源使用量增加了15倍左右。國際能源署（IEA）在其2018年《世界能源展望》中曾預測，在新政策情景下，到2040年，隨著全球人口增加17億，全球能源需求將成長四分之一。能源需求的倍書成長使得新舊能源交替著前進，在此過程中，舊的能源種類的消費絕對量往往不會減少。換句話說，新燃料可能會減少舊燃料在能源消費中所占的比例，但很少減少這些燃料供應和消費的總量。

圖5-1展示了全球一次能源消費結構的歷史變化，從圖中可以看出，傳統的生物燃料的比重不斷下降，煤炭的消費占比也在1960年代後有所下降，那麼是不是意味著其消費絕對量也持續下降？現實的情況很可能不是這樣的。伴隨著煤炭與石油工業的發展，從1900年到2000年，傳統生物燃料在全球一次能源消費的占比由50.5%降至11.12%，但其消費絕對量卻在20世紀翻了一倍，由1900年的6,111 TWh升至2000年到12,500 TWh（見圖5-2）。這種成長相當程度上源於全球人口數量的增加以及技術經濟發展的不均衡——1900年全球人口數量為16.5億，到2000年這個數字變為了61.4億。到今天，由於地理條件和社會經濟水準參差不齊，傳統生物燃料在不同國家和地區能源消費中的地位迥異，但它仍然是10億最貧窮人口的主要能源來源。在尼泊爾，生物質能占一次能源的90%，但在中東國家只占0.1%。這種全球能源消費系統的多樣化與複雜性使減少舊能源的絕對消費量變得十分困難，傳統生物燃料經歷了上百年的成長後終於從2001年開始出現下降趨勢，但降幅甚微。

第一部分　油價篇：油價變動的歷史軌跡與市場巨變

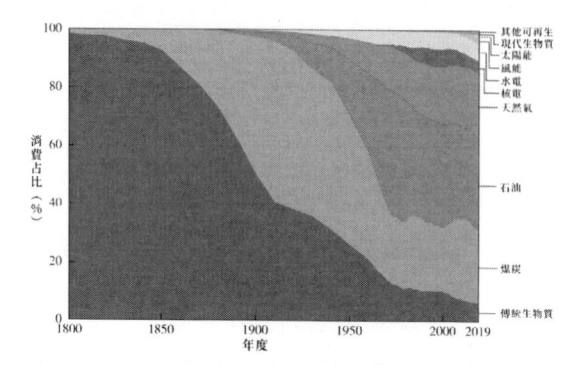

圖 5-1　1800～2019 年全球一次能源消費各能源占比變化

數據來源：https://ourworldindata.org/

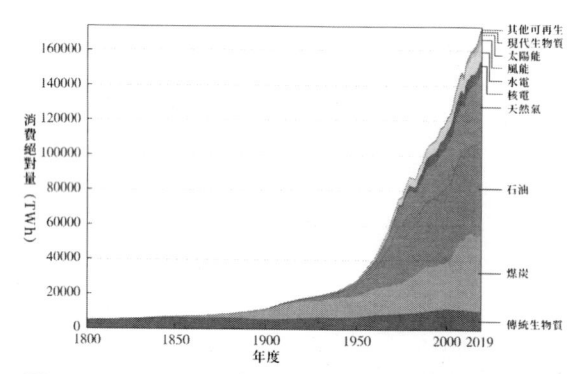

圖 5-2　1800～2019 年全球不同一次能源消費絕對量

數據來源：https://ourworldindata.org/

和傳統生物能源一樣，煤炭消費量的變化具有類似的特點。1960 年代，煤炭的消費量第一次被石油所超越。1965 年，石油在能源消費中的占比達到 35％，超過煤炭的 31％。但在之後的幾十年裡，煤炭消費一直保持高成長的態勢，從 1965 年的 1,614 TWh 一路成長到 2014 年的 44,954 TWh（見圖 5-2），此後煤炭消費總量才開始維持穩定，出現下降態勢。這背後也是區域發展不均衡的寫照。經濟學人將目前全球煤炭消費現狀概括為「A tale of three continents」（三大洲的故事）：

在西方，那些靠煤炭和殖民主義推動經濟崛起的國家，多年來一直在減少煤炭的使用，並正在大力削減產能。在南美和非洲——南非除外——煤炭從來都不是能源結構的重要組成部分。

亞洲彙集著 21 世紀以來開始蓬勃發展的幾大新興經濟體，尤其是中國和印度。煤炭作為資源豐富、技術成熟且成本低廉的燃料，在這幾大經濟體的發展過程中充當了重要的能源來源，這也使得亞洲煤炭消費量不斷增加，並且這種成長速度遠高於先進國家的減少速度，因此全球的煤炭消費仍不斷增加（圖 5-3）。

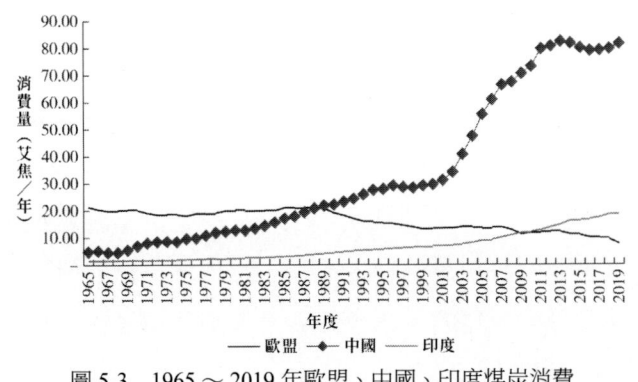

圖 5-3　1965～2019 年歐盟、中國、印度煤炭消費

數據來源：BP 世界能源統計年鑑

從能源系統的演變規律來看，作為當前能源時代最重要的能源，石油勢必在一定程度上符合我們在過去兩次大的能源轉型中所觀察到的現象：在很長一段時間裡，其絕對消費量保持穩步成長，同時相對占比下降。

從供給端來看，石油作為一種不可再生資源，石油峰值論、石油枯竭論亦常見於大眾視野，但事實上，石油產出一直保持成長，特別是深海與非常規石油開採技術的進步，大大拓展了石油的勘探開發範圍。例如，根據美國能源資訊管理局（EIA）的統計，因頁岩開採技術的重大突

破，2019年美國國內原油探明儲量達到442億桶，比2008年的191億桶成長了130%，國內原油產量從2008年年產18.3億桶成長至2019年年產41.4億桶，提高了126%。與美國類似，隨著一批石油資源相繼被發現，全球原油探明可採儲量非但沒有減少，反而不斷創造新的高位。

從需求端來看，石油與煤炭一大區別是：煤炭在終端能源消費中主要被用於火力發電，其他工業用途很少；而石油消費中，交通運輸是絕對的大頭。根據EIA的統計，運輸占美國2019年終端能源消費的68%。消費領域的不同使得兩者在面對可再生能源時遭受的衝擊面也不同。電力作為可再生能源的主要的轉化形態，技術提升帶來的發電成本下降，以及在低碳潔淨領域的優勢會直接衝擊火力發電，大幅削減煤炭消費；而石油遭受的衝擊更多的是間接且滯後的，需要依靠交通運輸不斷朝著「電氣化」發展，例如新能源車的廣泛應用，由此帶來石油需求的減少。顯然，「電氣化」發展作為現階段能源轉型的重要驅動，其背後不僅依賴於可再生能源發電量的穩定成長，也依賴於電池等儲能技術革新突破，後者無疑是更艱難的。這也反過來保證了石油在未來很長一段時間內作為主要動力燃料來源的地位不會被輕易動搖。

在2015年的巴黎氣候峰會上，近200個國家的政府同意採取行動，將自工業化以來的全球氣溫上升幅度限制在「遠低於2℃」。而伍德麥肯茲公司（Wood Mackenzie）在其《能源轉型展望》預測，實現「遠低於2℃」的情況似乎是很艱難的，相比而言，將全球變暖控制在3℃是更有可能的情況，由此伍德麥肯茲建立了一個基準情境，來研究升溫在3℃以內時全球能源消費情況。根據其研究發現，石油需求高峰要到2039年左右才會到來，即使汽油消費開始下降，石化原料的消費在2030～2040年間仍將保持成長。

OPEC也在《世界石油展望2020》中對2045年前的石油需求做出了

預測，其認為伴隨著 covid-19 疫情逐步得到有效控制，全球石油需求預計將在 2021 年和 2022 年恢復，並將在此後幾年繼續成長，2025 年達到 9440 萬桶／天。在 2025 年以後，石油需求將繼續維持十年左右的溫和成長，直到 2035 年後才開始趨於平穩。儘管在預測期的後半段，石油需求成長減速，但在整個期間，石油仍將保持在全球能源結構中的最高占比。2019 年，石油提供了全球能源需求的 31% 以上。到 2035 年，這個占比將逐漸下降到 30% 以下，到 2045 年進一步下降到近 27%。儘管如此，其仍將高於任何其他能源的占比。此外，在 2019 年至 2045 年期間，石油還將保持其在能源需求成長量中的主要貢獻者地位。根據 OPEC 的估計，2019～2045 年，石油需求成長量為 850 萬桶／天，為世界第三大能源需求的成長量來源，僅次於可再生能源和天然氣。

二、天然氣架起通向永續發展的橋梁

在世界一次能源中，天然氣的消費規模占比已從 1970 年的 18.2% 上升至 2019 年的 24.7%，應用範圍逐漸擴大至發電、化工、居家燃料等多個領域，在世界經濟發展中占有重要地位。

從能源消費的角度，作為典型的化石燃料，天然氣相比於煤炭與石油最大的優勢就是高效和潔淨，尤其在發電領域，天然氣的高熱值、潔淨無毒、高安全性等特徵使其成為煤炭的最佳替代燃料。從碳排放的角度，單位熱量燃燒天然氣產生的 CO_2 排放比煤炭少 40%，比石油少 20%；在火力發電等領域由天然氣取代煤炭能大量減少 CO_2 排放。這兩方面的優勢使得天然氣在能源結構轉型中扮演者承上啟下的角色。從 1970 年到 2019 年，天然氣在世界一次能源中的消費規模已經從 18.2% 上漲到了 24.7%，絕對值從 9,614 TWh 到增至 39,292 TWh，一躍成為世

界第三大能源（圖 5-2）。

從能源供給的角度，全球常規天然氣和非常規天然氣資源充足。非常規天然氣主要包括頁岩油、緻密氣、煤層氣。近年來，水平井、水力壓裂等技術廣泛應用於非常規天然氣資源開採中，帶動了北美天然氣工業的革命性發展。BP《世界能源統計年鑑》指出，截至 2019 年底，全球天然氣剩餘可採儲量為 7,019 兆立方公尺，儲採比高達 49.8 年。

得益於豐富的資源及其相對煤炭、石油的潔淨性，天然氣在發電、運輸等領域的地位將會進一步提高。

聚焦到國家和地區層面，美國、歐盟是天然氣消費的主力軍，根據 BP 的世界能源統計數據，2019 年美國、歐盟分別占了全球天然氣消費的 21.55%、11.95%；但放眼未來，這兩個地區的天然氣產業卻因為不同的地緣政治、資源條件等因素有著不同的走向。

1. 美國

在美國，頁岩油革命對天然氣供應和價格產生了巨大影響。經歷 1982 年以來的技術累積、便利的管網設施以及有利的刺激政策，美國的頁岩工業在 2002 年開始大規模商業化開發。伴隨著一些州與聯邦環境政策的發表，天然氣的能源結構占比被推高，與此同時煤炭占比被擠出。根據 EIA 的數據，2010 年，緻密氣與頁岩油總產量達到 11.3 兆立方英尺，首次超過了其他天然氣來源；2019 年，緻密氣與頁岩油總產量達 26.2 兆立方英尺，供應了美國 81.1% 的天然氣。

供給量的迅速成長帶來了充足的低成本天然氣供應、大量的剩餘產能以及相對較低的天然氣產能擴張邊際成本。發電在能源消費中的比重越來越大，在美國這個典型的自由化電力市場中，不同的電力來源在邊

第五章　油氣時代的終結？能源市場的未來走向

際成本的基礎上競爭，較低的天然氣價格自然影響了電力結構的變化，整體的能源結構也因此改變。自 2010 年以來，天然氣市場占有率的成長超過了任何其他能源。

在未來，美國國內的天然氣需求仍將在一定時間內保持成長，但隨著聯邦碳中和政策的不斷推進，發電這類關鍵領域對天然氣的需求將有所下降，其產能也將更多地以 LNG（Liquefied Natural Gas）的形式走向出口。根據 IEA 的預測，2025 年美國將超過澳洲和卡達，成為第一大 LNG 出口國，但儘管如此，天然氣在美國的消費量預期仍將持續增加。

2‧歐盟

歐盟作為典型的發達經濟體，在能源轉型中一直是處於領先地位。回顧歐盟在過去幾十年中的天然氣消費量變化，一個顯而易見的趨勢是天然氣消費的絕對值以及比重都隨著煤炭的減少而增加（圖 5-4）。在減少溫室氣體排放的大背景下，歐盟委員會以及各成員國採取了強而有力的限制碳排放措施，這是氣增、煤降的主要原因。

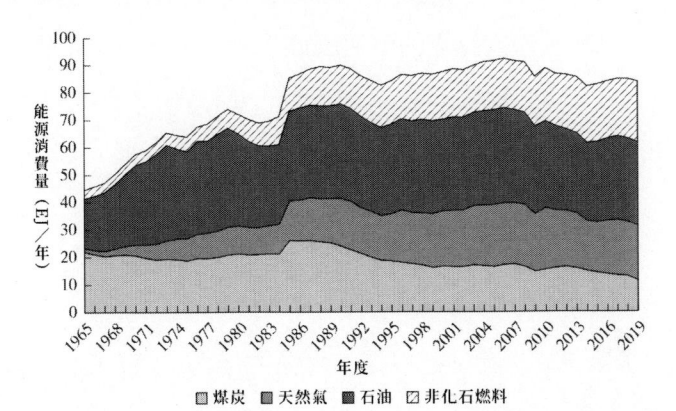

圖 5-4　1965～2019 年歐盟煤炭、石油、天然氣和非化石能源消費變化

數據來源：BP 世界能源統計年鑑

2005 年,全球首個主要的碳排放權交易系統——歐盟排放交易體系(EU ETS)開始。這個交易體系對涵蓋廠房設施排放的某些溫室氣體設定了排放總量上限,在該上限內,企業可以按需求在企業間進行排放配額的交易,該上限隨著時間的推移而降低,排放總量因此得以降低。

發電廠和能源密集型工業的二氧化碳排放自第一階段就被納入該體系中,在這個背景下,逐年提高的碳排放成本使得燃煤電廠的燃料成本優勢不復存在。隨著該交易系統三個階段的優化,碳交易價格從 2016 年的平均 5 歐元／噸上升到 2018 年底的 20 多歐元／噸,推動短期發電成本的天平向天然氣傾斜。此外,燃煤電廠也面臨著歐盟對大型燃燒廠更嚴格的汙染管理,一些國家也逐步淘汰煤炭發電的政策的影響。

不過,雖然天然氣被認為是最潔淨、環保的化石燃料,但是這並不能掩蓋它在燃燒過程中會排放大量二氧化碳的特性,燃氣電廠依然要承擔較高的碳排放成本。隨著可再生能源、儲能技術的飛速發展,可再生能源發電單位成本已經大幅度降低,加上政府政策的大力扶持,可再生能源越來越受到青睞,天然氣的消費因此受到了一定程度的衝擊。

三、勢頭強勁的可再生能源

美國環境分析學家萊斯特・R・布朗(Lester R. Brown)在《大轉型》(*The Great Transition*)一書中提到:

有幾個問題正在從化石燃料推向可再生能源。其中之一是氣候變遷及其對我們未來的影響。另一個是被化石燃料燃燒汙染的空氣對健康的影響,每年有 300 萬人死於室外空氣汙染。第三個是對地方控制能源生

產和整體能源安全的渴望。

上述這些因素使得可再生能源的發展速度激增。根據 BP 的《能源展望 2020》，可再生能源消費在 2019 年內繼續保持強勁成長，貢獻了有史以來最大的增幅，這波增幅占 2019 年全球一次能源成長的 40％以上，高過其他任何能源種類。而在一年前的 2018 年，可再生能源在能源消費結構中的絕對占比仍僅 5％。

面向未來，國際能源署（IEA）《可再生能源 2020》的預測，到 2025 年，可再生能源將超過煤炭，成為全球最大的發電來源，提供世界三分之一的電力。其在永續發展設想方案中提到，為了實現聯合國永續發展目標（SDGs），到 2030 年，化石燃料在能源供應投資中的比例將在現有基礎上降低 40％；到 2040 年，可再生能源在能源供應總量中的比例將提高到 60％。

根據歷來能源時代的轉換規律來看，由於需要滿足人類日益成長的能源需求，能源轉型是緩慢的，傳統生物燃料以及煤炭的發展也能佐證這一點。這也預示著石油時代的代表——石油與天然氣將在未來很長的一段時間裡仍然充當全球能源消費的主力軍。那麼可再生能源的發展是否也是如此呢？可再生能源似乎並沒有延續化石能源的發展模式，相反，其成長勢頭強勁不可阻擋。

這種勢頭的背後是政策推動，這正是可再生能源系統轉型相比過去幾次轉型的區別。回顧過去的幾次能源轉型，技術進步一直是主要的推動力。這種進步一方面體現在新的能源更加環保、高效、穩定，且儲量更高，另一方面也體現在更加先進的設備需要新的、特定形式的新燃料來滿足，例如內燃機發明後對交通的顛覆，由此帶來規模龐大的石油消費。技術進步相當程度上是生產力導向的，而在面向可再生能源的轉型

過程中，政策推動同樣至關重要，共同形成了可再生能源發展的強勁勢頭。

能源政策一直是推動可再生能源發展的關鍵，也是各種永續發展目標、跨國氣候變遷協定落實的基礎。在過去的幾十年裡，各個國家和地區因為不同的資源種類及能源消費狀況制定了不同的能源政策。

1. 歐盟

歐盟是倡導可再生能源利用的先驅。早在 1980 年代末，丹麥就首次推行了相關政策。繼 2005 年推出歐盟排放交易體系（EU ETS）後，歐盟在此基礎上做了許多調整和改革，加上國家的不同措施，歐盟的可再生能源發展速度迅速。

自 2009 年至 2019 年，整個歐盟可再生能源發電量的成長主要源於風力發電、太陽能發電和固體生物燃料（包括可再生廢棄物）發電。2019 年，可再生能源占歐盟 27 國總電力消費的 34％，比 2018 年的 32％略有上升。風力發電和水力發電分別占可再生能源發電總量的 35％，其餘發電量來自太陽能（13％）、固體生物燃料（8％）和其他可再生資源（9％）。從成長率來看，太陽能是成長最快的可再生能源，從 2008 年的僅 7.4 TWh 上升到了 2019 年的 125.7 TWh。

細分到國家，歐盟各國永續發展能源發展狀況不盡相同。2019 年，在 27 個成員國中，奧地利和瑞典有超過 70％的電力消費來自可再生能源；丹麥、葡萄牙和拉脫維亞的可再生資源比例也能占一半以上，但馬爾他、賽普勒斯、盧森堡等國的可再生能源電力比例不到 10％，未來依然有很大的發展空間（圖 5-5）。

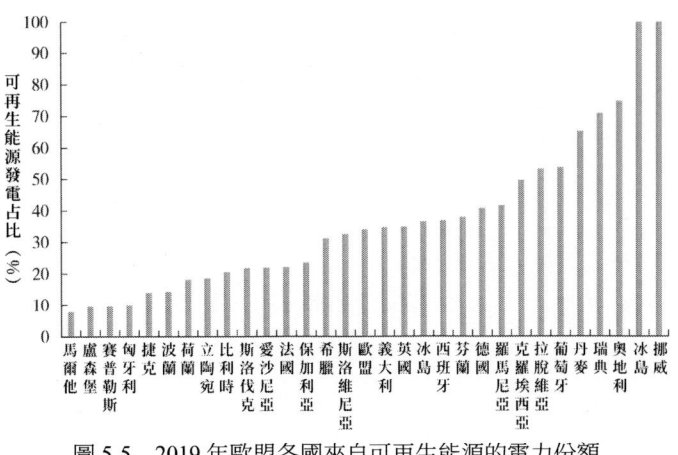

圖 5-5　2019 年歐盟各國來自可再生能源的電力份額

數據來源：歐盟統計局

2. 美國

在過去的 40 年裡，美國採取了一系列政策，旨在使美國的能源結構轉向更多的可再生資源和國內資源，以減少溫室氣體排放和對外國石油的依賴。相比於歐盟採取的更加市場化的碳定價機制，美國的政策干預更加傾向於直接針對可再生能源進行補貼。

從 2005 年到 2007 年，美國政府通過了幾項重要的能源法案後，新能源產業得以減稅、貸款擔保、研發資助等多方面的補貼。根據 EIA 的數據，從 1999 年到 2007 年，美國與可再生能源相關的稅收支出從 10 億美元增至 39.7 億美元；與此同時，石油天然氣產業在這八年間獲得的減稅額度僅僅是從 18.78 億增至 20.9 億。在這個時期內，美國政府在可再生能源領域的研發支出同樣是實現了從 4.66 億到 8.67 億美元的大幅成長，相比之下傳統油氣產業在 2007 年僅獲 3.9 億美元的研發資金。

2008 年以後，美國的頁岩油革命顛覆了世界石油和天然氣市場，

第一部分　油價篇：油價變動的歷史軌跡與市場巨變

天然氣價格和油價的暴跌讓發電和運輸業動力成本大大降低。在發電方面，煤炭、天然氣和其他能源在美國電力結構中形成三足鼎立的局面。儘管新能源發電比例持續成長，但占整體的比例依然較小。2011 年以來，美國政府曾經重金資助的一批新能源公司如 Evergreen、Spectrawatt 和 Solyndra 相繼倒閉，新能源發電進展緩慢。

自 2015 年以來，美國可再生能源的成長幾乎完全歸功於風能和太陽能在電力領域的使用。2019 年，根據美國能源資訊管理局的《月度能源評論》的數據，美國可再生能源年度消費量自 1885 年以來首次超過煤炭消費量（圖 5-6），風力發電量首次超過水力發電量，成為美國每年使用最多的可再生能源發電來源。

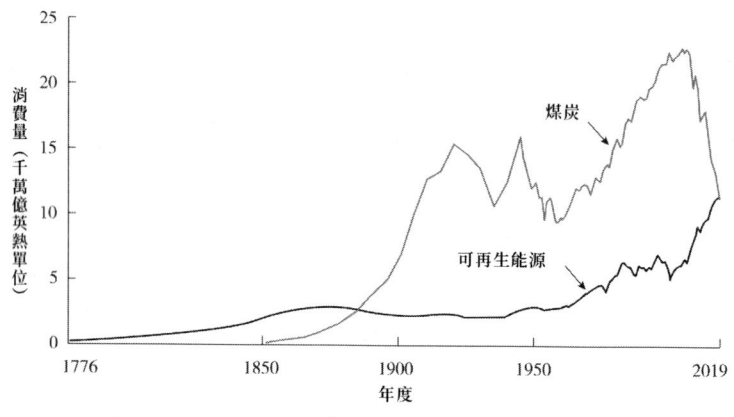

圖 5-6　1776～2019 年美國煤炭和可再生能源消費

數據來源：美國能源資訊管理局（EIA）

第二節
新能源車與綠色轉型的勢不可擋

一、全球新能源車產業發展現況

眾所周知，如今人們駕駛的汽車絕大部分仍然以石油作為燃料。但是隨著技術的不斷進步和環保標準的不斷提高，人們在提升石油品質的同時，也積極的探尋燃油車的替代品，人們對於新能源技術及其應用場景的知識也越來越多。因此，「新能源車」作為一種更為環保、更為低碳的汽車種類應運而生。新能源車是指採用非常規的車用燃料作為動力來源，綜合車輛的動力控制和驅動方面的先進技術，形成技術原理先進、具有新技術、新結構的汽車，主要包含純電車、油電車、燃料電池電動車、氫動力車和其他新能源車等。

放眼世界，新能源車正在進入世界的各個角落，總銷量逐年上漲。全球的減碳運動給新能源車市場創造了巨大的商機，世界各國陸續制定燃油車禁售時間表，政府不斷發表各類新能源補貼政策，傳統汽車企業加速新能源策略規劃。

從 2015 年至 2018 年，全球新能源車的銷量和成長速度均呈加速上升的狀態，但由於新能源車消費補貼大幅「退場」，2019 年的全球新能源車銷量成長速度斷崖式下跌（見圖 5-7）。這反映了目前，新能源車產業對於政策補貼高度依賴，新能源車的消費競爭力仍然不如傳統燃油車。2020 年不確定因素增多，不論是 covid-19 疫情對油價的衝擊，還是《巴

《巴黎協定》簽署後，全球降低碳排放的一致行動，都將汽車產業推向了「風口浪尖」。

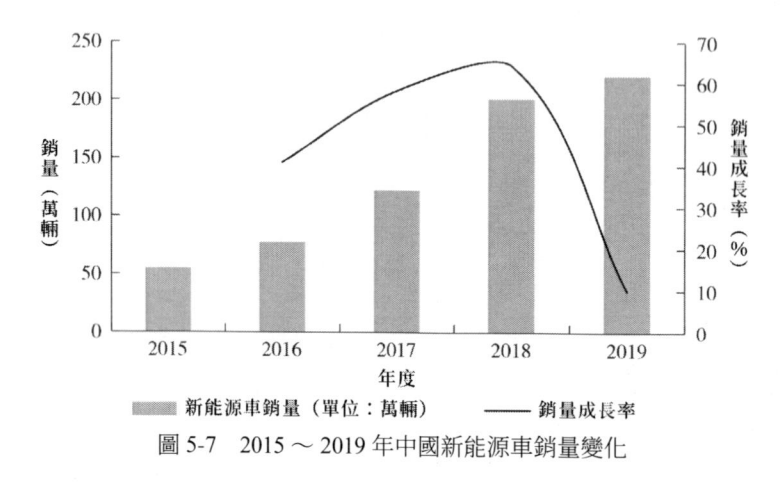

圖 5-7　2015～2019 年中國新能源車銷量變化

數據來源：世界電動車銷售數據庫

「新能源車」、「能源網際網路」、「5G」、「無人駕駛」……這些以前出現在小學生作文簿中天馬行空的幻想正在逐漸變成現實。第一輛現代汽車的締造者卡爾・賓士（Karl Friedrich Benz）為傳統汽車產業打下的「江山」在逐漸動搖。欲知後事如何，除了看各國的政策如何洗牌，還要看新能源技術如何發展。可以確定的是，在諸多技術變革的交會點，新能源車不一定是一勞永逸的解決方案，但一定是最能滿足當下需求的最可能方案。

二、歐美國家的新能源車產業政策

從能源轉型的角度，歐美國家，尤其是歐盟成員國，因為在發展上的先行優勢，較早就開始推動從化石能源轉向潔淨能源；考慮到交通運輸產業在頭號化石燃料——石油中的占比，發展新能源車產業一直是不

可忽視的一大舉動。在這個過程中，各國也因地制宜採取了形式多樣的產業政策。

1. 美國

市場激勵是美國新能源車產業政策的一大特點，即透過補貼等手段直接刺激新能源車消費，反過來帶動整個產業發展。

1998 年，美國通過了《發動機燃料替代法案》，依靠減稅以促進替代燃料（天然氣和乙醇）車的生產。1990 年，美國頒布了《空氣清潔法案》，將減少汽車燃料的尾氣排放作為首要任務。美國國家能源政策法案在 1992 年通過，該法案提出了以非石油替代石油，到 2010 年替代率要達到 30%。

進入 21 世紀後，美國新能源車產業迅速發展，美國政府頒布了更多能源法案，如《2005 年能源政策法》、《2007 能源促進與投資法案》、《2007 可再生燃料法案》，採取減稅、定向徵收等措施，來提高民眾對新能源的認可和接受程度，並鼓勵企業對新能源燃料進行研究。

2. 歐洲

早在 2001 年，歐盟就透過立法來促進三種主要車用替代燃料（生物燃料、天然氣和氫氣）的發展，並計劃到 2020 年替代燃料占汽車燃料市場總量 5% 以上。2019 年，歐盟發表了最嚴格的 2019/631 號檔案，強制要求汽車企業減少二氧化碳排放量，最終實現到 2030 年純電車及插電式混合動力車占比達 35% 的目標。

除了歐盟實施的統一政策，各成員國政府也結合自身情況，推行了本國的新能源車發展策略。2009 年，德國發布《國家電動汽車發展計

畫》，確定汽車產業電動化轉型策略，提出到 2020 年實現 100 萬輛純電動及油電車保有量的發展目標。2010 年 1 月，法國政府宣布實施「發展電動車全國計畫」，計劃到 2020 年前推廣 200 萬輛電動車，為此政府將投入 15 億歐元以上，主要用於建造充電站。英國政府分別於 2013 年和 2015 年發布了《超低排放汽車發展策略》和《2015 年至 2020 年英國超低排放汽車投資計畫》，提出力爭到 2050 年全面實現電動化。2018 年英國交通部發布《零排放之路》，規劃到 2040 年停止銷售傳統燃油車。透過購買補貼、研發資金支持、基礎設施投資等措施來實現。

三、新能源車對油氣工業發起的挑戰

十九世紀中葉，內燃機出現，汽車問世，油氣工業就在這樣的背景下飛黃騰達了。石油在短短幾十年內取代了煤炭，成為最主要的一次能源。而新能源車，卻是自誕生起就為了取代燃油車而來的。

隨著新能源車在汽車占比的逐漸上升，成品油消費會大幅削減，並且這種需求下滑是不可逆轉的。2019 年 9 月，法國巴黎銀行發表的研究報告顯示，如今生產的原油中，有 36％用於為那些很容易在未來被電動車所替代的交通工具提供燃料。隨著消費端購入和持有成本降低、環保意識加強，以及政府激勵政策與強制性法案的頒布實施，新能源車的數量與占比都會高速成長。根據德勤 2020 年 7 月發表的報告，2020 年到 2030 年這十年間，全球電動車將實現 29％的年複合成長率，總銷量將從 2020 年的 250 萬輛成長到 2025 年的 1120 萬輛；到 2030 年，電動車銷量將達到 3110 萬輛，占新車銷售總市場占有率的 32％左右 (圖 5-8)。

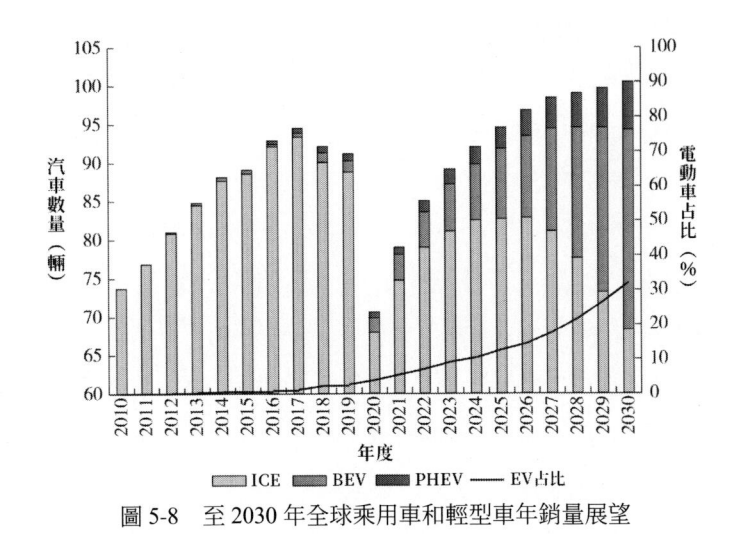

第五章　油氣時代的終結？能源市場的未來走向

圖 5-8　至 2030 年全球乘用車和輕型車年銷量展望

注：ICE 為傳統內燃機汽車；BEV 為電池電動車；PHEV 為插電油電車

數據來源：德勤

　　一輛汽車是由成千上萬個精密零件構成的，新能源車快速迭代的背後是上游產業一輪輪的技術更新，尤其是電池技術，而這些底層能源技術對可再生能源的發展也是至關重要的，也將推動化石能源向可再生能源的轉型。電池成本在電動車總成本中高達40%，根據車百智庫與羅蘭貝格在2020年發表的《中國新能源車供應鏈白皮書2020》，未來電池材料的更新將成為新能源車進一步廣泛應用的關鍵突破點。絕大多數的可再生能源都具有間斷性和波動性的特點，想要大規模推廣應用，儲能系統是一個繞不開的話題，而這也正是新能源車在發展過程中投入大量研發資源的領域。

案例：未來電池黑科技——石墨烯

石墨烯（Graphene）這個詞是德國科學家波姆（Hanns-Peter Boehm）於 1962 年創造，源自石墨（graphite）跟烯（-ene）字尾的結合，用於描述「單原子層的石墨」。作為世界上最薄但也是最堅硬的奈米材料，石墨烯因其超強的導熱及導電能力著稱，其熱傳導率高達 K 值 5300，高於奈米碳管和金剛石，而電阻率只有 10^{-6} 歐姆·公分，比銅或銀更低，是目前世界上電阻率最小的材料。常溫下，石墨烯的電子遷移率超過 15000 平方公分／（伏·秒），比奈米碳管或矽晶體高。這幾個特性使得石墨烯有望運用在新一代電子元件中，被譽為「二十一世紀的新材料之王」。

電池是電動車最重要的零件之一，也是目前電動車相對於燃油車最大的軟肋。捉襟見肘的續航里程、過長的充電時間、分布不足的公共充電樁，這些圍繞著電池技術的問題都極大的制約了電動車的推廣。在過去的幾十年中，發動機、輔助駕駛等領域都有較大的進步，而動力電池技術卻未能有較大的突破。

石墨烯的出現為電池技術突破提供了一個嶄新的方向。目前，新能源車主要採用磷酸鐵鋰和三元鋰電池作為動力來源。在此基礎上，石墨烯一方面可以作為導電劑，另一方面可以用作電極材料，即作為陽極鑲嵌鋰離子。

用作鋰電池導電劑的石墨烯可以增加碳導電劑的單位碳原子導電效率，大幅降低導電劑用量，提高電池的體積能量密度和充放電效能。而用作電極的石墨烯能夠憑藉鑲嵌結構上的優化，大大增強鋰電池的容量。

第五章　油氣時代的終結？能源市場的未來走向

目前，石墨烯距離大規模運用在電池生產中還有一定的距離，包括成本上顯著高於傳統導電材料（炭黑和石墨）、現有技術難以保證連續製備和產品良率等，其應用實效須綜合考量能量、安全、壽命、成本等指標。不過，隨著越來越多的企業參與到這項技術的研發，探尋石墨烯與不同材料結合的技術及應用，石墨烯作為超級電池的潛力將不可斗量。

第一部分　油價篇：油價變動的歷史軌跡與市場巨變

第二部分

國家篇：
產油國的財政挑戰與能源政治博弈

第二部分　國家篇：產油國的財政挑戰與能源政治博弈

第六章

資源詛咒再現？
石油依賴國家的經濟困境與破解之道

　　當您讀到「資源詛咒」時，肯定會產生疑惑：資源難道不是對經濟的「祝福」嗎？隨著人類生產的發展和經濟的全球化，資源國由於依賴資源出口，出口產品單一，經濟發展極容易受到國際市場的影響，資源反而成了禁錮其進步的「詛咒」。「資源詛咒」這個概念從何而來？這是在本章首先要解決的問題。「資源詛咒」現象為什麼會發生呢？資源導致經濟一步一步走向「詛咒」的關鍵原因是什麼？如何破解「資源詛咒」現象，讓經濟重回高速發展？這些問題您都將在本章得到答案。

第一節
「資源詛咒」的成因與歷史演變

一、「資源詛咒」的概念

「資源詛咒」是一種現象，它是指某些擁有更為豐富的自然資源的國家，相對於資源較缺乏的國家，經濟成長速度更慢、社會問題頻繁、發展結果更差的現象。

資源與經濟發展之間的關係一直是經濟學家們關注的焦點，自然資源的供給會對經濟成長帶來影響早已成為共識。「資源詛咒」的現象很早就被注意到了，在 1711 年英國雜誌《旁觀者》(*The Spectator*)就曾發表過以下言論：「人們普遍認為，在資源最充裕的國家，生活最貧困。」

20 世紀中後期，南美、中東等越來越多國家逐漸顛覆人們對資源與經濟發展的認知。研究者的目光放在了中低收入國家的經濟問題上，這種發展表現的巨大差異，引起了學界的關注。

「資源詛咒」由美國經濟學家奧蒂（Richard Auty）於 1993 年正式提出，用以描述部分礦產資源豐富的國家無法利用這些財富來促進經濟發展，反而經濟成長低於沒有豐富自然資源的國家的經濟學現象。

後續學者對「資源詛咒」展開研究，資源與經濟成長關係的研究成為焦點，並且有大量的經濟模型與理論被提出。其中最具代表性的就是薩克斯（Jeffrey Sachs）和沃納（Andrew Warner）對「荷蘭病」進行改進擴展，建立了「資源詛咒」理論研究的主流，為後人提供了研究思路。

在近 30 年間，新制度經濟學派影響逐漸擴大，資源詛咒的核心不再

第六章 資源詛咒再現？石油依賴國家的經濟困境與破解之道

是「資源」，也就是說資源本身不會帶來詛咒，而造成資源詛咒的原因是制度傳導。

「資源詛咒」是對地區資源與經濟成長的關係問題做的探討，經過數十年的分析和理論發展，研究方向不再僅僅局限於探討經濟效率和資源的影響，資源收入的使用方式、政府制度、社會制度、資源類型等都已被研究證實會在不同程度上影響資源國的發展結果。發展至今，出現了關於可再生能源關鍵材料「資源詛咒」可能性的新討論，涉及擁有豐富可再生能源資源的國家，進一步拓展了理論體系。

二、「資源詛咒」的路徑

資源如何變成「詛咒」，這其實是一種經濟發展方式過度依賴的結果。「資源詛咒」的表現實質上是經濟體對資源部門過分依賴，導致發展路徑僵化現象。圖 6-1 分析了資源詛咒形成的路徑，包括初始階段、路徑創造階段、路徑發展階段和路徑僵化階段，最終本地產業和技術僵化，阻礙新的技術和產業的發展。

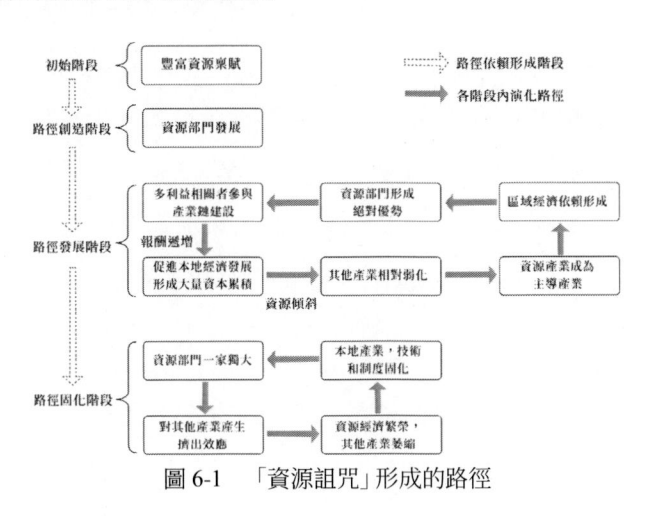

圖 6-1 「資源詛咒」形成的路徑

具體來說：

(A) 初始階段。資源地擁有的豐富資源，在機緣巧合下顯露出潛在的經濟價值，催化形成當地的資源部門。隨後更多資本進入，進一步促進資源開發產業的發展。

(B) 路徑創造階段。在資源的紅利效應下，資源經濟快速發展。當地的企業和政府會投入資本，圍繞資源開發部門進行各類相關的建設，例如基礎設施建設、就業職位安排、市場行銷等等，進而形成以資源開發產業為核心的網路。

(C) 路徑發展階段。隨著資源初級產品產量不斷上升，資源開發產業迎來報酬遞增階段，越來越多的資源向此產業傾注，資源經濟逐漸形成絕對優勢。資源部門帶來大量利潤和就業職位，使之居於區域經濟發展的核心地位，經濟依賴逐漸形成。

(D) 路徑僵化階段。資源部門吸收了大多數的經濟要素，對其他產業產生嚴重的排擠效應，嚴重限制其他工業部門的發展。由於其他產業萎縮、資源經濟繁榮，經濟愈發依賴資源部門。轉型成本較大，為改變帶來阻力，本地經濟越發過分依賴資源，路徑依賴愈發嚴重。

路徑嚴重依賴，導致發展路徑逐漸僵化。而僵化的發展路徑勢必導致本地產業、技術和制度的僵化，嚴重阻礙新技術、新產業的誕生，於是資源開發的發展會對經濟帶來「詛咒」。經濟體無法妥善管理自然資源，資源依賴性越強越會加劇收入不平等，最終導致更低的個人所得。透過「荷蘭病」效應、惡化的制度環境、不足的生產性投資等傳導路徑，「資源詛咒」現象將日益嚴重。

三、「資源詛咒」的關鍵原因

資源國的經濟從對資源部門的依賴到發展路徑的僵化，在多種原因影響下，步步走入「資源詛咒」。「資源詛咒」發生的關鍵原因是荷蘭病效應、排擠效應以及制度品質低下對產業更新和製造業的進一步打壓。

荷蘭病效應，是指由於資源部門的繁榮、資源產品的大量出口，導致本幣升值，價格與生產成本上漲，對出口和製造業帶來衝擊。依靠初級資源產品大量出口，便可以獲得大量的外匯，加之本地製造成本的抬升，進口便是最實惠的選擇。根本上，缺乏促進製造業發展的經濟制度，政府支出傾向於現期的消費和福利制度，任由進口摧殘本國製造業的前途。荷蘭病最突出的案例就是 1980 年代的荷蘭，荷蘭大量出口天然氣，導致本國通貨膨脹、製成品出口下跌，最終本國失業率上升、經濟發展低迷。

非生產性支出對國家發展資本的排擠效應，從根本上限制了製造業的發展。缺少基礎設施等固定資產、教育投入等人力資本形成等缺陷，阻礙了技術和產業進步。這是由於這類投資的跨期性與資源國薄弱的制度能力不相容。人力資源角度上，初級部門占據了經濟的主導地位，高技能勞動力的需求本身就低。決策者忽視人才的培養，弱化產業進步和制度創新，這就阻礙了高端人才進入和科學技術創新。同時，資源豐富的經濟體可能會基於其自然資本產生一種錯誤的財富安全感，缺乏在其他方面成長的激勵。在其他方面缺少人才、在資源方面缺少高端人才，對外抑制其他產業發展，對內禁錮產業更新。

另外，資源國家的制度品質不斷下滑，限制經濟的自由發展。資源部門往往技術含量偏低，對技術創新、高水準勞動力的需求相對不足，

過分依賴資源經濟會影響人才培養和科技創新；其次,「飛地經濟」屬性使之依賴與擁有更高加工技術的其他區域進行合作,同時與當地其他產業部門互動較少,溢出效應也有限,降低了制度變遷的邊際收益。尤其在一些制度並不成熟的開發中國家,這種負面作用更為明顯。資源型國家往往經商環境惡劣、政府信譽低下,更容易因資源而發生腐敗。腐敗是經濟發展的蛀蟲,不斷腐蝕經濟自由化,企業的發展面臨著重重官僚障礙,企業受限而難以創造價值。

飛地經濟

「飛地經濟」指的是相互獨立、經濟發展存在差異的兩個地區實現資源互補、協調發展的區域合作模式。本文中指的是某地區因資源豐富,成為當地經濟發展的增長極,但缺乏高附加值的加工產業。

第二節
低油價如何加劇資源國的困境？有解方嗎？

一、導致「資源詛咒」的關鍵因素

資源詛咒的產生源自對其他產業的「排擠」。直接原因是處於價值鏈底端的資源部門過度發展，阻礙了產業更新和製造業的進步。到底是什麼關鍵因素阻礙了更新？新制度經濟學代表人物諾斯（Douglass C. North）認為，在決定一個國家經濟成長和社會發展，制度具有決定性的作用。產業的更新不僅僅需要技術的進步，更需要高效率的經濟制度在根本上推動發展。

「資源詛咒」僅作用於制度不合理的國家，制度的品質最終決定了自然資源豐富是福還是禍。大多數資源詛咒國家的經濟制度相較於經濟發展和產業更新，其適應能力較差，阻礙了經濟社會的改革。制度環境決定了資源是否轉化為國家發展資本。在一些石油資源國，政黨更迭頻繁，制度的連續性差，為了維護政治利益，政府大規模實施政策性補貼及各類社會福利措施；與之相反的，以智利為例，智利的制度具有較強的連續性，是資源分配管理制度表現不錯的國家。資源怎麼花，是花在了為產業更新、製造業發展的長期投資，還是花在了當下看來在經濟或政治上最「正確」的選擇上，政府的決策不僅反映了一個國家制度品質高低，更是決定了資源的詛咒是否會降臨。

製造業發展和產業更新是國家擺脫資源詛咒的關鍵。製造業承擔著技術創新、制度變遷以及培養人才的重要任務，衰落的製造業可以使國家失去長足發展的動力。產業更新就是發展資源產業高價值鏈環節，生產高附加價值的產品，使資源部門從收益遞減的價值鏈底端飛黃騰達，實現資源化「詛咒」為「祝福」。

二、低油價的雪上加霜

2020年以來，全球covid-19疫情大流行，國際油價暴跌，並持續在低位，許多石油資源國面臨的局勢是雪上加霜。由於資源經濟，尤其是石油經濟的特殊性，出口石油的初級產品是很多石油國的主要經濟來源。大多數資源出口國與其他國家簽訂契約，採用「我來開採，你來加工」的合作模式。

大多依賴資源初級產品出口的國家，自身沒有深度加工的能力，所以產品需要由其他具備核心科技的國家進行加工，產生高附加價值的產品，例如委內瑞拉的原油需要運送至美國冶煉。而作為原油出口國，仍然進口大量的石油精加工的產品。委內瑞拉是一個比較極端的例子，如圖6-2所示，2018年後委內瑞拉的石油產品進口量反超了其石油產品出口量，2019年二者差距拉大。由於委內瑞拉的工業技術較為落後，其部分深度加工後的石油產品無法自給自足，為滿足自身工業所需，必須向先進國家進口更高附加值的石油產品，逐步形成依賴性的進出口關係。

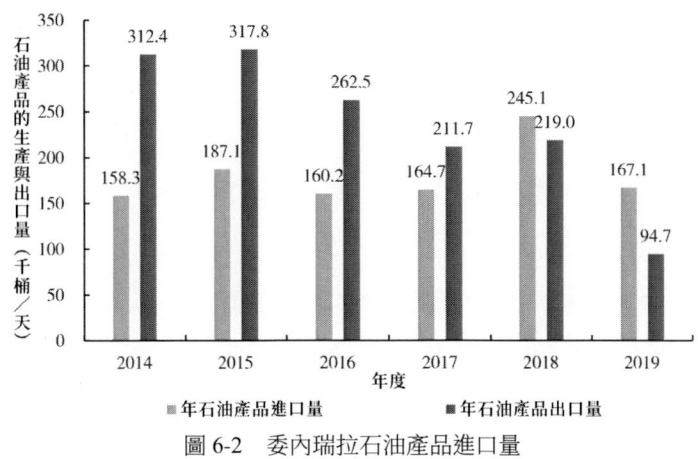

第六章　資源詛咒再現？石油依賴國家的經濟困境與破解之道

圖 6-2　委內瑞拉石油產品進口量

數據來源：OPEC 年度統計公報 2020

　　而在這些合作中，國家與國家、企業與企業之間必然會建立緊密的合作關係。資源國為了發展經濟，接受外資和技術，進行更高效率的能源開採以及快速的出口銷售；而先進國家會與資源國簽訂契約，保證資源產品的低價供應。但這樣做的後果也非常嚴重，石油資源作為策略資源，本應該受到國家的保護。而過多的出口和進口加工品，會導致策略物資風險升高。

　　油價的衝擊或者波動為外資帶來風險，石油國的出口會受到打擊。同時油價的長期低迷使投資者暫時轉移目標，尋找替代效能源，例如天然氣等。對替代效能源加大投資而減少石油的投資，必然會使石油國家損失慘重。

　　石油經濟是石油國家的命脈，一旦受到影響，經濟很有可能陷入惡性循環。石油國家往往伴隨著高福利政策，低油價帶來低收入，而政府的高福利措施雪上加霜，政府赤字拉大，帶來更高的通貨膨脹，這些無疑都會重重的落到本國人本就不高的生活水準上。本國人民基本生活無

法保障,更不要說產業更新和製造業發展,惡性循環下本國經濟深陷「資源詛咒」,難以逃脫。

石油資源國過分依賴石油經濟,而一旦油價下跌,則經濟隨著退步,沒有其他的優勢經濟部門以支撐,加之財政支出較高,導致經濟只能進一步衰落。沙烏地阿拉伯2020年7月分的財政部報告顯示,受油價低迷影響,其第二季財政赤字達291.2億美元,石油收入同比下降45%,為255億美元;總收入下降了49%,至360億美元左右。

三、破解「資源詛咒」

從產業層面看,資源詛咒的產生是由於資源低端產業對其他產業的排擠,導致經濟長期依賴低端產品的製造和出口,並未實現產業更新。因此,破解資源詛咒必須促進產業更新、鼓勵製造業的發展。從制度層面看,「資源詛咒」是制度弱化的產物,經濟制度落後且僵化,阻礙了經濟社會的改革。產業更新需要永續規劃和良好的經濟發展環境。

1. 推動制度和產業更新

破解資源詛咒的核心,就是推動制度和產業更新。「資源詛咒」國家大多都是依賴於出口資源的初級產品,產業內部效率低下、制度僵化。破解這個困局,需要分析該產業的企業構成,因地制宜,根據產業結構來建構出不同的工業化發展路徑。對於低價值產業鏈,應以長遠的視角投入資本,以促進技術進步,並建構完善的制度,以鼓勵研發。隨著產業逐漸掌握高附加值的核心技術、中間品複雜度的提高以及產業鏈下游的逐漸完善,產業更新也逐步完成。同時,制度品質的提高可以幫助各國從資源中獲得更多利益,加強其製造業,實現更高的經濟成長。

第六章　資源詛咒再現？石油依賴國家的經濟困境與破解之道

產業更新和新制度形成的過程必然是「痛苦」的，轉化過程中必然需要舊產業的補貼與讓步，同時，新企業面臨的成本高昂、國際價格衝擊、進口產品競爭等挑戰也為其帶來不小的風險，這就更需要政府透過產業政策來集中資源，對生產企業採取補貼、減稅等措施。如何改善社會對新生產業的認知，如何聚焦資源全力推進，政策制定者需要立足當前，著眼長遠，綜合施策。

2. 發展以市場為導向的經濟

一個自由化的經濟，可以鼓勵企業家從事生產活動，並提高私人部門和公共部門的效率和生產率。企業在以市場為導向的經濟中，面臨的官僚障礙更少，因此可以開始以更有效的方式經營企業。擁有高品質制度環境的市場經濟，資源租金更充分的轉化為國家發展資本，可以有效支持創業活動的公共產品和服務。相反，在不太以市場為導向的環境中，豐富的自然資源使政府可以延長低效和無效的政策，政治家將資源租金用於低效的再分配以達到政治目的，對經濟的長期成長產生負面影響。

提高市場化程度首先是政府支出的支持。政府應該重視生產性資本的支出，進而推動技術進步和製造業的發展。同時，完善的法律結構是市場經濟成功的重要前提。完善的法律制度對產權的保護會激勵儲蓄、人力和有形資本投資，激勵個人從事創業活動並吸引技術人才。

市場化不代表沒有政府干預。過度的監管會抑制市場自由度，而必要的監管可以維護社會效率和公平。制定有效的商業、勞動和信貸法規可以減少腐敗，減輕「資源詛咒」的影響。法治前提下的良性市場環境，鼓勵企業提高生產效率，並保持良性競爭，推動產業更新。

3. 鼓勵創新發展

研究顯示，創新活動在避免詛咒具有正面作用。對創新的基礎設施進行投資，基於知識的發展，包括社會進步、金融市場的拓展和技術設備的廣泛使用，為資源國家實現可持續成長帶來動力。

對於資源充足的國家，進行有效的創新非常重要，即盡量不消耗資源以獲得更高水準的創新能力。這要求國家建立彈性且穩定的創新制度結構，並避免由於政治或經濟形勢的變化而降低創新效率。科技創新治理體系是國家治理體系在科技、創新領域的延伸，政策制定者建立一個創新制度結構，必須考慮到長遠的發展和革新，並且要主動維持制度環境的穩定，這是創新能力能夠得到根本性發展的必要條件。

以挪威為例，挪威透過建立一個運作良好的國家創新體系避免了資源帶來的負面效應。在科學研究和創新實施，挪威形成了「三位一體」的格局，即高等教育機構、獨立研究機構、工業研究部門三類部門共同推動科學研究，分別重點研究基礎科學、應用科學和產品開發，政府給予相當程度的支持。再者，挪威重視教育投資，其高等教育發達，人才儲備完善。在制度和財政的支持下，挪威憑藉創新力擺脫資源詛咒，推動經濟發展。

4. 加強資源管理與推進位度改革

對資源的控制，不僅僅只有國有化，圍繞著資源部門進行的產業延伸、制度腐敗規制、企業的稅收管理和資源收入的支配對破解「資源詛咒」都是至關重要的。而大量面臨「資源詛咒」的國家，都存在著資源開採合約的不完備、對資源所得徵稅太少以及對資源所得的揮霍浪費等問題。解決這些問題就必須優化資源部門相關制度，採取適合本國的管制

第六章　資源詛咒再現？石油依賴國家的經濟困境與破解之道

措施和監管制度。

對於如何管理本國的資源，各個國家都有著獨特的方式。美國的阿拉斯加州擁有豐富的林、漁、礦產資源，但是其並未陷入「資源詛咒」。為了防範資源枯竭、資源收入的揮霍以及應對未來不確定的價格波動，阿拉斯加州將資源收入作為本金投資成立「永久基金」——阿拉斯加永久基金（APF），其市值現已達到 340 多億美元。APF 每年向所有州公民支付分紅，這種均等的支付正在減輕該州的收入不平等，從而幫助阿拉斯加防止「資源詛咒」的發生。

資源的國有化可能會更好達到控制效果，但同時也會為投資帶來巨大的不確定性。同時，資源收入理應歸全民所有，資源收入的社會分紅必須兼顧公平與效率。大多資源國採取的高福利補貼存在低效、透明化程度低等問題，而「永久基金」的直接分紅方案是一個創舉，離不開高度透明的機制和高品質制度的維護。

從制度角度，經濟體可以利用法律或者提高標準來擺脫依賴，促進創新和更新。充分利用環境法規是一個有效的工具。一方面，環境監管可以更好的促進與資源密集型加工相關產業的發展；另一方面，環境法規對經濟和技術具有溢出效應，促進產業更新。

案例：委內瑞拉的「資源詛咒」

一、委內瑞拉的「資源詛咒」的表現

委內瑞拉，位於南美洲北部，是南美洲國家聯盟和石油輸出國組織的成員國，也是世界上重要的石油生產國和出口國、世界主要的產油國之一。石油產業是其經濟命脈，該項所得約占委內瑞拉出口收入的 80%；占政府收入的 60%。其石油儲量約占世界儲量的 4%，居南美第

一位;據《BP世界能源統計年鑑》,截止到2019年底,委內瑞拉已探明的石油儲量為3038億桶。同時,其鐵礦石、金礦等各類礦藏儲量也很豐富。擁有如此豐富的自然資源,委內瑞拉的經濟狀況卻不容客觀。

從總體數據上看,委內瑞拉經濟發展狀況可謂怵目驚心。其人均GDP和國民淨收入成長非常不穩定,甚至出現多次的衰退狀況。表6-1數據來自世界銀行,最新數據統計至2014年,數據顯示,委內瑞拉經濟發展非常的不穩定,人均GDP成長率和GNP（Gross National Product）成長率「大起大落」,2014年的GDP跌幅甚至達到了3.89％,兩年前增幅高達5.63％;2006年的GNP跌幅達到9.57％,而兩年後跌幅高至26.6％。

表6-1　委內瑞拉2006～2014年經濟數據

指標	2006	2007	2008	2009	2010	2011	2012	2013	2014
人均GDP成長率（%）	9.87	8.75	5.28	-3.20	-1.49	4.18	5.63	1.34	-3.89
GNP成長率（%）	-9.57	-5.40	26.60	23.75	16.47	12.06	12.18	-18.24	14.45

數據來源:世界銀行

委內瑞拉的通貨膨脹率一直處於不穩定的狀態,起伏較大,但一直處於較高的數字。圖6-3數據來自國際貨幣基金組織數據庫,可見在2018年,委內瑞拉的通貨膨脹率達到了令人咋舌的65,370％,然而2018年之前通貨膨脹率也維持在較高的數字。高通貨膨脹帶來貨幣貶值迅速,國內物價飛漲,人民收入貶值,貧窮線下人口增多。據世界銀行統計顯示,2015年委內瑞拉貧困人口比例達到了驚人的33.1％。

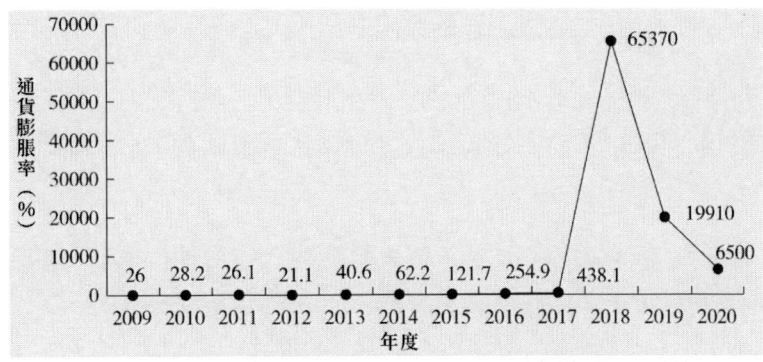

第六章　資源詛咒再現？石油依賴國家的經濟困境與破解之道

圖 6-3　委內瑞拉 2009～2020 年通貨膨脹率

數據來源：國際貨幣基金組織

表 6-2 數據來自世界銀行，數據統計至 2013 年，可見委內瑞拉的資源租金比例雖有下降，但仍然維持在接近 20％ 的高水準，可以看出委內瑞拉對資源依賴程度較高。而對於人才的培養和新技術的研發，委內瑞拉也是投入不足，高中生輟學率居高不下，研發支出也維持低位，教育程度和科學研究能力處於全球極低的水準，嚴重限制著國內的產業更新。

表 6-2　委內瑞拉 2006～2014 年經濟與教育支出占 GDP 的百分比（％）

指標	2005	2006	2007	2008	2009	2010	2011	2012	2013
自然資源租金	26.49	31.58	30.39	22.04	22.01	10.68	12.71	24.19	18.72
研發支出	0.19	0.32	0.20	0.24	0.24	0.19	0.15	0.25	0.32
高中生輟學率	N/A	41.9	32.4	33.0	18.3	19.8	32.8	25.7	N/A

數據來源：世界銀行。

同時，委內瑞拉制度效率低下，政府腐敗管制水準接近全球墊底，根據委內瑞拉《國民報》的報導，腐敗讓委內瑞拉損失了 3,500 億美元，相當於 2011 年的 GDP。

二、委內瑞拉產生「資源詛咒」的原因分析

委內瑞拉是典型的陷入「資源詛咒」的例子。委內瑞拉經濟對於石油出口的依賴，不僅導致國內經濟面對油價漲跌處處被動，更輕易地被美國制裁。

一是不合理的財政政策。在高油價時期，委內瑞拉政府一味奉行擴張性經濟政策，擴大政府支出，甚至一度為了獲得政治支持而堅持與本身經濟極不相符的高福利政策，進口商品以極低的價格販賣給民眾，這導致國內製造業的快速萎縮。時過境遷，在低油價時期，經濟陷入蕭條，擴張性政策帶來極高的通貨膨脹，而石油出口的收入遠不足以支撐民眾的生活。

二是不穩定的社會環境。除了頻繁發生的槍擊、恐襲、爆炸等違法傷害事件，更有政治局面混亂、國家機關冗雜低效的現象。資源浪費在這些無效率事件上，不僅使其經濟政治環境複雜化，並且為社會環境帶來了大量不穩定因素，缺乏持續的制度環境，嚴重拖累了經濟。

三是人才緊缺、技術落後。委內瑞拉的石油儲量中，有80%是重質原油（重油）。重油相對於輕質原油提煉出的產品附加值低，同時需要更高的冶煉能力，所以價格也相對更低。但是委內瑞拉卻未想著突破經濟發展瓶頸，提高冶煉技術，獲得高附加值產品，發展高價值產業鏈，導致其原油仍需要運送至美國冶煉。沒有自己的核心技術，加上美國對其實施限制投資等制裁，委內瑞拉經濟被美國輕易的擊中要害。

四是製造業發展嚴重落後。委內瑞拉石油出口收入豐厚，當局本該將其投入本國的產業和基礎設施建設，促進國內產業的永續發展。然而政府並不重視長期投資發展製造業，導致委內瑞拉的糧食甚至實現不了自給自足，大量的日常用品需要大量進口。

第六章　資源詛咒再現？石油依賴國家的經濟困境與破解之道

三、如何破解委內瑞拉的「資源詛咒」

委內瑞拉破局的關鍵是穩住政治經濟環境，需要大刀闊斧改革現有制度，並且必須實現策略物資的自給自足。在這風雲變幻的國際環境中，委內瑞拉需要先「穩」，再求發展、求進步。

一是經濟結構上，逐步減少對石油經濟的依賴，改革反市場的經濟制度。依賴石油出口的委內瑞拉經濟隨著油價下降每況愈下，大幅度的國有化嚴重打擊了私人企業與外資，企業生產和經營效率低下，腐敗橫生，阻礙了產業更新。委內瑞拉應該創造良好的市場環境，鼓勵市場化經濟發展，建立有效的激勵制度，提高國企生產效率。

二是國家制度上，穩定政治環境，遏制腐敗現象。委內瑞拉是世界上腐敗程度最嚴重的國家之一，嚴重的腐敗腐蝕了經濟，更帶來不穩定的社會環境。遏制腐敗是為經濟發展創造良好環境的重要條件。

三是重要產業上，努力實現關鍵資源的自給自足。國際貿易不是單純的交換，各種因素錯綜複雜，關鍵的資源例如糧食、國防等，不能過分依賴進口。委內瑞拉農業產值占比極低，仍未實現糧食的自給自足，這是一個急待解決的問題。

四是社會福利上，減少財政負擔，投入國家發展資本。委內瑞拉高福利政策已然成為巨大的財政負擔，然而過高的福利並不能帶來更高的創收。委內瑞拉需要革新福利制度，將資源更多的用到生產性資本上，以促進本國製造業的發展。

第二部分　國家篇：產油國的財政挑戰與能源政治博弈

第七章

財政緊縮下的資源國：
油價波動如何衝擊國家預算

　　資源國定義廣泛，涉及資源種類、出口能力等，符合要求的國家也不同。本章將研究重心放在石油上，對五個典型的石油資源國國家財政特徵及其影響因素進行研究。研究國家財政的特點需要從哪些角度入手？石油資源國財政特點的背後隱藏著怎樣的複雜混亂的社會矛盾和經濟問題？在本章將一一進行討論。透過研究石油資源國的財政特點，我們發現國際油價發揮著足以撼動石油資源國國家經濟穩定的影響。在本章，我們站在石油資源國的角度，剖析國際油價對其經濟發展帶來的「雙刃劍」效應。

第二部分　國家篇：產油國的財政挑戰與能源政治博弈

第一節 石油輸出國的經濟結構與財政挑戰

一、資源國的經濟結構特點分析

　　資源國，也稱資源型國家，主要是指經濟對資源的依附力強，經濟、出口和就業受到礦產資源開發較大影響的國家。傳統意義的資源國往往擁有非常豐富的礦產資源，並且資源生產量比較大，例如美國、俄羅斯、加拿大等。在本章中，我們聚焦在石油資源，本章研究的「資源國」對象特指典型的石油資源國，定義為擁有豐富石油資源，且石油出口在世界市場中具有舉足輕重地位的開發中國家。

　　本章根據「淨出口能力」來選擇研究樣本國家。所謂淨出口能力，即一國原油產量減去國內消費量所得到的出口淨值，是衡量一個國家石油出口程度高低的指標，該指標忽略了庫存的影響。透過計算每個國家石油淨出口能力值，進行排序，我們選擇開發中國家的前五名作為本章的研究對象：俄羅斯、沙烏地阿拉伯、伊拉克、阿拉伯聯合大公國和科威特。同時選擇美國作為參照國，進行對比分析（表 7-1）。

表 7-1　2019 年石油淨出口能力前 10 位的國家

序號	國家	石油產量（百萬噸）	石油消費量（百萬噸）	石油淨出口能力（百萬噸）
1	俄羅斯	568.1	150.8	417.3
2	沙烏地阿拉伯	556.6	158.8	397.8
3	伊拉克	234.2	34.8	199.4

第七章　財政緊縮下的資源國：油價波動如何衝擊國家預算

序號	國家	石油產量（百萬噸）	石油消費量（百萬噸）	石油淨出口能力（百萬噸）
4	加拿大	274.9	10.28	172.1
5	阿拉伯聯合大公國	180.2	44.6	135.6
6	科威特	144.0	17.9	126.1
7	哈薩克	91.4	15.8	75.7
8	伊朗	160.8	89.4	71.4
9	挪威	78.4	8.9	69.4
10	卡達	78.5	11.9	66.6

數據來源：BP世界能源統計年鑑。

筆者認為，典型石油資源國的經濟結構，具有如下特徵：

1. 石油資源國的第二產業在國內生產總值中的占比呈下降態勢但依然具有重要地位

經濟產業可以分為三大類別，分別是第一產業（農業）、第二產業（工業）以及服務業（服務業）。表7-2和表7-3分別展示了五國與美國的工業、服務業增加值對GDP的影響，增加值是指本產業所有產出與投入的差值，即淨產出值。可以看出，從經濟結構看，一方面，石油資源國的第二產業主要集中在能源產業，尤其是石油生產和石油化工工業。近十年來，石油資源國第二產業在國內生產總值（以下簡稱為GDP）中的占比呈下降趨勢，但依然相對較高，石油化工產業依然占有重要地位。另一方面，近十年來，石油資源國服務業在GDP中的占比相對較低，但呈蓬勃發展態勢。

表 7-2　美國與石油資源國第二產業（工業）增加值在 GDP 中的占比（%）

國家	2010	2011	2012	2013	2014	2015	2016	2017	2018	2019
美國	19	19	19	19	19	19	18	18	19	—
沙烏地阿拉伯	58	64	63	60	57	45	43	46	50	47
科威特	66	73	75	73	71	56	52	56	60	57
俄羅斯	30	29	29	28	28	30	29	31	33	32
伊拉克	56	63	61	58	54	43	44	49	53	50
阿拉伯聯合大公國	53	58	57	55	53	44	41	43	47	46

數據來源：世界銀行（美國缺失 2019 年數據）。

表 7-3　美國與石油資源國服務業（服務業）增加值在 GDP 中的占比（%）

國家	2010	2011	2012	2013	2014	2015	2016	2017	2018	2019
美國	76	76	76	76	76	77	78	77	77	—
沙烏地阿拉伯	39	34	35	38	41	52	54	52	48	50
科威特	47	39	37	38	42	58	61	57	51	54
俄羅斯	53	54	55	56	56	56	57	56	54	54
伊拉克	39	33	35	38	41	53	52	48	44	49
阿拉伯聯合大公國	47	41	42	44	47	55	58	57	52	53

數據來源：世界銀行（美國缺失 2019 年數據）。

從五個樣本國家來看，俄羅斯和阿拉伯聯合大公國的服務業發展較快。俄羅斯早已將其 IT 產業（Information Technology）作為新的經濟成長點，但仍然受到蘇聯重工業發展的巨大影響，經濟發展的「三化」——經濟原材料化、出口原材料化和投資原材料化仍然明顯；阿拉伯聯合大公國 7 個酋長國中，杜拜金融業、旅遊業和房地產業逐漸成長為經濟支

柱，但阿布達比、沙迦石油與天然氣儲量非常豐富，開採成本極低，致使石油生產和石油化工工業仍然是阿拉伯聯合大公國的主導產業。

2. 國家財政收入高度依賴石油收入

石油及其產品是石油資源國重要的收入來源，其國家財政收入對石油部門的依賴性較高。表 7-4 展示了美國和五個樣本國家的石油租金在整個 GDP 中的占比情況。可以看出，五個國家對石油收入的依賴性極高。對比來看，同樣油氣資源豐富的美國的經濟則受石油租金的影響較小。

表 7-4　美國及五國石油租金占比 GDP（%）

國家	2010	2011	2012	2013	2014	2015	2016	2017	2018
美國	0.3	0.5	0.3	0.4	0.3	0.01	0.1	0.2	0.4
沙烏地阿拉伯	38	49	47	44	40	23	19	23	29
科威特	49	61	61	57	54	37	32	36	42
俄羅斯	10	11	10	9	9	6	5	6	10
伊拉克	42	51	48	45	45	35	30	37	45
阿拉伯聯合大公國	22	29	29	26	23	13	11	13	17

數據來源：世界銀行

由於石油收入的重要地位，石油資源國每年制定財政計畫時，石油收入是重點考慮的因素。根據俄羅斯 2020 年聯邦預算及 2021～2022 年財政計畫，石油和天然氣收入將占據 GDP 的 36.7%，為聯邦政府帶來 7.472 兆盧布（約合 988 億美元）的財政收入；根據科威特 2020/2021 財年政府預算，其本財年預算收入為 70 億科第（約合 230 億美元），其中石油收入估計值為 56 億科第（約合 184 億美元），占比近 80%。石油收入

的預測離不開對油價的預估，而近些年石油價格下跌導致石油資源國收入銳減，財政赤字成為低油價下的常態。

3. 國家經濟受石油市場影響極大

對於國家經濟成長來說，經濟發展的三駕馬車——消費、投資、出口，需協調並進才能促進經濟的平穩發展。石油資源國沙烏地阿拉伯、科威特、俄羅斯、伊拉克和阿拉伯聯合大公國的經濟依賴石油及其產品的出口，對單類產品依賴性較高。這種情況將導致其經濟受到外界市場的影響極大，一旦國際石油市場萎縮或者發生了全球性的經濟衰退，石油資源國難以獨善其身，直接導致出口下滑、收入驟降。表 7-5 展示了美國與五國 2002～2019 年 GDP 成長率和世界石油需求增量的關係。五國的經濟成長都與世界石油的需求變化密切相關，且 GDP 成長率相對於需求變化具有滯後性，石油市場的變化對五國國家的經濟成長具有較大的影響，例如 2008 年的全球經濟危機帶來了石油需求下滑，也導致了石油資源國的經濟衰退。

表 7-5 世界石油需求成長量與五國 GDP 年成長率對比

類別	2002	2003	2004	2005	2006	2007	2008	2009	2010
世界石油需求增量（萬桶／天）	70	150	310	140	110	130	-60	-110	290
美國 GDP 成長速度（%）	1.7	2.9	3.8	3.5	2.9	1.9	-0.1	-2.5	2.6
沙烏地阿拉伯 GDP 成長速度（%）	-2.8	11.2	8.0	5.6	2.8	1.8	6.2	-2.1	5.0
科威特 GDP 成長速度（%）	3.0	17.3	10.2	10.6	7.5	6.0	2.5	-7.1	-2.4
俄羅斯 GDP 成長速度（%）	4.7	7.3	7.2	6.4	8.2	8.5	5.2	-7.8	4.5

第七章　財政緊縮下的資源國：油價波動如何衝擊國家預算

類別	2002	2003	2004	2005	2006	2007	2008	2009	2010
伊拉克 GDP 成長速度（%）	-6.9	-33	54.2	4.4	10.2	1.4	8.2	3.4	6.4
阿拉伯聯合大公國 GDP 成長速度（%）	2.4	8.8	9.6	4.9	9.8	3.2	3.2	-5.2	1.6

類別	2011	2012	2013	2014	2015	2016	2017	2018	2019
世界石油需求增量（萬桶／天）	6.	110	180	130	230	110	180	110	100
美國 GDP 成長速度（%）	1.6	2.2	1.8	2.5	2.9	1.6	2.4	2.9	2.2
沙烏地阿拉伯 GDP 成長速度（%）	10.0	5.4	2.7	3.7	4.1	1.7	-0.7	2.4	0.3
科威特 GDP 成長速度（%）	9.6	6.6	1.1	0.5	0.6	2.9	-4.7	1.2	0.4
俄羅斯 GDP 成長速度（%）	4.3	4.0	1.8	0.7	-2.0	0.2	1.8	2.5	1.3
伊拉克 GDP 成長速度（%）	7.5	13.9	7.6	0.7	2.5	15.2	-2.5	-0.6	4.4
阿拉伯聯合大公國 GDP 成長速度（%）	6.9	4.5	5.1	4.3	5.1	3.1	2.4	1.2	1.7

數據來源：世界銀行、國際能源署（IEA）

　　石油資源國經濟受到油價的影響，不僅僅表現在直接的收入波動、國家財政狀況上，也表現在石油產業的投資。石油產業是資金密集型產業，同時石油資源國多為投資東道國，廣泛接受國際投資。油價長期在低價位，將導致石油資源國財政赤字多年持續，而投資者擔憂其未來的財政壓力帶來的風險，對石油資源國的信心日漸削弱。2020年7月，標普全球將科威特的主權信用評級從「穩定」下修至「負面」。資金來源短

第二部分　國家篇：產油國的財政挑戰與能源政治博弈

缺將造成上游開發的資金投入減少，缺乏持續、大量的資金投入，油田不可能穩定持續產出，為石油資源國經濟帶來了更多的不確定性。

二、資源國的國家預算必要性

　　財政盈虧平衡油價往往是分析世界主要產油國的油價預測的重要指標，是指以石油為支柱產業的國家，能夠滿足國內經濟發展、支付國民福利，同時不帶來太大財政赤字的石油價格。財政盈虧平衡油價與石油資源國經濟執行狀況直接相關，直接反映其財政收支狀況。圖 7-1 展示了沙烏地阿拉伯、科威特、伊拉克和阿拉伯聯合大公國 2021 年預計的盈虧平衡油價，預測數值仍然維持高位，證明了石油資源國預算的必要性。所謂必要性，是指其預算在執行期間，可變動的範圍較小，靈活性較低。必要的預算對於整個財政的控制性極強，面對環境的變換卻難以進行轉變，一定程度上成為限制國家經濟發展的鋼桎。

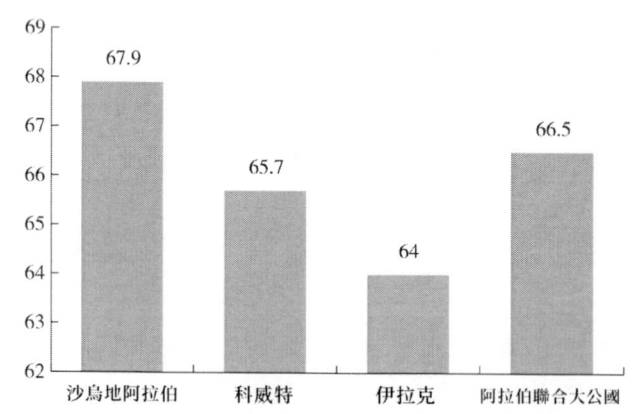

圖 7-1　沙烏地阿拉伯、科威特、伊拉克和阿拉伯聯合大公國 2021 年盈虧平衡油價預測

數據來源：國際貨幣基金組織

第七章　財政緊縮下的資源國：油價波動如何衝擊國家預算

為什麼資源國家的國家預算具有一定的必要性呢？我們可以從三個層面解釋：福利預算、能源補貼以及政治利益訴求。

1. 福利預算

高油價時，石油資源國家往往經歷過經濟繁榮的歷史時期，在這段時期，資源國透過出口自然資源，獲得了豐厚的資源收入，在國內建立了完善的福利補貼體系。但這種高福利制度並非建立在完善的制度之上。高福利制度容易誘導高福利的依賴，一旦出現就難以削減，且有遞增現象，龐大的財政開支成為資源國政府沉重的財政負擔。

資源國家存在明顯的高福利支出的財政特點，且其經濟執行已經對高額福利產生了一定的依賴。高福利政策催生出眾多慵懶群體，民眾尤其是底層民眾、弱勢群體等已對社會福利形成一種依賴，減少福利會誘發社會的不安和動亂。當低油價出現時，在這種依賴下，高福利的支出就會跟給資源國政府帶來苦不堪言的財政赤字，但難以做出實質性的改變。尤其在沙烏地阿拉伯等中東國家，國記憶體在較嚴重的社會矛盾，貧富分化非常嚴重，尤其在「阿拉伯之春」後，中東國家的政府為穩定國內社會，發放大量的補助和救濟金，而石油出口收入大幅降低，又使民眾對此的依賴性與日俱增。

2. 能源補貼

數十年來，能源補貼一直是中東國家經濟社會政策。電力、油氣價格長期低於世界平均，是中東國家產業政策的重要指標，如圖 7-2 所示，中東石油資源國的 95 汽油價格遠低於世界平均價格。儘管能源補貼政策鼓勵了能源消費，刺激了國內電力、交通運輸和商業能源需求，有利於

國家的工業重心放在能源密集型產業，但能源補貼干擾了市場消費，造成了浪費和能源的過度消費，導致資源分配低效，阻礙了節能行為及其相關投資，並且增加了政府財政負擔。

自 2014 年國際油價大幅下跌，且長期低迷的情況發生後，低廉和補貼的能源消費政策越來越難以持續。油價下跌沉重打擊了中東產油國對石油租金的過度依賴，也令許多石油資源國思考經濟如何擺脫石油的「限制」，但財政收入的大幅縮水，使其財政赤字問題日益嚴重，經濟改革和財政改革成為中東國家的當務之急。因此降低能源補貼，完善市場機制，加速經濟多元化發展，成為資源國經濟和財政改革的主要目標。

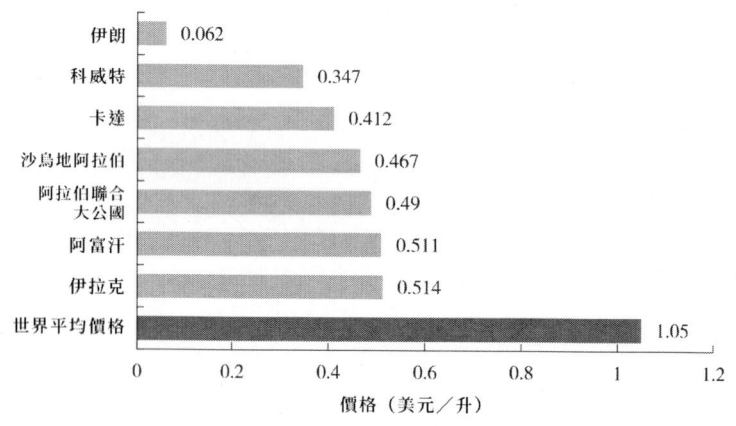

國家	價格（美元／升）
伊朗	0.062
科威特	0.347
卡達	0.412
沙烏地阿拉伯	0.467
阿拉伯聯合大公國	0.49
阿富汗	0.511
伊拉克	0.514
世界平均價格	1.05

圖 7-2　2021 年 2 月 1 日中東部分國家 95 汽油價格與世界平均價格

數據來源：全球石油價格網

3. 政治利益訴求

提高國民福利是政黨謀求其政治利益，提高支持率和穩定國內社會的有效手段。以委內瑞拉為例，政府為獲得更多的選票，依託著委內瑞拉國內豐富的石油資源，大規模提高福利水準。委內瑞拉前總統查維茲

第七章　財政緊縮下的資源國：油價波動如何衝擊國家預算

（Hugo Chávez）實行的全民高福利政策，在高油價時代有效穩定了政黨的統治，但也因此帶來了經濟執行效率極其低下的後果。

無獨有偶，沙烏地阿拉伯也透過提高福利待遇緩和國內大量的矛盾。沙烏地阿拉伯作為一個君主制國家，其龐雜的王室成員和奢侈無度的消費可謂舉世聞名，在複雜混亂的王室繼承關係和奪權爭利的現代版「宮鬥」下，是民眾對政治制度現狀的不滿；同時，在主要的產油區，外籍穆斯林勞工的經濟與政治需求得不到滿足，對社會的不滿與日俱增，這可能導致石油生產的不穩定。另外，阿拉伯地區遜尼派、什葉派等宗教教派眾多，其中的利益矛盾、信仰衝突問題錯綜複雜，沙烏地阿拉伯政府謀求的是依靠鉅額福利換取社會穩定。

第二部分　國家篇：產油國的財政挑戰與能源政治博弈

第二節
油價是福是禍？資源國的財政兩難

理解了資源國的國家預算必要性，就能理解，長期低油價會給資源國帶來財政赤字壓力，甚至可能導致資源國的社會動盪。那麼，國際油價越高越好嗎？筆者認為，國際油價未必越高越好，高油價具有「雙刃劍」效應。

一、資源國關切的核心

談到資源國關切的核心，筆者想到的是一句經典的話：「如同消費國特別關注石油的供應安全一樣，資源國關切的核心是石油需求安全。」

1. 穩定的石油需求是資源國持續獲取收入的保障

作為「工業的血液」，石油的需求可謂深入到工業產業的各個方面。經濟規模的擴大，製造業、交通業的快速發展，都會直接推動石油的需求增加。從圖 7-3 中可見，世界石油需求量與世界經濟成長速度有密切的關係。尤其在 2008～2009 年間，全世界被金融危機席捲，全球經濟衰退，導致了石油需求的負成長。

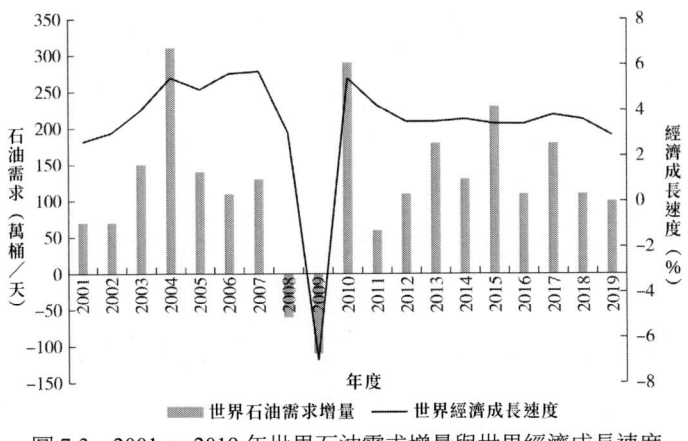

第七章　財政緊縮下的資源國：油價波動如何衝擊國家預算

圖 7-3　2001～2019 年世界石油需求增量與世界經濟成長速度

數據來源：國際能源署、國際貨幣基金組織

2020 年，covid-19 疫情大流行衝擊了全球經濟，全球石油需求受到的影響巨大而深遠。特別是對旅遊業、製造業、服務業等帶來了嚴重的影響，全球經濟正經歷著自 1930 年代以來最嚴重的經濟衰退。根據國際貨幣基金組織的測算，整個 2020 年全球經濟萎縮程度達到 4.9%，影響遠超過 2008 年次貸危機的 0.9%。全球經濟進入寒冬，導致石油需求大幅降低。2020 年，WTI 價格史無前例地出現了負值，根據國際能源署的數據，2020 年全球石油需求下降 8%，同時全球能源領域的投資下降 18%。

covid-19 疫情對全球能源消費的衝擊可謂漫長而深遠，後疫情時代石油需求回升可能面臨著較大挑戰。在《世界能源展望（2020）》報告中，IEA 認為，至少到 2023 年全球能源消費才可能達到疫情前的水準。BP 在《世界能源展望（2020）》報告中預測 2025 年石油需求將下降 300 萬桶／天，2050 年將下降 200 萬桶／天。主要原因有：首先，大量的產業鏈受到衝擊，需要較長時間的修復，恢復到疫情前的石油消費水準仍

需時間。其次，疫情已經深刻影響了人們的生活方式，如遠距辦公等，都一定程度影響著石油需求回升的速度。

2. 長期看高油價會加速石油替代與能源轉型

近些年，低碳發展和替代能源的議題越來越熱門，受到各國的重視。隨著積極應對全球氣候變遷已經成為世界共識，發展低碳經濟、循環經濟，追求零碳已經成為新的發展趨勢，各國相繼推出自己的零碳目標，挪威、荷蘭等國家計劃於2025年開始禁售燃油車計畫。

同時，可再生能源規模的快速擴大，風力發電與太陽能光電發電發展迅速且技術逐漸成熟，化石能源的替代成本快速下降。在過去十年中，隨著成本的大幅降低，太陽能光電發電甚至比大多數國家的新建燃煤或燃氣發電廠便宜。IEA在《世界能源展望（2020）》報告中預測可再生能源將滿足2030年全球電力需求成長的80%。因此，石油需求何時到達峰值成為熱門話題。

BP在《世界能源展望（2020）》中，假設了針對能源轉型不同速度的三種情景，石油需求在三種情況中均呈現下降趨勢。三個情景中，「快速能源轉型」與「淨零」這兩個情況得出了2019年為未來30年石油需求峰值的結論，這兩個情況中都假設了未來碳價的大幅提高、能源轉型的快速發展。另一個「保持現狀」情況設定的是保持現狀、沒有激進的政策和需求推動能源轉型，在這個情景下，石油需求峰值在2035年到來。筆者認為，石油需求峰值可能比我們想像的更早到來，甚至石油需求難以回到疫情前的程度，BP的預測可以說為石油在能源結構中地位的逐漸下降敲響了警鐘（圖7-4）。

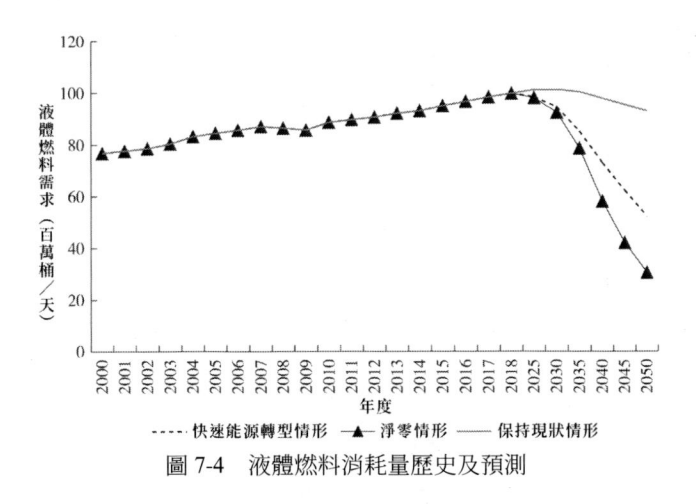

第七章 財政緊縮下的資源國：油價波動如何衝擊國家預算

圖 7-4 液體燃料消耗量歷史及預測

數據來源：BP《世界能源展望（2020）》

二、面對油價的「左右為難」

在未來可見的幾十年內，石油資源國仍然長期需要依賴石油經濟，所以對於石油資源國而言，長期的、理性的油價應該處於一個穩定的區間，這使得石油資源國長期利益達到最大。油價過低，甚至長期低迷，不僅直接使石油資源國收入下降，財政赤字的壓力增大，政治與經濟風險的顯著增加，導致投資外流，投資減少，導致油田產量下降，可謂讓產油國「雪上加霜」；油價過高，短期來看可以為石油資源國帶來可觀收入，但長期來看，持續的高油價會加速石油替代能源的發展，導致石油逐漸被其他能源替代。因此，我們提出了以下公式——符合產油國長期利益最大化的長期的理性油價區間，見式（7.1）。

理性國際油價 = ［max（石油生產邊際成本，產油國財政預算平衡價格），min（石油替代成本，消費者承受能力）］　（7.1）

第二部分　國家篇：產油國的財政挑戰與能源政治博弈

　　在該公式中，長期理性油價區間下限為石油生產邊際成本、產油國財政預算平衡價格兩者的較大值。

　　國際石油市場是一個競爭激烈的市場，邊際成本比完全成本更為接近國際油價的理論下限。國際油價與石油生產邊際成本決定了當期收益，只有當油價高於邊際成本，石油生產才是營利的，對於經濟高度依賴石油經濟的石油資源國而言，長期油價低於其生產邊際成本會對其經濟帶來毀滅性打擊。

　　國際油價與產油國財政預算平衡價格決定了國家財政是否平衡，石油資源國財政收入高度依賴石油。當國際油價低於財政預算平衡價格時，會導致財政赤字，政府可以透過短期的財政赤字加大公共投資支出，以刺激消費與投資，並維持低油價階段經濟的成長，但是長期的財政赤字會衝擊油價較高階段石油資源國累積的財富，逐漸為政府帶來沉重的財政負擔，並影響國家信用。長期低油價可能引發債務危機，引發經濟秩序和政治的混亂。因此，對石油資源國而言，長期理性油價區間下限就是石油開採邊際成本和產油國財政預算平衡價格二者的較大值。長期理性油價區間上限由石油替代成本和消費者承受能力兩者中的較小值決定。

　　短期來看，石油的全面被取代仍然難以實現，但部分領域的「去石油化」已經逐漸興起。電動車逐漸走進千家萬戶，可分解生物塑膠也越來越多的使用在餐飲、包裝領域，並給商家帶來了極大的宣傳噱頭。石油替代成本的計算非常複雜，不僅要考慮到新的替代品自身的生產成本，還要考慮與其相關配套設施的建設和消費習慣的遷移帶來的成本。長期來看，隨著各項政策措施的鼓勵和技術進步，其成本通常會隨著規模經濟效應、生產工藝提升以及市場普及而不斷下降。有學者預測，電

第七章　財政緊縮下的資源國：油價波動如何衝擊國家預算

動車成本有可能在 2022 年達到與汽油車相當的程度。長期來看，若國際油價持續高於替代成本，便會激勵各個方面的「去石油化」的推進，加速石油需求峰值的到來。

由於石油在工業生產和居民消費的暫時不可取代的地位，石油需求彈性相對較低。有研究指出，美國對石油進口需求的收入彈性僅為 0.81，側面證明石油需求對價格的弱彈性。但是長期來看，除了上述的能源替代和氣候變遷，消費習慣改變也對石油需求影響深遠。油價長期高於消費者的承受能力會激勵消費者減少高排量汽車的消費，甚至改變交通方式。當新的、脫離石油產品的生活習慣逐漸形成，同時圍繞新生活習慣的新產業逐漸替代原有產業，石油的需求量將走上不歸的下坡路。因此，對石油資源國而言，長期的理性的油價天花板就是石油的替代成本和消費者承受能力二者的較小值。

三、國家預算：國際油價分析框架中的重要變數

我們在前面的模型中提到，產油國財政預算平衡價格與油價的關係和石油資源國的長期利益緊密相關。若油價低於財政預算平衡價格，石油資源國將會承受財政赤字的壓力，甚至影響到國家信用。因此，財政預算平衡價格對於未來油價走勢的預測可以說具有舉足輕重的影響，分析財政預算平衡價格對於分析石油資源國的經濟形勢、石油供給以及地緣政治形勢，進而推測油價走勢具有非常重要的意義。油價跌破財政預算平衡價格，石油資源國的解決方法無非兩種：減少石油供給或者縮減財政支出。由於石油資源國普遍的預算支出需求，縮減國民福利支出或者石油專案投資，會帶來一定的經濟、政治和社會問題，石油資源國往往會選擇聯合減產，以抬升油價，維持國家財政平衡。同時，長期處於

第二部分　國家篇：產油國的財政挑戰與能源政治博弈

財政赤字狀況的國家，也極有可能在外交政策上做出巨大讓步，例如，2015 年伊核協議的達成，相當程度上是受到伊朗解除制裁、增加收入的迫切需求的推動；而長期處於財政赤字也容易導致一國內政混亂。

　　國家預算的制定需要考慮未來油價的變動，因此主要產油國的財政預算受到國際市場廣泛關注。例如每年沙烏地阿拉伯公布的次年國家預算，被許多人認為是 OPEC 石油定價策略的支柱。沙烏地阿拉伯將在 2021 年削減財政支出，總支出預計為 9,900 億里亞爾（約合 2,640 億美元），預算赤字減少到約 1,410 億里亞爾。見圖 7-1，根據 IMF 的分析，2021 年的盈虧平衡油價預計美元 67.9 美元／桶，低於 2020 年。這些側面證明了沙烏地阿拉伯認為 2021 年原油價格將持續保持中低位。因此主要石油資源國的國家預算，是構成油價預測和分析框架中的重要變數。

> **案例：沙烏地阿拉伯的石油財政**
>
> 沙烏地阿拉伯是最大的石油出口國，根據 BP 世界能源統計年鑑，2019 年其石油探明儲量達 409 億噸，占全球石油儲量的 17.2％；其原油產量 5.56 億噸，占全球產量的 17.2％；根據 OPEC 統計年鑑，其 2018 年原油出口量為 737.15 萬桶／天，占整個 OPEC 石油出口總量近 30％。可以說，沙烏地阿拉伯的石油產業是全球石油產業的核心，同時其經濟也高度依賴石油產業。根據世界銀行統計數據，其資源租金占 GDP 的比例達到 29.55％，是個不折不扣的石油資源國。該國的財政預算緊緊圍繞其石油收入，同時其財政支出也存在明顯的特點，沙烏地阿拉伯為君主專制政體，國家除了每年需要承擔極高的社會福利開支外，同時也需要為其大量的皇室成員買單。

第七章　財政緊縮下的資源國：油價波動如何衝擊國家預算

一、國家財政收入

石油收益仍然是沙烏地阿拉伯 GDP 的重要來源（見表 7-4），沙烏地阿拉伯資源租金居高不下，近年又有了回升的趨勢。石油生產和出口帶來的稅收是沙烏地阿拉伯政府的主要收入來源（圖 7-5），雖然其比例呈現逐年下降的趨勢，占比仍居高不下。同時，由於過分依賴石油收入，因而其財政收入受到石油價格與需求的影響很大，波動很大，即便在未發生經濟危機的 2015 年，由於全球油價下跌，其財政收入跌幅竟然超過 40%。

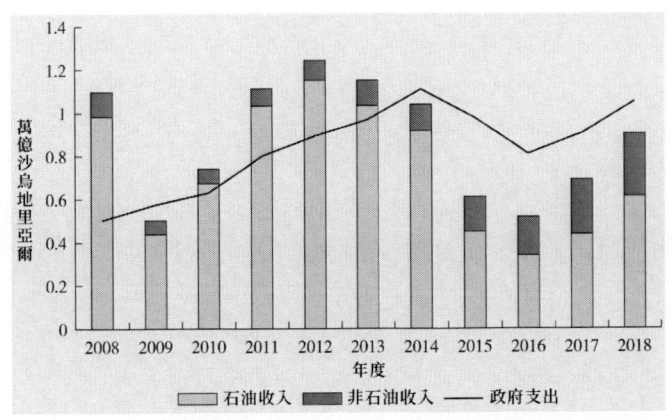

圖 7-5　沙烏地阿拉伯石油收入、非石油收入及政府支出數額

數據來源：沙烏地阿拉伯中央銀行、沙烏地阿拉伯貨幣局

二、國家財政支出

總體來看，沙烏地阿拉伯的財政支出大致保持逐年增長的趨勢，直到 2014 年後出現嚴重財政赤字才輕微減少。

從圖 7-6 可見，沙烏地阿拉伯的財政支出主要集中在軍費支出和醫療衛生支出。軍費支出比例最大，2015 年達到近年的峰值，由於發動對葉門的軍事行動，軍費支出占比達到 33%；2011 年軍費占比最低卻仍超

161

過 20%。從支出量上看,沙烏地阿拉伯軍費支出逐年走高,2016 年由於削減開支而驟降,但比例仍然高達 28%。其次是醫療衛生支出,支出量上看其一直保持著穩步升高的趨勢,在財政支出中的占比也較為穩定,常年穩定在 10% 之上,2016 年雖受到支出縮減的影響,但占比達到近年最高的 17%。

三、國家財政盈餘或赤字

2003 ～ 2014 年的國際油價上升週期內,沙烏地阿拉伯基本保持財政盈餘狀態,為其累積了大量的財政儲備。而 2014 年後,油價的下跌導致其石油出口收入銳減,財政收入大幅縮水,但財政支出卻仍然維持高位,使其財政赤字狀況逐漸嚴重,從 2014 年的赤字 269 億美元惡化到 2015 年的 1,043 億美元,伴隨著財政收入的降低,沙烏地阿拉伯削減開支,財政赤字也相應降低到 2017 年的 635 億美元,2020 年預計降低到 499 億美元,已經連續 7 年赤字。

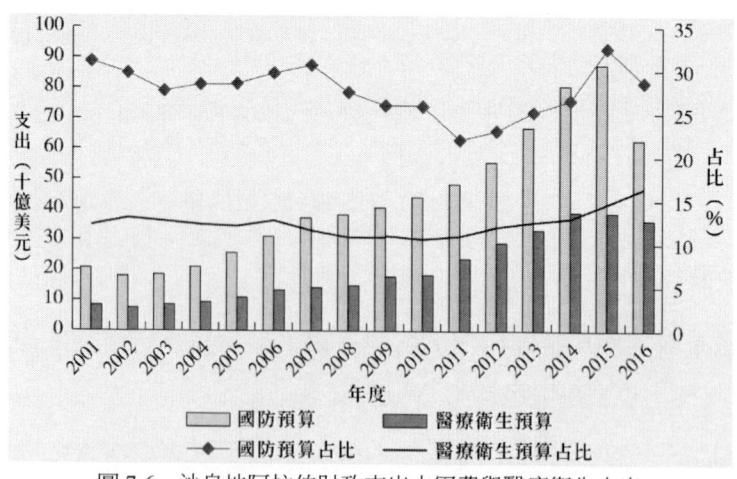

圖 7-6　沙烏地阿拉伯財政支出中軍費與醫療衛生支出

數據來源:沙烏地阿拉伯經濟與規劃部,沙烏地阿拉伯統計局

第七章　財政緊縮下的資源國：油價波動如何衝擊國家預算

在過去十年的國際油價上升週期內，沙烏地阿拉伯也建立起了以主權財富基金、財政穩定基金為核心的財政緩衝區，而連續 7 年的赤字對其不斷衝擊，且國際油價將長期低於預期，沙烏地阿拉伯的石油收入不斷降低，短期內調整財政支出方案是必然的選擇。

但對於沙烏地阿拉伯而言，削減財政支出可能會引發一系列國內政治及社會問題。首先，沙烏地阿拉伯國內經濟社會矛盾重重。一是其王室成員數量龐大，繼承者候選隊伍極端老化，社會上早已興起政治異議的思潮；二是產油區大量穆斯林群眾的經濟與政治需求得不到滿足，不滿情緒與日俱增；三是「阿拉伯之春」後大幅提高的福利政策以維護國內穩定，2019 年，福利削減立刻導致群眾不滿。種種阻礙導致沙烏地阿拉伯的財政支出一直居高不下，難以有效應對其赤字危機。另一方面，沙烏地阿拉伯提出了經濟轉型計畫「2030 年願景」，意在轉變現在經濟過度依賴石油的狀態，增加非石油產業的收入，早日實現財政平衡。

第二部分　國家篇：產油國的財政挑戰與能源政治博弈

第八章

石油美元的霸權與挑戰者：
全球經濟格局的金融戰場

　　美國前國務卿亨利・季辛格博士曾說：「如果你控制了石油，你就控制了所有國家；如果你控制了貨幣，你就控制了整個世界。」布列敦森林體系在1971年崩潰瓦解後，美元與黃金就此脫鉤，變成了無錨貨幣。很快美國就找到了替代品——石油。美元與石油掛鉤，成功從金本位貨幣制度向石油美元過渡，讓美元又維持了幾十年的霸權地位。隨著頁岩油革命的成功，當美國不再需要對外購買石油時，美元就無法順利輸出，各國賺取美元外匯也變得困難，美元的全球循環體系遇到了瓶頸，同時石油歐元、石油盧布也陸續在國際大舞臺上嶄露頭角。石油美元該走向何方呢？這個問題值得深入探討。本章將帶領讀者一探石油美元體系的究竟。

第二部分　國家篇：產油國的財政挑戰與能源政治博弈

第一節 石油美元體系的形成與影響力

一、石油美元的確立

「石油美元（Petro-dollar），最初是指 1970 年代中期，石油輸出國由於石油價格大幅提高後增加的石油收入，在扣除用於發展本國經濟和國內其他支出後的盈餘資金。」

石油美元是 OPEC 成員國以及挪威和俄羅斯等其他石油出口國的主要收入來源。美國主導下的「石油美元」體系，有兩個要點：第一，國際石油貿易用美元進行計價與結算；第二，產油國賺取的美元主要用於購買美國國債。因此，「石油美元」也常用來指代「美元—石油—美國國債」這個循環過程。

關於石油美元的起源，與金本位制的歷史密不可分。如圖 8-1 所示，大多數的國家在第一次世界大戰以前都採用金本位制作為本國的貨幣制度。但後來，這些國家為了印刷更多戰爭需要的貨幣，紛紛斬斷了與黃金的連繫。貨幣大量湧入市場，導致貨幣供給遠大於貨幣需求，引起惡性通貨膨脹。因此，在戰後，各國逐漸恢復以黃金為標準的貨幣制度。

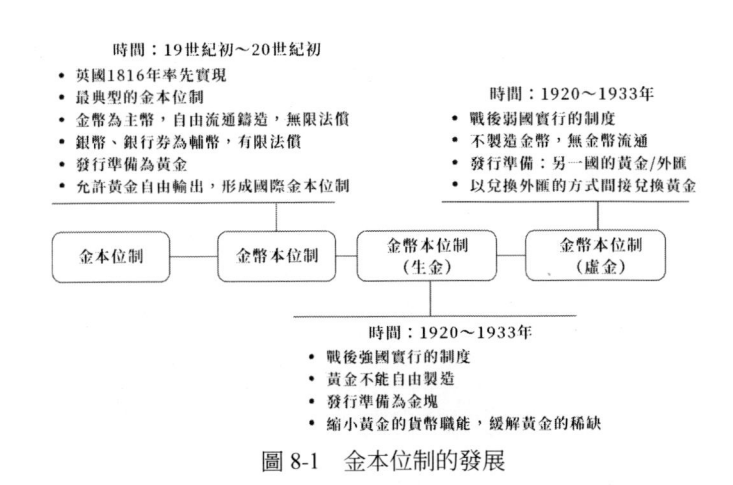

第八章　石油美元的霸權與挑戰者：全球經濟格局的金融戰場

```
時間：19世紀初～20世紀初
• 英國1816年率先實現
• 最典型的金本位制                     時間：1920～1933年
• 金幣為主幣，自由流通鑄造，無限法償    • 戰後弱國實行的制度
• 銀幣、銀行券為輔幣，有限法償          • 不製造金幣，無金幣流通
• 發行準備為黃金                       • 發行準備：另一國的黃金/外匯
• 允許黃金自由輸出，形成國際金本位制    • 以兌換外匯的方式間接兌換黃金

  ┌────────┐  ┌────────┐  ┌────────┐  ┌────────┐
  │ 金本位制 │──│金幣本位制│──│金幣本位制│──│金幣本位制│
  └────────┘  └────────┘  │ (生金) │  │ (虛金) │
                          └────────┘  └────────┘
                時間：1920～1933年
                • 戰後強國實行的制度
                • 黃金不能自由製造
                • 發行準備為金塊
                • 縮小黃金的貨幣職能，緩解黃金的稀缺
```

圖 8-1　金本位制的發展

　　第二次世界大戰後，世界上大部分的黃金都被美國持有。如果其他國家願意將本國貨幣與美元掛鉤，它們就可以透過使用美元來贖回黃金。於是，在 1944 年的布列敦森林會議上簽署了這項協議。這次會議，確立了美元作為世界儲蓄貨幣的地位。

布列敦森林體系（Bretton Woods system）

1944 年 6 月的諾曼第登陸成功後，美國開始意識到幾年內戰爭可能結束，世界將急需經濟和外交穩定。1944 年 7 月，二戰結束前夕，為了確定戰後國際貨幣金融體系，44 個同盟國家的代表團在美國新罕布夏州的布列敦森林進行談判，並達成一系列協議。後來人們稱這一系列協議所形成的國際貨幣金融體系為「布列敦森林體系」。《布列敦森林協議》用美元來代替黃金作為全球貨幣標準。根據該協議，各國承諾將維持本國貨幣和美元的固定匯率。如果一個國家的貨幣價值相對於美元變得太弱，銀行將在外匯市場上購買其貨幣，購買貨幣就會降低貨幣的供

應量並提高價格。如果貨幣的價格過高，則中央銀行將印刷更多的貨幣投放到市場上。這個體系使得美國成為世界經濟的主導力量。協議簽署後，建立了世界銀行和國際貨幣基金組織，這兩個組織用於監控新體系的發展。

進入1970年代，美國陷入越戰泥淖，受「特里芬困境」的影響。

特里芬困境

該困境由美國經濟學家羅伯特・特里芬（Robert Triffin）提出。這個體系中，美元承擔了相互矛盾的雙重職能，為了滿足各國對美元儲備的需求，美國只能透過向其他國家以貸款的形式提供美元，即國際收支持續逆差。但長期的國際收支逆差會導致美元貶值，無法維持對黃金的官價。如果要維持美元幣值穩定，美國就必須保持國際收支順差，但這將導致美元供應不足、國際清償能力匱乏。因此，如果沒有別的儲備貨幣來補充或取代美元，以美元為中心的平價體系必將崩潰。

貿易赤字和財政赤字以及法國開啟用美元兌換黃金的潮流，使得美國黃金儲量持續減少，無法保證美元與黃金之間的固定關係，布列敦森林體系難以維持。與此同時，1973年，中東阿拉伯國家實行石油禁運、抬高石油價格，使美國、歐洲經濟陷入「滯漲」，即物價上升，但經濟停滯不前。1971年8月15日，美國的滯漲促使美元走高，許多國家紛紛要求用美元兌換黃金。為了保護美國剩餘黃金儲備，美國總統尼克森宣布美國政府終止按照35美元一盎司的比價向市場兌換黃金的義務。布列敦森林體系解體，黃金與美元就此脫鉤，不可避免的對美元的信譽產生

第八章 石油美元的霸權與挑戰者：全球經濟格局的金融戰場

了負面衝擊，美元的價值暴跌。因為石油買賣合約使用美元計價，美元價值下跌損害了石油出口國的利益，出口國的石油收入隨著美元貶值而減少，同時使用其他貨幣計價導致成本增加。為了挽救美元，保障美國的能源和財政安全，美國政府開始以國際石油貿易作為突破口，積極尋求解決之道。

當時以美國國務卿亨利・季辛格為首的外交團隊與沙烏地阿拉伯王室展開了一系列談判，最終在 1974 年美國和沙烏地阿拉伯達成協議，簽訂了《不可動搖協議》。協議規定，美國向沙烏地阿拉伯提供軍事武器，保障沙烏地阿拉伯王國不受以色列的侵犯。作為回報，沙烏地阿拉伯的石油出口必須全部以美元作為計價和結算貨幣。沙烏地阿拉伯將出口石油獲得的美元盈餘用來購買美國政府國債。由於美國強大的軍事實力、沙烏地阿拉伯在 OPEC 的重要地位以及中東國家對美元長期的依賴慣性，在 1975 年 OPEC 最後同意把美元作為石油計價和結算的唯一貨幣。

二、石油美元體系的循環途徑

圖 8-2　石油美元體系循環示意圖

石油美元體系循環可以劃分為五個環節（如圖 8-2 所示）。五個環節之間相輔相成且不可或缺。每個環節都有不可替代的作用，在這個過程中，石油美元循環貫穿在每一個環節中，對石油美元體系有重要的作用，任何一個環節出了問題，都會對石油美元體系產生巨大的影響。

第一環節：經濟發展對石油的需求。

從第一次工業革命到現在，石油是促進經濟發展最重要的能源，雖然近十多年來，新能源逐漸發展和進步，並在不同領域得以應用，但是跟石油的發展相比顯得還不夠成熟，目前石油在世界一次能源消費結構中的占比仍居首位。世界各國對石油依然有著很大需求，這成為石油美元體系存在的基礎，也是石油美元環流機制能夠執行的基礎和前提。

第二環節：全球經濟發展對美元的需求。

由於石油貿易與美元強制掛鉤，石油貿易不得不使用美元進行計價和結算，想要購買石油就必須先儲備美元，石油美元體系不斷放大和增強美元的流通和支付能力。正因如此，美國可以透過改變貨幣政策和美元流動性對石油價格產生影響，使得二者的結合更加密切，強化了石油對美元的支撐作用。

第三環節：石油美元回流美國。

石油美元的回流對於 OPEC 成員國有著重大的意義。因為這些國家國內對石油美元的吸收能力有限，所以石油輸出國更關心盈餘的大量石油美元該如何進行投資增值，以及用美元計價的各種資產該如何保值。長期以來，美國金融市場一直發展迅速，在世界，美國的金融體系在規模、結構、自由度、金融工具創新、貨幣政策傳導等方面都是最先進的、收益性最高的，因此大部分產油國輸出的巨量石油美元都投放到美國，如美國國債、美國證券等金融資產等都是石油美元回流路徑的最佳

選擇,同時也對美元的幣值穩定有支撐作用。

第四環節:美國經常專案逆差。

在彌補美國經常專案逆差中,石油美元的回流發揮了關鍵作用。美國的經常專案逆差為石油美元的回流創造了條件和需求,這個環節在石油美元體系的執行中是很重要的,同時也極具脆弱性。如果美國沒有足夠的經常項目逆差需要彌補,那麼對石油美元的回流就沒有強烈的需求,石油美元的回流就有斷裂的可能。

第五環節:美元供給的釋放。

美國貨幣政策的重要原則之一就是要最大程度上維持美元幣值穩定,這就要求用美元計價和結算的石油價格需要保持穩定性。美國經常專案逆差是美元國際貨幣的境外發行,而資本專案順差是美元境外發行的回籠管道。美國在經常專案逆差和資本專案順差其實是一種釋放美元和增加美元流動性的過程。一旦美元釋放不足,就會引起石油需求國無法獲得充足的美元進行石油貿易,這將增加美元體系的脆弱性。

三、石油美元環流的形成

石油美元環流是一種獨特的國際經濟現象。二戰後,美國憑藉它的霸權地位,使得美元成了最重要的國際儲備和結算貨幣,在世界購買商品和服務。但是其他國家需要透過出口換取美元,以對外進行支付,因為許多國家對進口石油的依賴,它們不得不從辛辛苦苦賺來的外匯存底中,拿出很大的一部分支付給海灣國家等石油輸出國。石油輸出國剩餘的石油美元需要找尋投資的管道,而美國不乏強大的經濟實力和發達的資本環境,石油美元透過美國的銀行存款和證券等資產,填補美國的貿

第二部分　國家篇：產油國的財政挑戰與能源政治博弈

易赤字和財政赤字，以支撐美國經濟的發展。

　　二戰後美國通過馬歇爾計畫，把大量的美元送向歐洲，在1947年開始的歐洲復興計畫中，最大的支出就是用美元來購買石油，石油與美元開始連結。但這部分石油主要供給美國。據美國的官方紀錄，美國在馬歇爾計畫中發出的美元，大概有10%因為購買石油又回到了美國人的手中，這就是最早的石油美元環流。

　　1973年以前，石油危機還沒爆發，美國支持國際石油公司爭奪中東地區的石油勘探開發權，來維護美國在國際石油貿易機制中的地位。石油危機發生之後，中東國家逐漸回收被美國霸占的勘探開發權，美國不得不開闢新的思路，構想出了國際能源署（IEA）和「石油美元機制」，嘗試在新的能源秩序的建立中，重建自己的能源主導地位。石油美元機制的建立，拉開了大規模石油美元環流的序幕。在第四次中東戰爭之後，國際油價飛速上漲，導致石油美元的鉅額增加。

　　中東國家累積了大量的剩餘資金（指那些不能用於進口或不能立即投資於當地經濟及當地金融市場的資金）。1974年全球石油美元盈餘估計超過600億美元，1975年接近400億美元，金融體系面臨的挑戰不僅是容納大量存款，還包括石油美元的「回收」。必須想方設法讓美元在進口國支出，否則就要回到國庫，為持續的石油進口融資。石油美元主要透過兩種方式來完成環流，吸收管道和資本帳戶管道。其中，吸收管道是指石油美元用於國內消費和投資，也增加了對商品和服務進口的需求。資本帳戶管道是指未花在進口上的石油美元被儲存在他國持有的外國資產中，導致資本帳戶的外流。這些資產由中央銀行作為其國際儲備的一部分或由石油出口國的機構基金持有，它們可以以包括多種貨幣的外國金融工具方式持有。在高油價時期，石油出口商還曾向國際貨幣基金組

第八章　石油美元的霸權與挑戰者：全球經濟格局的金融戰場

織借出了其官方儲備的一部分，以資助由於石油價格上漲而導致的一些非石油出口國的國際收支需求。

2018年3月，美國總統川普政府將美國的能源指導策略正式概括為「能源新現實主義」。當前低油價下，美國大力推行寬鬆的貨幣政策，目的是為了增強石油美元的流動性，保持「石油—美元」的依存關係，維持現有的石油定價機制和國際貨幣體系。能源新現實主義中，美元霸權的分析框架如圖8-3所示。

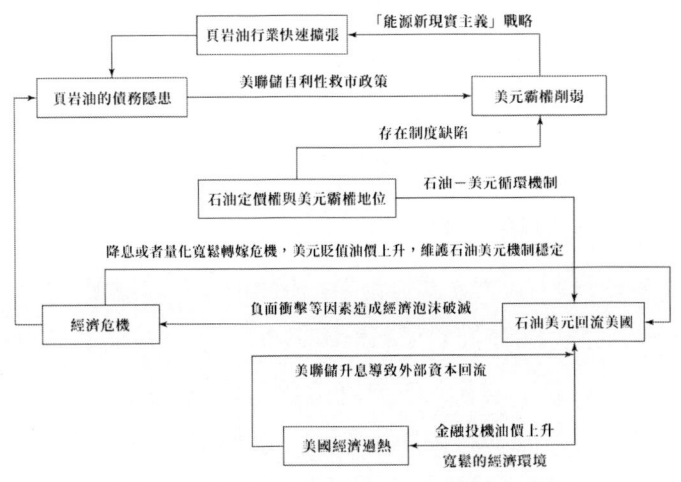

圖8-3　能源新現實主義中的美元霸權分析圖

圖片來源：文獻《川普政府「能源新現實主義」策略中的美元霸權分析》

首先，石油美元定價權延續了美元的霸權地位。為了謀取自身經濟發展，美國利用石油美元這個機制源源不斷獲取美元，但持續湧入的美元投資造成美國經濟過熱，加大了美國經濟危機風險。聯準會的貨幣政策只考慮本國利益，而不維護全球經濟的穩定，為了應對經濟過熱會採取加息政策。這個政策不僅擴大了美元回流規模，還給美元資產持有國的經濟穩定造成了直接的衝擊。

其次，美國透過本國發達的金融市場，讓石油美元源源不斷回流到美國，為美國經濟添磚加瓦。回流的石油美元很大一部分進入虛擬經濟，造就了美國寬鬆的貨幣環境，使經濟泡沫不斷膨脹。一旦出現負面衝擊，如美國突然加息等「黑天鵝」事件，很有可能將引發經濟危機。

然後，美國利用頁岩油，提供了一條保護貨幣權力的新途徑。雖然發展頁岩油產業需要相對很高的成本，但為了穩定在國際原油市場的話語權，維護美元霸權，美國政府在「能源新現實主義」策略下大力發展頁岩油企業。頁岩油企業可以大量獲取貸款，但面臨大量債務的問題。一旦經濟危機爆發，油價暴跌，頁岩油企業將會出現嚴重虧損。一旦企業無法償還債務，將會透過「債務—通縮」機制對美國經濟造成嚴重負面衝擊。因此，聯準會利用降息或者量化寬鬆等政策，透過鑄幣稅和通貨膨脹稅讓其他國家承擔負面影響。

最後，這種自利性政策會削弱美元信用，美國採用以「能源新現實主義」為手段穩定美國霸權。但新能源政策會造成石油美元出現大量投機行為與頁岩油企業高債務，世界為美國的經濟不穩定買單。為了解決經濟危機，美國的自利性政策會削弱美元霸權和美元信用。為了維護美元霸權的「能源新現實主義」，反而繼續削弱了美元霸權。為了維護美元霸權，美國政府可能會付出更多的代價扶持頁岩油等能源企業，促進「循環」的形成。

四、石油美元的影響

石油美元出現之後，給世界經濟和國際金融帶來了巨大影響：首先，為產油國獲得了豐厚的資金，促進了本國的經濟發展，改變了自身長期存在的單一經濟體系，逐漸建立起獨立完整的國民經濟體系。其

第八章　石油美元的霸權與挑戰者：全球經濟格局的金融戰場

次，使得不同類型國家的國際收支產生了新的失衡，國際儲備力量的比較有了結構性變化。最後，加劇了國際金融體系的不平衡。

石油美元在國際市場流通後，一方面增強了國際之間的信貸力量，許多國家對長、短信貸資金的需求得以滿足；另一方面又造成大量資產在各國之間流動，有時投資於股票，有時投資於黃金和各國貨幣，加劇了國際金融市場的動盪。

石油美元環流中，美國僅僅只付出了印刷紙幣和發行國債的代價，卻獲得了全世界的商品。但是，石油美元環流要求美國必須長期維持貿易逆差，只有存在貿易逆差，才能保持美元在國際金融中的持續輸出。長期的貿易逆差肯定會損害到美國的製造業，造成金融業獨大的局面。

2020 年，由於國際石油價格低迷，美國頁岩油企業債務紛紛面臨到期壓力，對美國石油產業產生了衝擊，進而直接打擊了以美元霸權為特徵的國際貨幣體系。標普在 2019 年降低了美國能源企業的信用等級，導致美國的頁岩油企業債的信用評級比較低。據 IHS Markit 數據顯示，美國頁岩油成本平均約 40 美元／桶。2020 年 3 月原油期貨價格甚至低至 30 美元，甚至一度出現史上創造紀錄的「負油價」，美國頁岩油企業面臨較大生存壓力。如果油價持續低位振盪，美國頁岩油產業因為償債壓力過大，很可能引發破產和債務違約的風險，透過「債務—通貨緊縮」等機制，引發金融危機的可能性劇增。

美國已經實現了能源獨立，頁岩油產業成為美國維護霸權地位的關鍵。在 covid-19 病毒疫情全球大流行背景下，美國政府透過無限量寬鬆政策，維護美國頁岩油產業，防止企業破產，同時應對經濟緊縮。可以預期，無限量化寬鬆政策會使美元信用縮水，美元將面臨貶值壓力，同時加速推動國際結算貨幣的多元化。

第二節
歐元、盧布能否撼動石油美元的地位？

回顧歷史，1760年代開始，隨著工業革命的進行，世界市場逐漸形成，當時英國成了世界強國，於是英鎊也慢慢在世界上確立了它的主導地位。隨著世界的能源不斷朝著石油轉型，英鎊也當仁不讓的成了石油計價貨幣。但是，由於兩次世界大戰，英鎊隨著英國的衰弱而逐漸被美元取代。環顧當下，石油美元也面臨諸多挑戰者。

一、石油歐元

石油歐元在歷史上多次反覆出現，但是基本上屬於「曇花一現」，影響力遠弱於石油美元。

石油歐元的提出源於1980年美國與伊拉克斷交之後，美國曾經多次因為核問題指責伊朗。因此伊朗決定出口石油不再使用美元計價，改為使用歐元計價。

1999年，伊朗是OPEC第二大產油國，同時也是全球第四大石油出口國，石油出口的收入占了出口收入的85%。因此美元的疲軟給伊朗造成了嚴重的經濟損失，伊朗宣布準備採用歐元計價。

2000年11月，在薩達姆執政時期，伊拉克在「石油換食物」的計畫裡，將歐元作為石油的計價貨幣。

2001年，委內瑞拉的查維茲總統計劃用歐元作為其石油貿易結算貨幣，並儲存歐元。但是由於2002年委內瑞拉的軍事政變和總統查維茲的

第八章　石油美元的霸權與挑戰者：全球經濟格局的金融戰場

臨時監禁，石油歐元無法實施。

2003 年，馬來西亞鼓勵本國的石油和天然氣出口商採用石油歐元作為交易貨幣。

2005 年，委內瑞拉建立了「加勒比石油計畫」，加勒比國家可以用本國生產的產品和勞務來償還進口委內瑞拉的石油形成的債務，這個舉動意味著放棄了美元來結算石油。委內瑞拉的總統查維茲在 OPEC 峰會上曾提出用歐元代替美元作為計價貨幣的建議。

2006 年 3 月 20 日，伊朗宣布成立石油交易所，並決定石油歐元為進行石油定價和交易的貨幣單位。

2011 年，美國為了懲罰伊朗，對其進行軍事打擊或經濟制裁。但是，伊朗不但沒有對美國低頭，反而愈加強硬。不但拒絕停止鈾濃縮活動外，同時伊朗政府 3 月 20 日成立石油交易所，決定在歐洲交易的石油，伊朗使用歐元作為石油定價和交易的貨幣單位，在亞洲的交易使用日元進行結算。這個舉動為伊朗擺脫美元的控制完成了階段性的目標。

2016 年，伊朗央行宣布，在對外進行石油交易時停止使用美元結算，使用包括歐元、盧布等貨幣簽訂外貿協議。

2017 年 12 月，伊朗宣布，伊朗已停止使用美元進行石油出口交易。

2018 年 5 月，歐盟宣布，歐盟計劃在結算與伊朗的石油貿易時，使用歐元代替美元。於是建立一個特殊目的公司（SPV），繞過環球同業銀行金融電訊協會的監控，用歐元替代美元與伊朗進行石油貿易。

2019 年 4 月，隨著白宮對伊朗實行石油清零政策，歐洲宣布將與伊朗採用「貿易往來支持工具（INSTEX）」，該結算機制不使用美元，而是透過「以物易物」模式，讓伊朗繼續出售石油並進口其他產品或服務，實際上就是建立石油歐元。

二、石油盧布

俄羅斯是世界上第二大石油出口國，2019 年俄羅斯石油出口量為 2.6746 億噸，同比成長 2.7%。但是之前盧布在石油計價機制中卻毫無發言權。2000 年俄羅斯總理普丁上臺後，努力爭奪石油計價權。

2006 年 6 月，普丁提出「盧布振興計畫」，俄羅斯在聖彼得堡石油交易所，用盧布作為貨幣來結算石油，並推出了石油新交易品種烏拉爾（URALS），並在 2007 年 11 月 4 日正式推出石油交易平臺。俄羅斯擁有豐富的石油和天然氣資源，苦於沒有石油計價和結算的權力，2008 年 3 月，聖彼得堡交易所正式開盤，自此俄羅斯開始逐漸扭轉國內的石油交易依賴於國際石油交易體系的機制，這個平臺承擔了俄羅斯石油產品的 25% 的交易量。俄羅斯還把「俄羅斯混合原油期貨」從紐約交易所撤出。

2014 年，俄羅斯天然氣工業股份石油公司（Gazprom）要求超過 90% 的客戶不再接受美元支付；Gazprom 從北極的新波爾托夫斯克油田向歐洲出口 8 萬噸原油，接受盧布形式的付款。

2015 年，莫斯科交易所金融衍生工具市場正式啟動盧布期貨交易；吉爾吉斯和俄羅斯用盧布結算石油產品和天然氣。

2016 年 11 月，俄羅斯推出了烏拉爾原油期貨，用盧布進行計價，之後，俄羅斯又宣布其所有離岸都將停止使用美元結算，轉而使用盧布為主要結算貨幣。

隨著國際形勢的變化以及金融危機的出現，石油歐元、石油盧布等紛紛出現，在一定範圍內產生了正面作用，但依然遠小於石油美元的影響力。美元作為世界儲備貨幣的地位整體穩定，石油計價貨幣多元化成為大勢所趨。

第八章　石油美元的霸權與挑戰者：全球經濟格局的金融戰場

案例：量化寬鬆政策與無限量化寬鬆

一、什麼是量化寬鬆

量化寬鬆（QE，Quantitative easing）是一種非常規的貨幣政策。通常會在通貨膨脹率非常低或者為負，準擴張性貨幣政策失效後使用QE。為了給經濟體注入貨幣供給，刺激貸款和投資，中央銀行從公開市場長期購買政府債券或其他金融資產。中央銀行透過從商業銀行和其他金融機構購買金融資產來實現量化寬鬆，提高這些金融資產的價格，並降低其收益率，同時增加貨幣供應，這與通常購買或出售短期政府債券，以將銀行間利率保持在指定目標值的政策不同。

二、歷史上的量化寬鬆政策

歷史上，為了應對經濟危機，許多國家都實施過量化寬鬆政策。

日本：

在1997年亞洲金融危機之後，日本陷入了經濟衰退。從2001年開始，日本央行開始實施積極的量化寬鬆計畫，以抑制通貨緊縮並刺激經濟。日本銀行從購買日本政府債券轉向購買私人債務和股票。但是，量化寬鬆未能實現其目標。儘管日本銀行做出了努力，但從1995年到2007年，日本的名義國內生產總值（GDP）從約5.45兆美元下降至4.52兆美元。

瑞士：

2008年金融危機後，瑞士國家銀行（SNB，Swiss National Bank）也實施了量化寬鬆政策。最終，瑞士央行擁有的資產超過了整個國家的年度經濟產出。這使瑞士央行的量化寬鬆政策成為世界上最大的量化寬鬆政策（占一國GDP的比率）。

第二部分　國家篇：產油國的財政挑戰與能源政治博弈

英國：

2016年8月，英格蘭銀行宣布將啟動額外的量化寬鬆計畫，以幫助解決英國脫歐的任何潛在經濟影響。英國央行計劃購買600億英鎊的政府債券和100億英鎊的公司債務，該計畫旨在防止英國利率上升，並刺激商業投資和就業。從2016年8月到2018年6月，英國國家統計局報告稱，固定資本形成總額（一種商業投資的度量）以每季0.4%的平均速度成長。這低於2009年至2018年的平均成長率。

美國：

美國的四次量化寬鬆政策：

1. 第一次量化寬鬆（2009年3月開始）

2008年美國次貸危機發生前，美國聯邦儲備系統在其資產負債表上持有7,000億至8,000億美元的美國國債。2008年11月下旬，聯準會開始購買6,000億美元的抵押貸款支持證券。到2009年3月，它持有1.75兆美元的銀行債務、抵押支持的證券和美國國債。這個數字在2010年6月達到了2.1兆美元的峰值。隨著經濟開始好轉，進一步的購買被暫停，但在2010年8月聯準會認為經濟成長不強勁時，恢復了購買。在6月分停滯之後，隨著債務到期，持有量自然開始下降，到2012年降至1.7兆美元。聯準會的修訂目標是將持有量保持在2.054兆美元。為了維持這個數字，聯準會每月購買了300億美元的兩至十年期美國國債。

2. 第二次量化寬鬆（2010年11月2日）

2010年11月，聯準會宣布了第二輪量化寬鬆政策，到2011年第二季末購買了6,000億美元的美國國債。

第八章　石油美元的霸權與挑戰者：全球經濟格局的金融戰場

3. 第三次量化寬鬆（2012 年 9 月 13 日）

2012 年 9 月 13 日宣布了第三輪量化寬鬆政策「QE3」。聯準會以 11 票對 1 票決定，啟動一項新的每月 400 億美元的機構抵押貸款支持證券的開放式債券購買計畫。此外，聯邦公開市場委員會宣稱，至少在 2015 年之前可能將聯邦資金利率維持在接近零的數字。2012 年 12 月 12 日，聯邦公開市場委員會宣布開放式購買的金額從每月 400 億美元增加到 850 億美元。

4. 第四次量化寬鬆（2019 年 9 月）

2019 年，美國經濟先行指標製造業 PMI 為首的經濟指標出現不同程度走弱。2019 年 8 月，美國十年期與兩年期國債收益率曲線自 2007 年以來首次出現倒掛，美國經濟釋放出了衰退的訊號。聯準會一改此前加息政策，出現了 10 年來的首次降息。2019 年 9 月開始進行自 2008 年金融危機以來的第四次量化寬鬆動，釋放 3.8 兆美元逐步上升至 2020 年 3 月初的 4.3 兆美元。

5. 2020 年新型冠狀病毒下的無限量化寬鬆政策

2020 年以來，covid-19 病毒疫情全球大流行。隨著美國確診 covid-19 病例的迅速增加，疫情呈迅速爆發之勢。這影響了市場的預期，各國投資者不看好目前市場的行情，紛紛從美國撤資避險，股市一度暴跌。受疫情的影響，美國人民日常生活的總需求下降，失業人數不斷增加，企業和商業也歇業躲避疫情，經濟活動大大減少，美元的流動性也因此下降，企業的資金鏈也日益緊張，融資也變得困難。因此，2020 年 3 月 15 日，美國宣布了約 7,000 億美元的新量化寬鬆措施，透過資產購買來支

持美國的流動性，以應對 covid-19 病毒疫情大流行。3 月 23 日，聯準會委員會推出了無限量化寬鬆計畫，開放式購買美國國債和機構住房抵押支持證券刺激經濟，並且不收取回購利息，幫助金融機構和大型企業解決融資困難，緩解受 covid-19 病毒疫情全球大流行帶來的流動性問題。3 月 25 日，聯準會為了挽救市場，正式實施 2 兆美元量化寬鬆措施，實施開放式的資產購買計畫，當週每天都將購買 750 億美元國債和 500 億美元機構住房抵押貸款支持證券。聯準會為了增強市場流動性，實施了一系列寬鬆計畫，包含了建立新的計畫，支持向僱主、消費者和企業的信貸流動，這些計畫將共同提供高達 3,000 億美元的新融資。

無限量化寬鬆政策意味著美國政府需要大量印刷貨幣，雖然這能解決市場美元流動性不足的困境，但也會造成美元貶值，美元指數大幅度下降，美元兌換各國貨幣的匯率也在下跌。因為很多國家持有大量的美元外匯，美元外匯隨著美元不斷貶值，這減輕了美元還外債的壓力，同時有利於出口，緩解出口下降的趨勢。

三、量化寬鬆對經濟的影響途徑

量化寬鬆可以透過如下途徑影響經濟發展：

（1）信貸管道：量化寬鬆透過在銀行部門提供流動性，使銀行向企業和家庭提供貸款變得更加容易和便宜，從而刺激了信貸成長。

（2）投資組合再平衡：透過實施量化寬鬆，中央銀行將市場上重要的安全資產部分撤回其自身的資產負債表，這可能導致私人投資者轉向其他金融證券。由於相對缺少政府債券，投資者被迫將其投資組合「重新平衡」為其他資產。此外，如果中央銀行還購買比政府債券風險更高的金融工具（例如公司債券），它也會降低這些資產的利息收益率。因為這些資產在市場上更加稀缺，因此其價格也會相應上漲。

第八章　石油美元的霸權與挑戰者：全球經濟格局的金融戰場

(3)匯率：因為量化寬鬆增加了貨幣供應量，降低金融資產的收益率，透過利率機制，量化寬鬆將導致貨幣貶值。較低的利率導致一國資本外流，減少了外國對一國貨幣的需求，從而導致貨幣貶值。這增加了對出口的需求，並直接使該國的出口商和出口產業受益。

(4)財政影響：量化寬鬆政策透過降低主權債券的收益率，使政府在金融市場上借貸的成本降低，這可能使政府有能力向經濟提供財政刺激。量化寬鬆可以被視為「合併政府」（包括中央銀行在內的政府）的債務再融資操作，「合併政府」透過中央銀行將政府債務證券退出，並將其再融資到中央銀行儲備中。

(5)訊號效應：一些經濟學家認為，量化寬鬆的主要影響是由於它對市場心理的影響，暗示著央行將採取特別措施促進經濟復甦。

第二部分　國家篇：產油國的財政挑戰與能源政治博弈

第九章

石油政治的無形戰場：
能源作為經濟武器的威力與風險

　　您可曾聽說過「資源民族主義」一詞？資源民族主義，顧名思義，是民族主義在資源上的表現，是資源國政府及人民對其國土內資源的控制權。石油作為一個國家重要的策略性資源，對於一個國家的經濟發展和國家安全都具有重要作用，資源國政府對於石油的掌控權與政策，切實展現了政府對於國家利益的維護。這一章，將帶您走進石油資源民族主義的「紛爭」中去。作為一種重要的策略性資源，石油在一國當中的地位如何？石油與政治之間是什麼關係？各資源國政府為了國家利益，都做出了哪些舉動以「謀其利」？您是否願意揭開資源國有化的面紗，去探一探油價與石油公司間的奇妙關係，去尋找國有化的原因以及資源國進行國有化的抓手？讓我們在接下來的內容中一探究竟。

第一節
石油如何成為國際政治博弈的核心工具？

一、石油政治與石油戰爭

　　作為「工業的血液」，石油因其重要的政治和經濟屬性，在每個國家中占有重要的地位。季辛格曾說過，「如果你控制了石油，你就控制住了所有國家；如果你控制了糧食，你就控制住了所有的人；如果你控制了貨幣，你就控制住了整個世界。」目前引起人們高度關注的不僅僅是石油的「經濟價格」，更是「政治價格」。世界各國工業製造業的發展都離不開石油，國家的經濟對於石油具有較強依賴性。然而，因各個國家國情不同，石油的供給與需求在地理區域上的分配並不均勻，石油也因此成了國家之間政治博弈的武器。

　　丹尼爾‧耶金曾說，石油作為一種政治商品與國家策略、全球政治和國家實力緊密地交織在一起，石油仍然是國家策略和國家政治至關重要的策略政策工具。與石油相關的問題會涉及大量的國家利益分配，這由石油的政治屬性所決定的「石油政治」，從來不是客觀的、單純的。

　　現今，因石油而引起的大國博弈時有發生。油價的每一次波動，都觸碰著大國緊張的神經，由此所引發的大國之間的對抗、衝突、戰爭不斷。控制石油和天然氣能源，在過去的一百年時間裡是歐美一切行動的核心目標之一。由石油引發的戰爭與地緣政治也成了一個多世紀以來的競合常態。歷史上發生過三次石油危機，由「贖罪日戰爭」引發的第一次石油危機、伊朗革命引發的第二次石油危機以及波斯灣戰爭引發的第三

第九章　石油政治的無形戰場：能源作為經濟武器的威力與風險

次石油危機。油價在三次石油危機中都扮演著重要的角色。

1973年，第一次石油危機爆發。10月6日，埃及、敘利亞以「贖罪日」為由入侵以色列，收復被占有的失地。戰爭初期，阿拉伯人節節勝利，但一週後戰局逆轉，以色列開始大規模反攻，埃及等國處於不利地位。

因美國等西方國家的插手，本屬於中東國家之間的戰爭變得更加複雜起來。在此情況下，1973年10月16日，OPEC決定把每桶原油的標價提高70%，從每桶3.01美元提高到每桶5.11美元，油價決定權由石油「七姊妹」轉移到了OPEC手裡。10月17日，阿拉伯產油國為打擊支持以色列的美國和其他西方國家，決定將10月分的產油量在9月分的基礎上削減5%，而後每個月再降低5%，直到以色列從自1967年6月占領的所有阿拉伯領土上撤離、恢復巴勒斯坦人民的權利。在此形勢下，美國不以為意，10月19日，美國宣布對以色列提供22億美元軍事援助，此舉激怒了阿拉伯產油國，利比亞當天宣布向美國禁運石油。10月20日，沙烏地阿拉伯等海灣產油國一致行動，宣布對美、歐洲禁運石油。世界市場的石油供應量減少500萬桶／天。不僅如此，OPEC繼續將油價提高，這對於石油需依靠進口的國家來說無疑是致命的打擊。如日本、西歐等國，其石油的80%依靠進口，而進口的石油中很大一部分又來自於中東等國家。在此危機下，歐洲共同體在11月下旬對中東問題表態，在阿以戰爭上支持阿拉伯人。OPEC將歐洲共同體等國（荷蘭除外）從石油禁運黑名單中移除。一週左右之後，因石油禁運對國內各個方面造成巨大打擊，日本也在中東問題上表態支持阿拉伯人。這場禁運危機持續到1974年3月18日。

有學者認為，這場戰爭不是一次簡單的失誤，而是由華盛頓和倫敦祕密策劃的事件，目的是為了確保透過戰爭和接下來的石油禁運，來幫

第二部分　國家篇：產油國的財政挑戰與能源政治博弈

助美國度過「布列敦森林體系」崩潰後的美元貶值期，轉移美元貶值給其帶來的風險。阿拉伯產油國成了此次戰爭的替罪羊，而躲在幕後的英美卻在此次戰爭中毫髮無損。華盛頓和倫敦祕密策劃的此次戰爭中的一系列事件，正是利用了石油的重要策略屬性這個特點，利用「石油武器」，「挑撥」產油國之間的關係，最終達到其想要的目的。此次石油危機背後所展現的政治危機，也讓各個國家不得不考慮本國的石油安全問題。石油危機帶有強烈的政治色彩，各個國家面對利益問題進行重新「站隊」，讓各個國家的領導人無法忽視石油這個能源資源的重要性。這也在一定程度上，推動了石油工業的發展。

　　第二次石油危機發生於1978年底，當時，伊朗國內發生「伊斯蘭革命」，意圖推翻巴列維王朝。由於政局動盪，伊朗的石油產量明顯下降，石油出口中斷。危機剛發生時，國際石油市場石油供應量每天約減少300萬桶，相當於市場交易量的5%。面對這一缺口，產油國和石油公司不斷尋求石油供應以填補缺口，市場一度高度緊張，產油國不斷提高油價，油價在短時間內大幅度上漲，美國原油價格從1978年底的13美元每桶一路猛增，上漲至41美元，從而引發第二次石油危機。並且，在此次危機之前，洛克斐勒基金會能源專家曾發表了一份相關的能源報告，報告稱「世界將逐漸經歷石油的長期緊張，甚至是嚴重的不足」。在這個心理預期下，加上第一次石油危機給各個國家造成的恐慌，伊朗石油出口的中斷給市場造成了石油短缺的恐懼。在未來石油供應會產生供不應求預期的支配下，政府、公司、個人對石油進行瘋狂搶購，對石油進行儲備的搶購心理為此次石油危機推波助瀾。第二次石油危機由政治危機而產生，作用到國家石油產量之上，然後又對大國關係博弈產生影響，可見石油政治與石油戰爭的「環環相扣」。

第九章　石油政治的無形戰場：能源作爲經濟武器的威力與風險

第三次石油危機發生於 1980 年代末到 1990 年代初，導火線為波斯灣戰爭。美國時任總統老布希（George H. W. Bush）在得知伊拉克進攻科威特之後，主持祕密會議，向沙烏地阿拉伯派出軍隊對伊拉克進行轟炸，在經濟上對伊拉克進行制裁，伊拉克原油供應中斷。幾個月的時間裡，石油價格一路飛漲，從 14 美元／桶上漲到 40 美元／桶，漲幅高達 186%。美國此舉，亦是看中了石油作為武器的重要性，美國政府擔心世界上最大的石油儲備控制權落入薩達姆手中，威脅到美國的國家利益，因此為了嚴格掌控海灣石油，控制海灣地區，保持霸主地位，美國不惜花費鉅額軍費以達到其國家策略目的。在此次危機爆發後，國際能源署啟動應急計畫，將原油儲備投放市場，彌補了由於原油價格上升所造成的供應短缺，原油價格不斷下降。其他產油國也不斷擴大原油產量，世界石油價格逐漸穩定至危機爆發之前。由於國際能源署的及時紓解以及其他產油國的增產措施，此次危機相較於前兩次危機，持續時間短、影響較小。但因石油所引發的國際政治衝突與戰爭，再次彰顯了石油作為國家策略資源的重要性及對國際關係的重要影響。

正如 20 世紀初一位石油商人所說：「石油，這些被禁錮在岩層下數百萬年的黑色精靈，一朝噴出地表，就注定要改變整個世界！」中東這塊資源富足的寶地，在全球能源危機爆發的背景下，不斷地讓西方列強眼紅。他們打著任何藉口，對這塊資源寶地發動一次又一次的戰爭，將其所作所為掩蓋在打擊恐怖主義、進行人道主義援助的面具之下，實則是一次次發動不義戰爭，為石油而戰。或許自石油被發現以來，因其資源的有限性與分布的不均衡性，還有其對於發展工業等的不可或缺性，便少不了國家之間的爭奪與對抗，也成為國家利益衝突的重要緣由之一。

第二部分　國家篇：產油國的財政挑戰與能源政治博弈

二、石油是武器嗎？

作為一種重要的策略資源，石油除了被用於工業生產、化工提煉，也常常因其經濟、政治雙重屬性，被當作大國之間博弈的重要「武器」。

在第一次石油危機中，阿拉伯國家為了打擊以色列及其支持國，從自發行動到集體配合，關閉輸油管道、提高石油價格、實行石油禁運。埃及前副總理兼工業和礦產資源部部長在《金字塔報》中寫道：「石油應當被視為一種策略的和經濟的商品，它本身不是一種武器，因為石油本身絕不可能贏得一場戰爭。但它可以作為一種政治手段來使用。」第一次石油危機中，石油作為一種政治武器成為阿拉伯國家爭取「中間地帶」的重要籌碼。從「三種油桶策略」開始，避免得罪對阿拉伯世界友好的國家；爭取那些傾向以色列或持中立態度的國家，使其在這場戰爭中站到阿拉伯國家一邊；懲罰以色列的同盟國 —— 阿拉伯產油國以 1973 年 9 月的石油產量為基礎，每月減產 5%，之後不斷強化石油武器，有些參加禁運的國家在第一個月即宣布減產 10%；全體參加禁運的國家宣布對美國實施全面石油禁運，有些國家對荷蘭實施全面禁運；對被發現向美國轉口石油的國家實施禁運。面對阿拉伯國家的措施，尼克森政府試圖對阿拉伯國家實行糧食禁運、訴諸武力，迫使阿拉伯產油國放棄石油武器。而面對美國的威脅，沙烏地阿拉伯更是以一種「同歸於盡」的姿態向其「宣戰」，「如果受到軍事行動威脅，則炸毀石油設施，使歐洲與日本幾年之內得不到石油。」由此可見，在一些戰爭中，石油雖不作為攻擊型武器直接作用於戰爭之中，但其在國家之間發揮的作用，作為斡旋的籌碼，它遠比殺傷性武器厲害得多，它足以引起大國之間的紛爭，成為半個世紀以來三次戰爭的導火線；又能在其掩蓋下，讓有的國家全身而退；

第九章　石油政治的無形戰場：能源作爲經濟武器的威力與風險

有的國家遍體鱗傷，直到現在也回不到從前的繁榮。這種埋藏在地底下數百萬年的黑色精靈，果然如石油商人所說，一朝噴出地表，就會改變整個世界。

或許是意識到石油嚴重影響了國家能源安全以及產生的環境汙染，1970 年代以來，各國有意識的開始研究其他能源以逐漸替代石油的絕對性地位，維護國家能源策略安全。美國透過一系列措施推動本土能源供給多樣化，推進頁岩油革命。德國逐步推進可再生能源的發展，頒布《可再生能源法》，以期分階段、分目標的實現由化石能源主導的能源體系，向以可再生能源為主的能源體系轉變。由此可見，當尋找到石油的替代品時，石油原來堅不可摧的地位會受到動搖。展望未來，在可再生能源迅速發展、終端能源電氣化程度不斷提升的影響下，石油的作用有所削弱，其作為「武器」的效果，也將大不如前。我們可以想像，如果現在 OPEC 再次以石油為籌碼對美歐等國家進行威脅，效果將大不如前。

第二節
國家石油公司的國有化浪潮與其影響

一、何為資源「國有化」

　　除了石油戰爭之外，石油國有化運動也是產油國重要的「武器」之一。石油的國有化運動，使得部分產油國將某些在本國經營、而掌控權屬於外國公司的企業強行收歸國有。拉丁美洲的一些國家在此方面的運用尤為突出。1930、1940 年代，阿根廷建立的國家石油公司拉開了拉丁美洲地區石油工業國有化的序幕。1970 年代，玻利維亞、墨西哥、委內瑞拉等國家也實施了國有化措施，逐漸擺脫外國石油公司對本國能源資源的控制，使得石油資源掌握在自己國家手中，以和平的方式取得國內資源的自主控制權，取消或修改石油租讓制合約，大大提高了政府收入、維持了社會安定。石油國有化浪潮在拉丁美洲地區盛行後，逐漸擴大至中東地區。產油國以國有化的方式，採取政府性強制措施，收回石油控制自主權，堪稱當今時代的「和平演變」。這些措施打破了由國際石油「七姊妹」掌控世界石油工業的局面，OPEC 成員國逐漸收回了石油控制權，並在此基礎上商討制定一系列壟斷性政策，逐漸建立了國際石油新秩序。

　　美國國家法協會將資源國有化定義為「為了公共利益，依靠立法將某種財產或私有權轉移給國家，目的在於交由國家控制或使用，或用於其他新的目的。」資源國有化是一場資金擁有者與資源擁有者的博弈。世界上的第一次資源國有化起源於 1930 到 1940 年代的拉丁美洲地區的石油國有化運動。影響石油國有化的驅動因素包含資源價格、經濟因素

第九章　石油政治的無形戰場：能源作爲經濟武器的威力與風險

及政治因素。正是在這些因素的共同作用下，新一輪國有化運動在2006年油價升高之後，從俄羅斯開始向南美等國家蔓延。這個趨勢在普丁開啟其第三個總統任期後，以其推行的「大私有化」政策而結束。

二、國有化的流轉輪迴

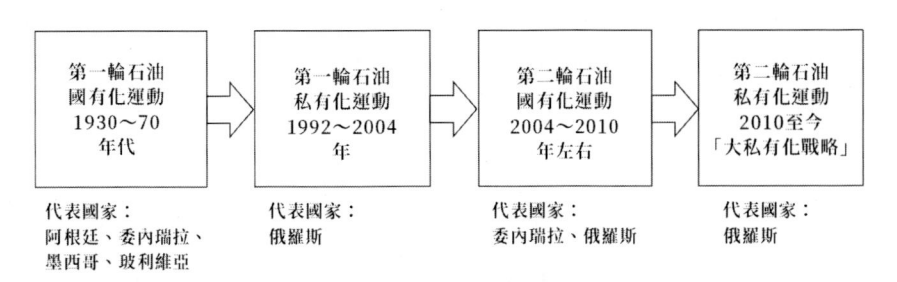

第一輪石油 國有化運動 1930～70 年代	第一輪石油 私有化運動 1992～2004 年	第二輪石油 國有化運動 2004～2010 年左右	第二輪石油 私有化運動 2010至今 「大私有化戰略」
代表國家： 阿根廷、委內瑞拉、 墨西哥、玻利維亞	代表國家： 俄羅斯	代表國家： 委內瑞拉、俄羅斯	代表國家： 俄羅斯

圖 9-1　石油國有化、私有化輪迴示意圖

一直以來，石油的國有化運動發展處於「國有化—私有化—再國有化—再私有化」的輪迴之中（如圖9-1所示）。當石油價格上升時，產油國政府有動力去推行石油國有化政策，加強對石油資源的控制，成立國家石油公司，強迫國內的外資石油企業讓渡股份；或提高礦區使用費、限制外資公司開採石油區塊，降低外資公司所占股份，倒逼外資公司逐漸退出國內市場。這些措施，都是產油國政府增強對石油資源控制權、增加本國利潤的抓手。而當石油價格降低時，產油國政府又鼓勵石油私有化。藉助外資及外國石油公司先進的技術、設備來提高本國油氣勘探開發水準，進一步增加本國利潤。石油國有化運動在油價的影響下周而復始，其背後蘊含著能源民族主義、國家利益等因素。在石油國有化的輪迴中，油價的高低起伏是產油國政府決定是否推行石油國有化的重要原因，產油國政府對於國家石油政策的制定以及國內外石油開發企業的態度，都是圍繞油價、國家利益而展開，而「輪迴」之中石油公司在產油國

193

第二部分　國家篇：產油國的財政挑戰與能源政治博弈

裡的地位、石油開發合約等，儼然成為產油國政府國有化的重要抓手，是實施國有化政策的重要措施。

以委內瑞拉為例，委內瑞拉的第一輪國有化運動發生於1960到1970年代，政府採取措施加大對國外石油公司的限制，逐漸擺脫國外勢力對本國資源的控制，增強對石油的管理控制權。委內瑞拉的第二輪國有化發生於總統查維茲上臺之後，查維茲增強對石油資源的管控，新一輪國有化浪潮襲來，以石油國有化作為保障國家利益的手段，增強其在拉丁美洲地區的影響力。

石油資源的國有化，儘管在各個國家發生的直接原因不同，但究其根本都有相同的根本原因。首先，石油資源因其重要的政治和經濟屬性，是一種極為重要的策略資源。由於國家資源民族主義，產油國政府出於對國家能源安全的考慮，以及在恐怖主義、中東石油戰爭等外部因素的影響下，石油的策略價值不斷提高，誰控制了石油，誰就掌握了先機。其次，石油作為一種重要的能源，廣泛用於生產和生活當中，消耗量巨大，包含巨大的經濟利潤。產油國政府正是看中了石油的高經濟價值，將其進行國有化，以獲得最大的經濟利潤。另外，石油被賦予了一定的政治意義。對某些產油國來說，石油是其穩定國內社會、掌握國際話語權的重要支柱。對內，利用石油國有化途徑，加強政府的宏觀調控能力，打擊石油寡頭，促進社會穩定和經濟成長，頗有「攘外必先安內」之意；對外，以石油作為交易物，奉行能源外交，提高國家地位及地區影響力，進而操控能源價格、撼動地緣政治，藉助石油資源爭奪地區事務話語權與領導權。

第九章　石油政治的無形戰場：能源作為經濟武器的威力與風險

三、國有化中的國際油價與石油公司

在國有化中，國際油價的變動是影響國有化運動的重要原因之一。石油國有化的週期與國際石油價格的漲跌密切相關。當國際油價上漲時，資源國政府會收緊對於石油資源的掌控權，利用國有化這個國家性政策，將部分石油公司收歸國有，加強對本國資源的控制，從上漲的高油價中謀得高額利潤，具有明顯的「資源民族主義」傾向。石油公司在這樣的大環境下，往往會受制於政府的管束，如拆分部分石油公司併入國家石油公司、對外國石油公司在本國發展加以約束，限制其規模的擴大、劃設區塊保護本國資源等。例如，委內瑞拉在石油國有化過程中，為爭取本國石油權利，委內瑞拉頒布、修改與石油相關的法令，限制外國石油公司對本國石油的開採，減少可供開採油田的面積，提高油田開採使用費；1975 年委內瑞拉成立國家石油公司——委內瑞拉國家石油公司（PDVSA），加大本國石油公司對油氣資源的開採，提高開採量，打破外資石油公司的壟斷；此外，委內瑞拉積極與其他國家開展合作，加強與中東產油國的合作，加入 OPEC 組織，與西方石油公司進行談判，大幅提高了自身的威望和影響力。此方法在俄羅斯同樣適用，俄羅斯在國有化過程中，由總統簽署對於石油產業的限制性條約與法律，禁止外資在本國油氣領域占據主導地位；拆分國內石油公司巨頭——尤科斯公司，打擊壟斷，發展國家石油公司，大力開展國有化運動。這些國家都在國有化過程中，靠著國際上的高油價以及國內的高石油產量，在經濟上攫取了鉅額利潤，且一定程度上擺脫了國外公司對本國石油領域的控制。

當國際油價下降時，這些國家又會減緩國有化，適度放寬對於外國

公司開採的限制,促進外國公司加大對本國一些開採難度大的油藏進行開採,藉助國外先進與成熟的技術,提高石油產量,增加國家收入,帶動經濟發展。

這半個多世紀以來石油國有化運動的輪迴,告訴了我們油價的高低是國有化運動的重要原因之一,產油國政府對於石油管控權的調控,無不彰顯著政府掌握石油利潤、保障國家利益的決心。石油公司則是資源國政府在國有化與私有化運動中的工具,深受國際油價波動的影響,油價的高低決定了其在資源國中的地位,是國際油價影響下資源民族主義的重要體現。

案例:俄羅斯的國有化與私有化輪迴

俄羅斯是世界上擁有巨大資源潛力的能源大國。石油在俄羅斯發展中的地位舉足輕重,其石油儲量占世界石油儲量的 1/10。石油之於俄羅斯,不僅是一種資源,更是其用來發展能源產業、推動經濟發展、穩固大國關係、維護地緣政治、提升國際影響力、保持大國地位的關鍵。俄羅斯在普丁上臺後,奉行「資源民族主義」政策,普丁時期的俄羅斯政府不斷推行石油國有化策略,強化聯邦政府對油氣資源和油氣管道的管控。此外,俄羅斯政府藉助石油,大力推行能源外交,提高俄羅斯在國際事務上的影響力,推動實施大國策略。俄羅斯對於石油資源的運用,充分體現了石油作為一種和平時期的「武器」與在俄羅斯謀求大國地位中的重要性。這對於維護石油市場穩定,保障國際能源安全方面具有重要作用。

第九章　石油政治的無形戰場：能源作為經濟武器的威力與風險

俄羅斯第一次石油私有化運動發生於 1990 年代。蘇聯解體後，俄羅斯為了減輕蘇聯解體對國家產生的不利影響，決定採取「休克療法」，時任俄羅斯總理蓋達爾（Yegor Gaidar）下令終止蘇聯能源和電力部、煤炭部、石油天然氣部等部門在俄羅斯領土上的權利，隨後建立了國家石油天然氣總公司。此外，俄羅斯的石油國有化運動一定程度上受到西方國家的干預與影響，且私有化也是部分新生的官僚壟斷寡頭以及暴富階層瓜分國有資產、掠奪平民百姓，進行資本原始累積的過程。俄羅斯的石油公司被大量拆分，國家石油產量大幅下降，後備石油儲量不足，國有資產大量流失。從此次石油私有化運動中，俄政府意識到資源領域的絕對私有化會導致嚴重的腐敗問題，這將違背採取改革措施的初心。此外，石油公司作為資源型公司，應保持一定的規模，順應時代發展趨勢，而不是不斷拆分成小公司，反其道而行。

俄羅斯的石油國有化運動發生於 2004 年 8 月，總統普丁簽署對於石油、天然氣等企業的私有化限制令，之後，俄羅斯政府重新修訂《礦產資源法》，除了對於大規模油氣田禁止外國企業投資開發外，俄政府不允許外資在俄羅斯油氣領域占主導地位。外國公司在俄羅斯發展油氣產業，需註冊子公司，與俄羅斯的企業合作成立產業集團，且俄羅斯企業所占資本不得少於 51％。12 月，俄羅斯政府下令拆分當時國內最大的私營石油公司——尤科斯公司拍賣核心子公司「尤甘斯克石油天然氣公司」，成為國有俄羅斯石油公司的一部分。2006 年 8 月，尤科斯公司破產，破產清算所得的大部分資金流入到俄羅斯石油公司。2007 年，俄最大的私人石油公司羅斯石油公司被收購，至此，俄羅斯石油國有化運動基本完成。俄羅斯的國有化運動對其打擊能源寡頭、增加國家收入、恢復大國地位無疑具有重要意義。

第二部分　國家篇：產油國的財政挑戰與能源政治博弈

而總統普丁並非只想把石油產業「一管到底」。在俄羅斯經濟恢復、政治地位提升之後，私有化的訊號也逐漸釋放。在 2008 年經濟危機過後，國際能源市場價格受到影響而持續下跌，原先由石油帶來的經濟紅利逐漸消失，經濟利潤不斷縮減直至出現財政赤字。在此背景下，總統普丁在其第三個總統任期內，開啟了能源私有化的新模式，由政府掌控「大私有化」進度，限制國有公司參與私有化交易。「普梅政府」簽署政府令，准許俄羅斯國家企業實施私有化政策。針對石油產業，允許石油企業出售國有股份，能源企業管理層的官員逐漸退出。當然，私有化相較於國有化緩慢，俄羅斯政府採取一種「不放棄、不過快」的態度來推進私有化。與此同時，「大私有化」的進度由俄政府完全掌控，在此期間，出售俄羅斯最大國有商業銀行──儲蓄銀行、「磷灰石」公司、最大的液化氣罐運輸營運商公司、莫曼斯克商港等公司部分股權。與此前私有化運動不同的是，超大型石油與電力公司從私有化企業名單中刪除，限制國有化企業參與私有化交易。然而部分專家對此次俄羅斯私有化進展仍持懷疑態度，認為此次私有化雖增加了政府的預算收入，但對於推動經濟成長的貢獻十分有限，不是長久之計。俄羅斯私有化過程中的法律、法規並不健全，仍舊存在交易腐敗等問題，甚至擔憂重蹈 20 世紀「休克療法」的覆轍。

從俄羅斯石油產業國有化與私有化的輪迴來看，無論採取何種措施，都是政府為了維持國家經濟發展、增加財政收入、擴大經濟利潤的重要手段。而其背後所蘊含的政治意圖，無異於打擊國內寡頭、維持社會穩定、保障社會平穩執行。在國際上，石油已成為俄羅斯謀求大國地位、開展能源外交、保障國家能源安全的途徑之一。

第九章　石油政治的無形戰場：能源作爲經濟武器的威力與風險

圖 9-2　俄羅斯不同時期的石油政策

數據來源：BP 世界能源統計年鑑

第二部分　國家篇：產油國的財政挑戰與能源政治博弈

第十章

環保政策與能源轉型：
消費國的低碳願景與石油業的未來

　　工業革命帶來了人類社會的高速發展，在為人類帶來豐富的物質資源的同時，也大大豐富了人類的精神生活。作為現代工業的起源地，歐洲最先揭開了現代文明的序幕，也累積了大量的資金與財富。然而，不計後果的瘋狂發展帶來的是資源的枯竭與環境的破壞。查爾斯·狄更斯（Charles Dickens）筆下的《孤雛淚》（*Oliver Twist*），正是那個時代背景下的縮影。自然環境的逐漸惡化讓人們開始意識到「綠水青山」以及永續發展的重要性。之後，無論是歐洲還是其他國家，都開始為發展注入「綠色」成分，以挽救以往發展對環境帶來的危機。本章將講述全球在進行「環境自救」中所採取的政策措施，並將重點講解歐洲國家在為減少石油這類化石能源消費中所做的重要努力，見識環保政策的威力與成本。

第二部分　國家篇：產油國的財政挑戰與能源政治博弈

第一節
全球綠色發展目標如何影響石油需求？

一、全球的綠色發展雄心勃勃

2015 年 12 月 12 日，巴黎氣候峰會通過《巴黎協定》。2016 年 4 月 22 日，170 多個國家領導人齊聚紐約聯合國總部，共同簽署該協定。《巴黎協定》確立了一種「國家自主貢獻＋審評」為核心的全球應對氣候變遷的新模式，明確先進國家及開發中國家的責任，透過自主貢獻的方式，重申「公平、共同，但有區別的責任和各自能力原則」，共同應對氣候變遷，促進永續發展。《巴黎協定》提出三個目標：(1) 全球平均溫度上升幅度控制在工業化前 2°C 之內，並爭取不超過工業化前 1.5°C (2) 提高適應氣候變遷不利影響的能力，並以不威脅糧食生產的方式增強氣候適應能力和促進溫室氣體低排放發展 (3) 使資金流動符合溫室氣體低排放和氣候適應型發展的路徑。《巴黎協定》無疑為世界共同應對全球氣候變遷問題注入一支強心針。

2017 年，在川普擔任美國總統後，其所奉行的「美國優先」原則使其做了許許多多逆大勢而行的決定。在環境保護方面，美國政府於 2019 年致信聯合國，告知其將退出《巴黎協定》，到 2020 年 11 月 4 日，美國正式退出《巴黎協定》，這也是在近 200 個締約方中，唯一一個退出的國家。2021 年 1 月 20 日，拜登成為新一屆美國總統，並於 2021 年 2 月 19 日重新簽署該協議，再次加入《巴黎協定》。美國新任國務卿布林肯（Antony Blinken）在宣告中表示：「現在，就像我們在 2016 年加入《巴黎

第十章　環保政策與能源轉型：消費國的低碳願景與石油業的未來

協定》一樣，今天重新加入該協定同樣重要，我們在未來數週、數月和數年內所做的工作更為重要。」拜登上臺後對於氣候變遷與環境保護方面所提出的「理念」與川普可謂「涇渭分明」。拜登對於氣候變遷和能源政策的提出大量借鏡了其民主黨左翼所提出的「綠色新政」的理念：對化石能源企業實施嚴格的排放標準、讓汙染者負責；對潔淨領域進行大規模投資、推動美國實現「零淨排放」目標；改革美國能源和氣候變遷的決策機制。這些措施與政策再次推動美國回到共同應對氣候變遷問題的軌道上來。

對於歐洲來說，其向來十分重視永續發展及生態文明的問題，這與歐洲發展歷史密不可分。作為世界上最早進行工業革命、開啟工業化時代的國家，歐洲率先開啟工業1.0、2.0、3.0時代。然而與高速發展相伴的是環境的汙染與破壞，歐洲工業汙染所造成的問題要比其他國家嚴重得多。以倫敦為例，作為工業化開始的代表性城市，倫敦的天空可謂見證了歐洲環境的「演變」。從最初世界上典型的溫帶海洋性城市的代表，雲吞霧繞、四季氣候宜人；到第一次工業革命過程中，由於大力發展工業，以煤作主要燃料，由此產生大量煙霧，環境遭嚴重汙染與破壞，獲得「霧都」稱號，甚至因煙霧事件，導致城市中數千人死亡；再到之後，政府開始重視環境保護，頒布《空氣清淨法案》，著力整治汙染嚴重的企業，空氣品質得到明顯改善，曾經的鳥獸群體重新回歸。

倫敦氣候的變化與整治，可以看作歐洲城市發展過程中的一個縮影，在經歷了高速發展、破壞性發展、以環境為代價的發展之後，歐洲開始重視綠色發展、循環發展、永續發展。此外，歐洲各國在經歷了幾次石油危機之後，越發意識到能源自給對國家能源策略安全的重要影響。歐洲國家為有效應對石油危機及價格波動對國家能源安全及經濟發展的影響，採取了多種措施，開闢多種石油進口供給管道，來最大可能

203

第二部分　國家篇：產油國的財政挑戰與能源政治博弈

避免石油供應風險。此外，1970年代石油危機對歐洲國家造成嚴重影響，使其產生了「恐慌」心理，受此影響，歐洲多國發展替代能源和潔淨能源，以改善本國的能源結構，減少對石油的依賴。因此，歐洲在經濟發展、環境保護方面可謂都走在世界前面。其在發展之初所形成的一種「先開發後治理」的相對不成熟模式，也一度成為反面教材，被世界上其他國家在發展過程中加以借鏡。然而，在經歷了以環境為代價的發展之後，歐洲許多國家開始思考綠色發展與生態文明的重要性，後物質主義思潮影響下，人們開始關注溫飽等個人私慾之外的精神層次的建構，反思人類物質社會的發展對大自然所造成的破壞。歐洲目前已經形成了一套較為完整的宏觀體系，其生態建設從宏觀的環境建構、法律制度和思想意識上形成了完整的系統。

相較於美國在應對氣候變遷問題上的搖擺不定，歐洲國家在應對氣候變遷問題上的態度是一貫和積極的。歐盟在2006年頒布了《永續、競爭和安全的歐洲能源策略》綠皮書，強調能源法律與政策的永續性、競爭性和供應安全性。其中強調，「開發有競爭力的可再生能源和其他低碳能源，尤其要注意開發能使用可替代運輸燃料的運載工具；抑制歐洲的能源需求；引導國際社會共同努力，以防止全球的氣候變遷和改善本地區的空氣品質。」該政策旨在將對內與對外政策結合在一起，為其公民與工業提供安全、能支付並且可持續的能源供應，以促進能源的永續發展，實現「共同能源政策之夢」。2008年，歐盟策略能源技術計畫的提出，將歐盟經濟發展建立在了「低碳能源」的基礎上，根據計畫，歐盟到2020年溫室氣體排放量將在1990年基礎上至少減少20%，將可再生能源占總能源耗費的比例提高到20%，將煤、石油、天然氣等一次效能源消耗量減少20%，將生物燃料在交通能源消耗中所占比例提高到10%，以及在2050年將溫室氣體排放量在1990年的基礎上減少60%至80%。

第十章　環保政策與能源轉型：消費國的低碳願景與石油業的未來

文中提出發展風能、太陽能光電能和生物能技術等潔淨能源，為今後國家能源轉型更新發揮了重要的借鏡作用。歐盟「2020 能源策略」提出「建設節能歐洲、整合歐洲市場、保障能源安全、推動技術創新、擴展國際交流」等五大優先發展目標，將節能放在首位，著力提高能源效率，促進能源產業的競爭，提高能源供應效能。歐盟「2050 年能源路線圖」則明確了歐盟實現到「2050 年碳排放量比 1990 年下降 80%～95%」這個目標的具體路徑——提高能源利用效率、發展可再生能源、核能使用、採用碳捕捉與保存技術，並且提出到 2050 年，在全部能源消費中，新能源比例最高將達到 75%，電力能源中的 97%將來自新能源，其中還不包括已經占電力能源 1/3 的核能發電。歐盟為新能源產業發展提供了多方面的政策支持。

二、環保政策的作用分析

各國在開展環境保護運動時，通常會透過發表政策來約束規範公民們的行為。我們以歐洲國家的環保政策為例進行分析。歐洲共同體從 1973 年的第一個環境行動計畫到 1977 年第二個環境行動計畫，以及 1983 年正式公布的第三個環境行動計畫，歐洲共同體在關於環保工作的思想與方法方面不斷改進，從對於環境先破壞後治理，到逐漸進化為環境保護預防等，逐漸奠定了環保政策的基礎。在第四個環保行動計畫提出時，歐洲共同體更是要求環保政策的制定要與歐洲共同體經濟和社會的整體發展相結合，以科技發展為基礎。而之後，歐盟發展低碳經濟、進行環境保護的政策手段離不開相應的經濟政策支持。如今，其相應措施包括碳預算、碳排放交易及碳稅。

作為區域性組織，歐盟的碳預算限額屬於區域層面，其含義為一定

區域的國家聯盟（或者一個國家的不同地區）根據成員國（或地區）的具體情況制定的區域總體和各個國家（或者一個國家及其各個地區）的溫室氣體排放最高限額。大氣作為全球公共物品，具有其經濟學屬性中的「非排他性」和「非競爭性」，若不對其進行管理控制，很可能在區域內發生大氣領域的「公地悲劇」，引發更多的空氣汙染，為此，歐盟實行碳預算方案。歐盟的碳預算分為2008～2012年《京都議定書》第一承諾期階段和2013～2020年減排目標階段。在第一階段，歐盟成員國提出了各自的減排目標以及碳排放限額，此階段歐盟各個國家減排特點為先進國家其可排放的溫室氣體最高限額更高，同時也承擔了更大的減排責任；實力稍弱的國家可排放的溫室氣體最高限額低於先進國家，承擔的減排責任也小於先進國家，這一點體現了歐盟成員國家內部之間承擔減排責任與環境保護責任的相對公平。在第二階段，除了極少數的個別國家，考慮到其發展經濟的需求，降低其減排標準，其餘的絕大部分國家需要在現有的減排標準基礎上，繼續加大減排力度，減少溫室氣體排放量。

碳排放交易系統是在「碳排放交易」的基礎上進行碳排放權的交易與拍賣機制。歐盟各成員國被賦予碳排放配額，即在指定時間內排放二氧化碳當量的權利。之後，各成員國將分配到的碳排放配額分配給國內企業，企業擁有所屬碳排放配額的使用權與交易權。碳排放配額的交易價格根據市場上的供需關係進行調整，這在一定程度上倒逼著高汙染高排放性企業進行生產端與排放端的節能減排工作，開源節流，以降低二氧化碳的排放成本。

在眾多政策工具中，市場化手段往往是解決環境問題的最有效工具，碳稅則是市場化手段中的「得力幹將」之一。歐盟成員國採取對碳排放進行徵稅的措施對二氧化碳的排放進行限制。二氧化碳的排放有著

第十章　環保政策與能源轉型：消費國的低碳願景與石油業的未來

嚴重的負外部性，而皮古稅則是解決負外部性的重要措施之一。因此，對二氧化碳徵收碳稅，有利於歐盟內部成員國對其國內企業進行整頓治理，透過提高二氧化碳排放成本，提高化石能源價格，促進企業不斷提升能源利用效率、減少二氧化碳排放，促進節能減排。

上述碳預算、碳排放交易及碳稅三種環境保護政策，幫助歐盟在較長時間內降低了二氧化碳的排放，如圖10-1，近些年來，歐洲二氧化碳排放總量呈現穩步下降趨勢，相應的政策措施也大幅緩解了高耗能企業對歐洲一些國家帶來的環境保護壓力，承擔起了在世界減排、低碳發展中的先進國家責任，為其他先進國家發揮了表率作用，對開發中國家的經濟發展發揮了借鑑作用，對於整個環境保護來說，具有「引路人」的功用。

相關環境保護政策的發表無疑為這些國家帶來了許多益處，下面我們從理論層面來分析環保政策的功用。

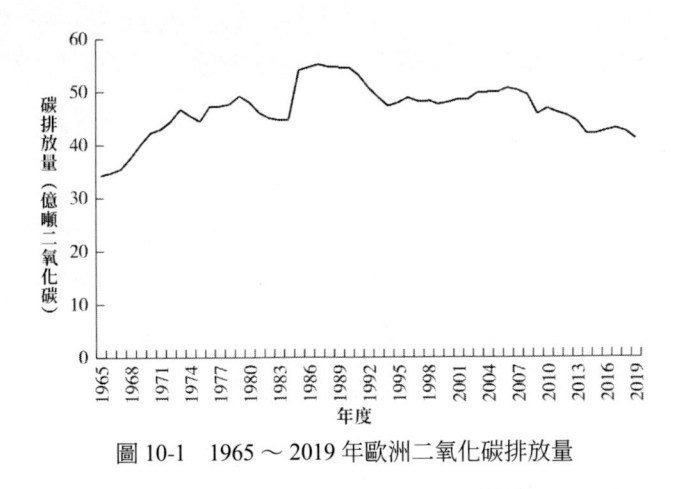

圖10-1　1965～2019年歐洲二氧化碳排放量

數據來源：BP世界能源統計年鑑

功用一：喚醒人們對於環保和永續發展的意識。政策的逐年推行使得人們對於環境保護與關注氣候變遷的意識不斷增強，由被動接受逐漸

成為主動執行。1960年代，美國作家瑞秋‧卡森（Rachel Louise Carson）用〈寂靜的春天〉（Silent Spring）一文，描寫因過度使用化學藥品和肥料而導致環境汙染、生態破壞，最終給人類帶來不堪重負的災難的故事。她以嚴肅而生動的筆觸，告誡了世人珍惜與保護環境的重要意義。在五十多年後，來自瑞典的一位小女孩也走進了大眾的視野。但不同於瑞秋用書來表達自己的觀點與看法，格蕾塔‧通貝里（Greta Thunberg）則用一種激進的方式引起了全世界的關注。不只是因為她所獲得的諾貝爾和平獎提名、美國《時代週刊》評選的年度人物，更是因其在環境保護上的極端主義。她曾發起氣候罷課行動，在2018年8月發表「星期五為未來」學生環保運動，得到了歐洲國家青少年的響應。在2019年一次氣候變遷大會上，她毫不留情面的質問與會高層為何在氣候變遷問題上不作為。不少網友認為通貝里只是一個被利用的木偶，在其宣稱能夠看到「二氧化碳」的眼睛中，並沒有看到切切實實想要為氣候變遷問題做出行動，而是幼稚與無知。這或許也是時代發展變化所帶來的多元化認知。但無論世人如何表達自己心中對於環境保護與應對氣候變遷的重要性，我們都可以從這些行動背後看到人類環保意識的覺醒。

　　功用二：碳稅與碳排放交易系統政策的實施對政策實施國的經濟生產活動有了約束與規範。碳交易市場對企業碳排放量用定價進行約束，以此來倒逼企業在生產端厲行節能減排技術，以此實現企業經濟生產活動的環保與可行。如加拿大安大略省採用「總量控制與排放交易」的方式，對碳排放總量進行控制，以降低本地的碳排放，減緩氣候變遷。加拿大另一個省不列顛哥倫比亞省，透過對每升汽油加收7分錢的碳稅政策，來提高人們使用汽油的成本，從提高使用成本方面來降低人們對於化石能源的使用，進而減少二氧化碳的排放。為了減少成本，人們在生

第十章　環保政策與能源轉型：消費國的低碳願景與石油業的未來

活中會傾向於選擇更低成本、更環保的方式來替代對化石能源的所需，如出門時選擇步行或者乘坐公共交通、騎腳踏車來代替私家車等。以上的種種舉動都使得經濟、社會活動比以前更加環保可行。

　　功用三：相關政策的實施會促使企業加速技術革新。上文中我們提到碳市場的執行會倒逼部分企業對生產端進行碳排放控制，對於技術的鑽研與革新會推動相關環保技術的進步。無論是個人還是企業，都習慣於使用已有的技術來滿足自己所需、生產相關物品。但隨著技術的發展，已有的相關技術的弊端可能會逐漸顯現，若沒有外界作用干預，選擇已有的技術繼續生產將會誘發企業及個人的懶惰心理，而在新技術、新設備領域不會選擇投入更多的資金以對已有的成熟但不環保的技術與行為進行革新。藉助外力的作用來提高「負外部性」的代價，或許會對技術革新帶來意想不到的效果。

　　功用四：用行政手段消除不環保行為的外部性。那些具有強制性與懲罰性的行政政策，十分有利於環境外部性的解決，往往具有「立竿見影」的效果。以罰款來說，歐盟曾於2018年通過了自2021年起境內禁止使用包括塑膠棉花棒、塑膠吸管等一次性塑膠用品的提案。並且義大利相關機構對蘋果集團以及三星集團分別開出了一千萬和五百萬歐元的罰款，以懲罰他們在產品生產過程中所實行的計畫報廢制度，這大幅增加了回收的環境壓力。歐洲車企們所面對的環保壓力也十分巨大。歐盟對歐洲車企規定了極為嚴格的二氧化減碳時間表，要求車企的平均燃油效率在2021年達到每加侖57英里，否則將面臨總計360億美元的天價罰款。企業若想保住利潤，則不得不在技術領域下功夫，以達到需要滿足的要求。

第二節
低油價下的能源轉型與政策推動

一、低油價的利弊分析

在我們看來，油價與環境保護彷彿是兩架背道而馳、分道揚鑣的馬車。當油價升高時，人們為了降低經濟成本，在交通方面會選擇使用其他交通工具來代替汽車，如公車、捷運、腳踏車等；或者直接更換車輛類別，選擇新能源車，從而降低石油的使用率，減少車輛尾氣的排放，有利於環境保護。而當油價降低時，汽油價格對於人們交通選擇的成本限制大大減小，人們在一定程度上會選擇開車出門，由此石油使用率上升，車輛尾氣排放增多，加重對環境造成的汙染與破壞。

此外，較低的油價也會在一定程度上降低人們支持新能源或可再生能源開發研究的意願，人們習慣於使用便捷、高效且低價的石油來滿足交通需求，導致對新能源或者可再生能源開發的急迫性下降。因此，低油價對於綠色發展來說也可能是一場噩夢。

當油價長期高於消費者的承受能力時，消費者會選擇減少對於高排放量汽車的消費甚至因而改變對交通方式的選擇。而當油價低於人們願意為其支付的理想預期時，石油的需求量不降反升，關於石油退出歷史舞臺的觀點只能是幻想與空談。

第十章　環保政策與能源轉型：消費國的低碳願景與石油業的未來

二、超越石油的努力

近年來，各國為實現能源轉型、減少對石油的依賴做了不小的努力，在能源轉型實踐中各顯神通。以歐洲為例，歐洲各國地形地貌各不相同，資源狀況各異，因此其能源發展背景存在較大差異，但為緩解使用石油對環境所造成的問題，歐洲各國均發表了相應的政策來鼓勵發展其他能源以替代石油等化石能源的使用。如圖 10-2 所示，近 20 年來，歐盟各成員國新能源產業的發展十分迅速，這與其傳統能源結構存在弊端、化石能源消費對環境的負面影響以及經濟轉型更新密不可分，新能源、可再生能源的使用在成員國能源消費結構中所占的比重不斷提升。

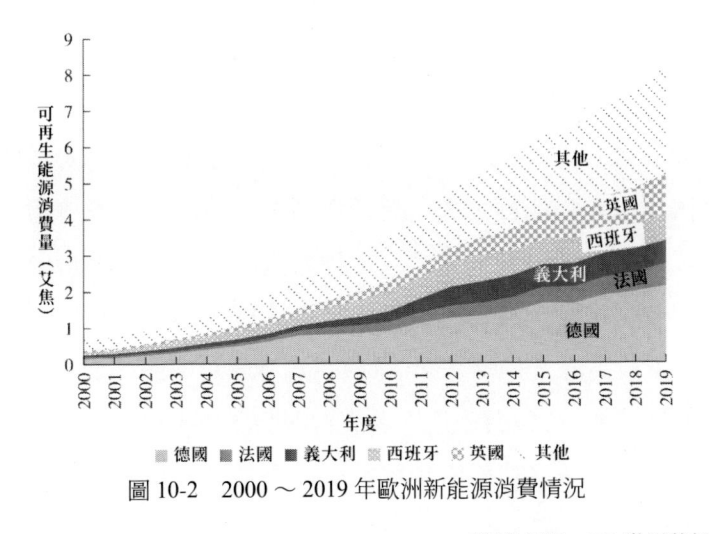

圖 10-2　2000～2019 年歐洲新能源消費情況

數據來源：BP 世界能源統計年鑑

歐洲許多國家已經逐步實施應對氣候變遷問題的相關措施，尋求綠色發展。如表 10-1 所示，面對各國不同的地理位置與發展情況，歐洲各國所採取的方法也各不相同。例如，瑞典政府透過加大對交通運輸的資金投入，建設永續發展的交通運輸體系，來實現能源轉型。為了使其交

通用能更為潔淨環保，在交通燃料中，瑞典減少了柴油的消費與使用，大幅度開發生物燃料，如乙醇、生物柴油、沼氣。透過對畜禽糞便、能源作物、有機垃圾、汙水等進行加工處理，獲取生物質燃氣，既有效處理了垃圾和糞便，緩解了對環境的汙染，也進一步減少了對汽油的使用，降低了二氧化碳的排放。與此同時，瑞典政府頒布了一系列政策來推動交通領域去碳化，如對車輛排放二氧化碳徵收「車輛稅」、對使用新能源車及電動公車進行補貼。這些措施鼓勵了瑞典社會積極踐行能源轉型。瑞典政府也透過頒布一系列法律政策，設立明確的環境品質指標來保護環境。透過設立法律法規，公民逐漸適應嚴苛的法律保護體系，遵守環境保護法律，對於環境保護的態度更加自律。

德國大力發展循環經濟，減少高汙染、高能耗的產業，平衡其生態文明與工業發展，將綠色技術成熟運用到各個流程之中；於 1991 年和 1999 年分別提出「1000」個屋頂計畫和「100000」個屋頂計畫，使用太陽能光電替代其他化石能源，由政府提供補貼，居民在自家房屋頂上安裝太陽能發電設備，透過雙向電表，白天將太陽能設備發的電賣給電力公司，等到需要用電時，再對電進行購買與消費，通常情況下，德國居民還可以實現電費盈餘。丹麥在 20 世紀開始發展新能源以取代傳統化石能源，以「零碳」發展為目標，且丹麥決定不開發使用核能，以確保安全、綠色發展。目前，丹麥已經實現經濟成長與碳排放相脫鉤，其低碳發展模式已經走在世界前端。

歐洲另一國家冰島則在地熱能源利用方面卯足了勁。作為一個本地缺乏石油、煤炭、天然氣資源的國家，冰島發展之初也使用過大量的化石能源作為動力來源。但 1973 年的石油危機對冰島的經濟產生了強烈的破壞，這促使了冰島的能源轉型加速進行。而作為板塊交界處的國家，

第十章　環保政策與能源轉型：消費國的低碳願景與石油業的未來

活躍的地殼運動所產生的地熱能成了冰島得天獨厚的資源。並且在全球氣候變暖的背景下，減少二氧化碳的排放對冰島這個四面環海的國家來說更是迫在眉睫。在這些因素的共同作用下，冰島不斷踐行著其能源轉型的重要之路。截至目前，冰島的電力系統已完全由水電和地熱發電進行，是可再生能源使用占比最高的國家。而且為了減少二氧化碳的排放，冰島逐漸摸索出地熱能梯級利用方法，在地熱技術領域不斷創新，更好的做到了節能減排、循環利用。不僅上述幾個國家，歐洲的許多其他國家也都在實踐著其能源轉型之夢。自20世紀石油危機與氣候變遷對歐洲國家造成致命打擊之後，大部分國家對本國的能源使用採取相應措施，以在保障國家能源安全與策略儲備的同時，做到節能環保、綠色發展。

歐洲各國對於綠色發展都有所建設，在這樣的國家政策與導向的引導下，歐洲人民的生態意識逐漸建立，保護環境、綠色發展、循環發展逐漸成為其人民的共識與習慣。這種理念不僅僅是歐洲國家領導人在經濟發展之後，重新審視發展所帶來的問題，更是經濟發展之後所帶來的精神層面的思考，是對人與自然關係的思考。

可以看出，在這些國家中，關於超越石油所做的努力，是從尋找石油的替代能源中著手，用一種平緩的、科學的，而非激進的方式，逐漸實現能源轉型。但與此同時，我們不能忽視能源轉型中能源三元悖論的問題。能源轉型是一個相互關聯的政策挑戰，在整個轉型過程中涉及三個核心層面，即能源安全、能源公平和能源系統的環境可持續性，通常稱為能源政策的「安全、公平、生態，三元悖論」現象。無論是能源的安全供給、能源供需的可靠與穩定，還是能源在國家當中的可及性、普惠性、便利性，又或者能源的潔淨化、低碳化程度，都是全球國家在整個能源轉型、為超越石油而做出努力的過程中，需要權衡考慮的問題。如

果不能將三者考慮全面,則能源轉型也會像是一輛缺了輪子的馬車,縱使各方勢頭猛烈,卻也難以穩步前行。超越石油是一個長期性過程,但從短期來看,超越石油的難度很大。

表 10-1　歐洲各國的綠色發展實踐措施

國家	承諾	具體做法
挪威	2030 年碳中和	2025 年要禁售燃油車,大力發展電動車、電動腳踏車、充電樁等,以實現交通方面的零排放;2026 年前峽灣的郵輪和渡輪要實現零排放;利用屋頂太陽能板和屋頂光伏逐步實現零能耗建築。
芬蘭	2029 年棄煤;2035 年碳中和	供熱碳中性目標、海水供冷、供熱產銷者、生物質和垃圾發電不斷持續穩定成長、基於北歐電力市場實現熱電協同的智能能源系統
冰島	2040 年前碳中和	地熱
丹麥	2050 年前丹麥將實現碳中和,100%可再生能源	風力發電、生物質能源、第四代供熱系統、零碳規劃;2030 年前減排 70%;2030 年後將不再銷售新的燃油車;2035 年電和熱完全使用可再生能源
英國	2050 年實現淨零碳排	氣候變遷法、零能源帳單社區
德國	通過《2050 年氣候行動計畫》、2050 年實現淨零碳排	棄核、棄煤、光伏、電力市場 2.0、E-ENERGY、氫能

案例分析:美國德州大停電

一、是什麼 —— 發生了什麼

2021 年 2 月 15 日,繼 2019 年曼哈頓大停電、2020 年加州大停電後,大停電在美國德州上演,大約 400 萬戶居民在此次寒流中無電可用。受冬季風暴的影響,極端天氣使德州不同燃料類型的發電機組脫離電網,電力供應嚴重不均。雪上加霜的是,極端寒冷的天氣致使德州多家煉油

第十章　環保政策與能源轉型：消費國的低碳願景與石油業的未來

廠與油井無法作業，管道運輸天然氣和原油受阻，德州難以採用大規模天然氣發電來緩解電力不足問題。而且作為德州第二大發電源的風力發電，在面對極寒天氣時，風力發電設備無疑被凍成了「擺設」。美國德州在此期間甚至還上演了「天價電費帳單」、「政府不欠任何人」等醜聞，而深受此次極寒天氣影響的德州居民，不僅要忍受斷電、停暖、停水等生理挑戰，還要面對政府冷冰冰，毫無人情的回覆，於心理上也是當頭棒喝，令人心寒。需要說明的是，根據德州電力可靠度委員會（ERCOT）的報告，德州最大的供能管道依然是天然氣發電廠，裝機容量占40%；其次是可再生能源的風力渦輪機發電，占23%；第三位是煤炭發電，占18%；第四位核能占據11%；剩餘就是包括太陽能等在內的其他方式。

二、為什麼── 事故原因分析

那是什麼原因造成了此次德州的大停電事件呢？作為美國區域電力市場自由化程度最高的州之一，為何停電事件會在德州上演？

首先，此次大停電與其已有的電網基礎設施老化脫不了關係。政府由私人電力公司決定是否對電網設施進行改造，而許多私人公司為了降低成本，選擇忽視極端氣候的發生率，不對「小機率事件」做出防備，並未更新早就該改造的設施，有近三成的電網設備服役超過20年，陳舊的電網設施面臨保障供電可靠性的巨大挑戰。

其次，德州電力供應結構在面對極端氣候時不具備靈活調節能力。近年來美國電力結構調整，煤電發電量明顯下降。而在德州的電力供應系統中，除了傳統的天然氣發電，風電、太陽能等新能源發電在其電網中占據重要地位，其風力發電占據該州電網的23%。在此次寒流來襲時，因為缺乏防凍經驗，作為德州第一大供應能源── 天然氣，其井口發生結冰現象，且天然氣輸氣管道也出現了大量冰堵，天然氣運輸管

第二部分　國家篇：產油國的財政挑戰與能源政治博弈

網的主網、次網癱瘓。德州部分地區作為亞熱帶地區，風機缺乏除冰設計，也是電源癱瘓的次要原因，因此，占德州第二大發電源的風力發電，在面對極寒天氣時，無疑被凍成了「擺設」。兩大主力發電源在寒冷的天氣中相繼「退場」，造成德州電力供應端的嚴重短缺，與此時市場上巨大的缺口相比，剩下的電力供應對德州人民來說，無疑是杯水車薪，且供電公司選擇優先保障市中心的居民用電，原因是市中心有更多的醫院、學校、政府機關。與德州大部分居民因缺電，只能在寒冷中靠傳統取暖方式取暖相比，夜晚中燈火通明卻空無一人的市中心商場、大樓給德州政府一記響亮的耳光。誠然，德州改造原有電網系統、調整電力供應結構、取消大規模化石能源供電是向綠色能源轉型的方式之一，但如此激進的方式，在目前尚未能保障民眾的電力使用，更何談在未來能夠持續、穩定的成為「未來時代的常規能源」？無疑，在面對極端氣候時，傳統的火力發電仍為最穩定、最有效的電力供應方式。

再者，德州的獨立式電網，也使得其在此次大停電事件中孤立無援。且德州與外州相連的直流電，只有總容量的 125 萬千瓦，相當於本次總用電負荷的 2%，外州的電力呼叫也只能是杯水車薪。因此，在面對象這樣的突發情況時，德州無法使用其他電網輸送的電力為市場提供供應。

也有專家質疑，此次德州大停電的根本原因，問題不在於負荷（用電方），不在於電網，也不在於電源（發電廠），而在於天然氣管道冰堵，導致主力發電廠的上游天然氣供應中斷。關於這個原因的分析，筆者認為，一方面，作為有亞熱帶地區的德州，缺乏預防控制天然氣冰堵的意識，在早已發出的超級寒流預警中，缺乏天然氣溼度控制去除設備，也缺乏預防管道冰堵的監控措施；另一方面，天然氣極有可能不是肇事者，而是英雄。後面的分析中，有圖為證。

第三部分

公司篇：
石油企業的生存戰略與市場應對

第三部分　公司篇：石油企業的生存戰略與市場應對

第十一章

國際石油巨頭的應變之道：歷史上的低油價與產業調整

　　提起國際石油巨頭，給人印象最深的是它們龐大的經營規模、橫跨全球的業務範圍、卓越的盈利能力和在世界石油市場上的巨大影響力。他們的產量、投資、勘探、油價展望、收購合併、事故、中斷供應等都對全球油價走勢有著重要影響。在數百年的長河裡，國際石油巨頭們經歷了一次次的興衰沉浮，而在這興衰沉浮的背後，都或多或少有國際石油市場中油價的影子。當今，國際原油價格自 2014 年起大幅下跌，儘管 2016 年略有起色，但回升緩慢。2020 年油價更是在 covid-19 疫情影響下出現巨幅暴跌，並出現創歷史的負油價。您可能會想知道，在低油價的環境下，國際石油巨頭們是如何進行市場化應對的？本文將列舉歷史上四次油價暴跌事件下國際石油公司的應對之策，與您共同討論。

第三部分　公司篇：石油企業的生存戰略與市場應對

第一節
從「七姊妹」到現代國際石油巨頭的發展歷程

一、標準石油公司的誕生

　　1859 年 8 月 28 日，一位名叫德雷克的人用他發明的鑽機打出石油，引發石油開採狂潮。石油工業迅速崛起，吸引了洛克斐勒的目光。起初，洛克斐勒感興趣的並不是石油開採，而是煉油。英國經濟學家霍布森曾將煉油比作公路上的「隧道」，洛克斐勒明白誰控制了煉油，占據了隧道，誰就會統治整個產業。因此，在鑽探出石油後不久，精明的洛克斐勒就動員他的合夥人克拉克一起出資組成了「克拉克-洛克斐勒公司」，洛克斐勒也因此成為最早在克里夫蘭設立煉油廠的人之一，而那裡也恰好是該州產油區鐵道的終點站。

　　美國石油產量在 1859 年時只有 2000 桶／年，1862 年時就已達 300 萬桶／年。隨著美國產量的成長，煉油需求也大漲，洛克斐勒的財富也隨之成長。經過幾年的苦心經營，洛克斐勒的企業很快成為當地最大的煉油廠。1860 年代中期，美國南北戰爭結束，經濟即將起飛。洛克斐勒開始透過收購事業來擴大公司資本，同時將目光投向國際市場。他在紐約開設了辦事處，專門向東海岸和國外出售公司產品。1870 年 1 月 10 日，洛克斐勒兄弟、弗拉格勒夫妻和安德魯斯 5 人在先前公司的基礎上，建立了標準石油公司 (Standard Oil Company)。在繼續做大做強煉油業的同時，洛克斐勒意識到，僅依靠煉油不足以維持公司的生存，因為石油產量的多少相當程度上取決於能在市場上銷售多少，因此還必須向

第十一章　國際石油巨頭的應變之道：歷史上的低油價與產業調整

終端銷售市場以及支撐銷售的儲運領域進軍。為了控制油品的儲藏及輸送，標準石油公司設立了油庫、輸油管線，甚至製桶工廠，洛克斐勒還要求鐵路公司給他大量折扣，以交換一定的貨運量。1872 年，洛克斐勒把所有的煉油廠合併成為一個巨大的聯合體，建立產銷合一制度，堅持品質保證，這正是標準石油公司的內涵。洛克斐勒最重要的貢獻在於整合產業多項業務時所發展出來的專業管理制度。

1882 年，洛克斐勒建立了世界第一家托拉斯 - 標準石油托拉斯[01]，並把總管理處遷到紐約。為了爭取消費者，標準石油公司向銷售市場進軍。據統計，在 1880 年代中期，他已控制了 80% 左右的銷售市場。同時，美國俄亥俄州的利馬也在此時發現了新的油田，洛克斐勒為了建立自己的原油儲備，決定大量買進利馬石油。由於利馬石油的含硫量比較高，因此洛克斐勒買進的時候，價格比較低廉。1889 年，標準石油公司僱的德國化學家弗雷徹成功研究出氧化銅去硫法，能夠很好的去除利馬石油中的硫，這使得利馬石油的價格立即從標準石油公司買進時的每桶 15 美元暴漲至每桶 30 美元，並繼續爬升。19 世紀末，20 世紀初，汽車、飛機等交通工具的出現，使石油工業迎來了新的發展階段。但標準石油公司的壟斷卻遭到了更多的挑戰。1911 年 5 月 15 日，美國最高法院判決，依據 1890 年的《謝爾曼反托拉斯法》，認定標準石油公司是一個壟斷機構，應予拆散，標準石油公司隨即被拆解成 34 個獨立公司，一代石油巨頭從此隕落。

二、石油「七姊妹」的崛起

1975 年，一位英國記者寫了一本關於石油歷史的書，這本書中首次提出了「Seven Sisters（七姊妹）」一詞，自此，「七姊妹」便成了西方石

---

[01]　托拉斯是指以高度聯合的形式組成的一個綜合性企業集團。

第三部分　公司篇：石油企業的生存戰略與市場應對

油公司的代名詞，也被稱為國際石油卡特爾，包括：紐澤西標準石油，即後來的埃克森（Exxon）石油公司；紐約標準石油，即後來的美孚（Mobil）石油公司；加利福尼亞標準石油，後來成為雪佛龍（Chevron）石油公司；德士古（Texaco）石油公司；海灣石油公司（Gulf Oil）；英國波斯石油公司，即後來的英國石油公司（BP）以及英荷合資的殼牌（Shell）石油公司。

1870年代至1920年代是「七姊妹」的初步形成期。19世紀末，20世紀初，國際石油市場呈現出無序競爭的局面。雖然標準石油公司在世界確立了壟斷地位，但也面臨著來自國內外的挑戰。在國際上，標準石油公司受到荷屬東印度公司和諾貝爾石油公司的有力挑戰。1880年代，諾貝爾家族和羅斯柴爾德家族聯手組建了諾貝爾石油公司，同標準石油公司爭奪歐洲市場。1885年，荷屬東印度發現石油。1890年，皇家荷蘭石油公司組建，開始與標準石油公司圍繞中國照明油市場展開爭奪。20世紀初，英國石油工業發生了兩個最重要的變化：一是1906年皇家荷蘭石油公司和英國殼牌貿易與運輸公司兼併，組成皇家荷蘭殼牌石油公司。皇家荷蘭比殼牌規模小，但它在荷屬東印度地區擁有高價值的石油儲量發現；而殼牌在歐洲面臨激烈的競爭，雙方達成的兼併條件是皇家荷蘭占60%的股權，殼牌占40%。二是1909年達西建立英波石油公司，1935年更名為英伊石油公司，這就是現在英國石油公司（BP）的前身。這樣就正式形成了標準石油公司、英波石油公司和皇家荷蘭殼牌石油公司「三巨頭」壟斷國際石油市場的局面。

1920年代末到1950年代初是「七姊妹」的「聯姻」與卡特爾的形成期。在這個階段，「七姊妹」在世界各主要產油國（尤其是中東）互相「聯姻」，結成了廣泛的、多層次的關係網。三巨頭中，美國標準石油公司擁有壓倒性優勢。19世紀末，標準石油公司擁有三分之二的英國市場、五分之四的歐洲大陸市場、整個拉丁美洲和墨西哥市場、整個東亞市場以

第十一章　國際石油巨頭的應變之道：歷史上的低油價與產業調整

及五分之三的加拿大市場。以英國和荷蘭兩大殖民強國為後盾的皇家荷蘭殼牌石油公司則成為標準石油公司的勁敵。1928年之前，標準石油公司與皇家荷蘭殼牌石油公司之間的市場爭奪從未停止。正如《石油帝國》(*The Empire of Oil*)一書的作者奧康諾(Harvey O'connor)所說，「1920年代中期，標準和皇家荷蘭是石油世界的主要對抗者。」1911年成為國際石油政治的分水嶺。美國高等法院根據《謝爾曼反托拉斯法》，將標準石油公司拆分為34家公司。在美國高等法院做出裁決之後，標準石油公司旗下至少還有9家石油公司擁有海外機構，包括紐澤西標準石油（埃克森）、紐約標準石油（美孚）、加利福尼亞標準石油（雪佛龍）和德克薩斯標準石油（德士古），這四家公司都是從標準石油公司的廢墟上崛起的。海灣石油公司則由美國七大財團之一的梅隆集團控股，而標準石油公司也是其重要股東之一。這樣，國際石油業由三巨頭壟斷的舊秩序被打破，形成了所謂的「七姊妹」(the Seven Sisters)統治的新局面，即紐澤西標準石油、紐約標準石油、加利福尼亞標準石油、德克薩斯標準石油、海灣石油公司、皇家荷蘭殼牌公司(Shell)和英國石油公司(BP)。

「七姊妹」透過實行縱向一體化策略，控制著從上游到下游的所有石油活動，包括石油資源勘探、生產、提煉、分配和運輸活動。其優勢包括：充足而廉價的資本、勘探與開發的先進技術（專利、生產和研發能力）、規模經濟等工業組織優勢、豐富和先進的管理經驗、複雜高效的後勤保障系統、影響國際貿易規則制定的優勢，和以投資和先進技術為條件迫使東道國政府讓步的權力。在相當長的時間裡，「七姊妹」憑藉資本、技術和管理三大核心競爭優勢，統治著國際能源市場，壟斷國際石油價格。到1950年代，英美石油公司的地位無可匹敵，它們控制了廉價得令人難以置信的中東石油供應，同時控制了歐洲、亞洲、拉丁美洲和北美的石油消費市場。1952年，「七姊妹」的原油產量占全世界的90%。

1972 年,除北美、蘇聯和東歐之外,「七姊妹」的石油產量占 75%,石油產品銷售超過世界石油產品的一半。在對生產和消費市場占有的同時,「七姊妹」同時也是當時國際石油市場價格的決定者,而其他的石油公司則是價格的接受者。

三、五巨頭時代的產生

　　1960 年代以前,石油「七姊妹」在市場上擁有絕對的霸主地位,1960 年代中東資源國與「七姊妹」的強烈競爭使得「七姊妹」的地位有所下降,1970 年代兩次石油危機則徹底擊潰了「七姊妹」的霸主地位。進入 1980 年代後,世界石油市場發生重要變化,石油買方市場逐漸形成。買方市場形成的原因是深層次的,1970 年代油價的大幅上升,一方面對石油消費產生了顯著的抑制作用,另一方面刺激了世界各地的油氣勘探和開採,歐洲北海和美國阿拉斯加的石油開始生產,非 OPEC 國家的產量快速上升。供應增加、需求減少,油價下跌,買方在市場中的話語權增加。從 1981 年到 1990 年代後期,對於大型國際石油公司來說,既是動盪的歲月,也是結構調整、資產重組的年代。1984 年加州標準石油和海灣石油合併,成為當時歷史上最大的併購案。1999 年埃克森同美孚合併成立埃克森美孚,成為一家領先於其他石油公司的特大公司。2001 年 10 月,雪佛龍以 390 億美元兼併了其主要競爭對手之一德士古,並以雪佛龍 - 德士古(ChevronTexaco)作為公司的名稱。2005 年 5 月雪佛龍 - 德士古宣布更名為「雪佛龍公司」,德士古是雪佛龍集團的一個品牌。而在美國以外,英國石油公司也在進行著自己的兼併之路,透過兼併多家大中型石油公司,其中包括世界最大獨立石油公司阿莫科和阿科,英國石油公司的整體實力也得到進一步增強。經過上述兼併重組之後,原來的

第十一章　國際石油巨頭的應變之道：歷史上的低油價與產業調整

「七姊妹」演變成了四家巨型石油公司，即埃克森美孚、雪佛龍、英國石油、殼牌。

除了上述四家石油公司外，法國道達爾（Total）公司也在這個過程中快速發展，並逐漸成為與上述四大石油公司齊名的石油公司。道達爾石油公司的前身是 1924 年成立的法國石油公司（CFP，Compagnie Française des Pétroles），該公司的宗旨是為「法國本土勘探、開發和運打點滴態及氣態碳氫化合物」。1947 年，公司成立第一家銷售分公司，法國非洲石油銷售公司；1967 年 4 月發起「紅色圓圈」運動並推出「Elf（埃爾夫）」品牌。1985 年 6 月，法國石油公司更名為道達爾 - 法國石油公司（Total CFP）。1999 年，道達爾 - 法國石油公司與石油財務公司（PetroFina）合併，6 月 14 日，改公司名為道達爾菲納（Totalfina）。2000 年 2 月，道達爾菲納與埃爾夫阿奎坦公司合併。3 月道達爾菲納更名為道達爾菲納埃爾夫（Total Fina Elf）。2003 年 5 月 6 日，道達爾菲納埃爾夫更名為道達爾（Total）。至此，埃克森美孚、雪佛龍、英國石油、殼牌和法國道達爾成為這個階段世界最大的五大石油公司，簡稱「五巨頭」。

「七姊妹」向「五巨頭」的演變是石油公司為應對市場變化，強化自身市場競爭力的必然選擇，透過兼併重組，這些超大型石油公司的力量得到進一步加強，在世界石油市場上更具發言權，其在石油資源勘探開採、加工煉製、終端銷售等方面的地位也得到了一定程度的鞏固。

四、七大油公司的形成

進入 21 世紀，五巨頭繼續在國際石油市場發揮著舉足輕重的地位，但一些其他石油公司也快速崛起，在這些石油公司中，最具代表性的就是挪威石油公司和義大利埃尼石油公司。挪威石油公司（Statoil）於 1972

第三部分　公司篇：石油企業的生存戰略與市場應對

年根據議會決定組建，由國家100%出資，是挪威最大的石油公司，1973年在北海開採油田，後又開發一座天然氣田。1989年公司與BP石油公司組成聯盟。1993年公司與Neste共同組建Borealis石化集團。1995年輸油管道通到德國，公司購併Aran能源公司。1998年與ICA超市集團共同組建Statoil Detaljhandel Skandinavia零售集團。原來公司股份全部為國家所有，之後國有股份不斷降低，2001年，挪威石油公司私有化並上市，同時在奧斯陸證券交易所及紐約證券交易所掛牌，國有股比例降至51%。2007年3月，公司兼併了挪威海德魯公司（Norsk Hydro）的油氣部門，於2007年10月1日更名為StatoilHydro，成為北歐最大的石油公司和挪威最大的公司。2018年3月15日，為應全球暖化，突顯轉型可再生能源公司的決心，挪威石油公司將其名稱「Statoil」更改為「Equinor」。

　　義大利埃尼石油公司（Eni）建立於1953年，是義大利政府為保證國內石油和天然氣供應成立的國家控股公司，其前身是1926年成立的義大利石油總公司。1990年埃尼在世界石油公司中位居第五。1992年義大利政府對埃尼進行私有化改制，埃尼經營模式由此轉變為股份公司，公司的經營範圍包括石油和天然氣的勘探與開採，石油煉製和油品行銷，石油化工產品的生產與銷售及油田工程的承包與服務，1995年埃尼正式上市。20世紀末，21世紀初，隨著石油資源的日益緊缺，油氣價格持續攀升，埃尼將目光轉向了資本市場，透過收購有成長潛力的公司增加自身的產能和儲備，埃尼也在這個過程中進行了為數眾多的收併購活動，1997年收購Agip公司，1999年併購British-Borneo公司，2000年收購Lasmo公司，後兩次收購使公司業務快速實現國際化。在收購的同時，埃尼也選擇性地出售了其在北海、義大利等地區的部分非核心資產。透過出售和購買，埃尼不斷優化和整合業務，以達到協同效應的最大化。

第十一章　國際石油巨頭的應變之道：歷史上的低油價與產業調整

目前，埃尼的經營活動已遍及世界 20 多個國家。埃尼公司業務集中於義大利本土、北非、西非、北海、墨西哥灣以及澳洲，其控股 43％股權的 Saipem 公司是世界上在大型海上專案和海底管道鋪設擁有先進技術的公司之一，100％控股的 Snamprogetti 公司是世界最大的石油與化工基地建設商之一。伴隨著挪威石油和埃尼公司的崛起與快速發展，其對世界石油市場的影響力也逐漸增強，直追五巨頭。在此背景下，石油產業將五巨頭和挪威石油與埃尼公司並稱為「七大油」。

第二節
歷次油價暴跌下
石油公司如何應對市場危機？

一、1980～1986年石油危機後油價暴跌應對之策

1980年代的油價暴跌與1970年代的石油危機有直接關係。石油危機造成的供應短缺和油價暴漲產生了兩方面影響：一是高油價使石油生產變得極為有利可圖，大大刺激了世界各國的石油勘探與開發，促使西方各國大力開發新油田和增加石油產量；二是使得石油消費國推行能源效率提升、能源節約等計畫，努力減少對石油的依賴。這兩方面最終導致石油市場的供過於求，油價開始暴跌。從1980年左右最高40美元／桶下跌到1986年的10美元／桶以下，國際石油市場出現混亂，對世界經濟和金融體系產生猛烈衝擊。

隨著油價的下跌，石油輸出國組織（OPEC）起初採取「限產保價」的措施，即透過減產以實現油價的穩定，但是隨著非OPEC石油產量的不斷提升，限產導致1980年代初OPEC國家的市場占有率逐漸降低。總體來說，由於生產過剩導致的供求不平衡因素引起的油價暴跌對石油產出國不利，減少了石油收入，導致國際收支逆差，加重負債；對石油進口國有利，降低了石油進口費用，減少了國際收支逆差，緩解了通貨膨脹壓力，促進了經濟成長。同時，油價暴跌挫傷了各國對石油產業的投資熱情，使石油開發投資逐漸減少。而在經歷了1970年代石油危機的石油消費國，

第十一章　國際石油巨頭的應變之道：歷史上的低油價與產業調整

在之後的一段時間甚至轉向投資煤炭產業。據統計，1970年代的十年時間內，煤炭消費量成長了29%，而石油消費量只成長了3%。然而，這次油價暴跌使石油消費成本降低，在低於大部分煤炭生產成本的情況下，必然使煤炭替代石油的能源轉換停止，並逐漸恢復使用油料，從而使煤炭工業的發展面臨威脅。同時，全球各國都意識到石油的局限性，成員國紛紛儲備石油，以應對石油危機。策略石油儲備制度即起源於1973年期間。策略石油儲備的主要經濟作用是透過向市場釋放儲備油來減輕市場心理壓力，降低石油價格不斷上漲的可能，達到減輕石油供應對整體經濟衝擊的程度。對石油進口國而言，策略儲備是對付石油供應短缺而設定的頭道防線，可以有效抑制油價的上漲。此外，策略石油儲備還可以調整經濟成長方式，特別是為能源消費方式的過渡爭取時間，在OPEC國家交替實行「減產保價」和「增產抑價」的政策時，策略儲備能夠使進口國的經濟和政治穩定，減少受到人為石油供應衝擊的影響。

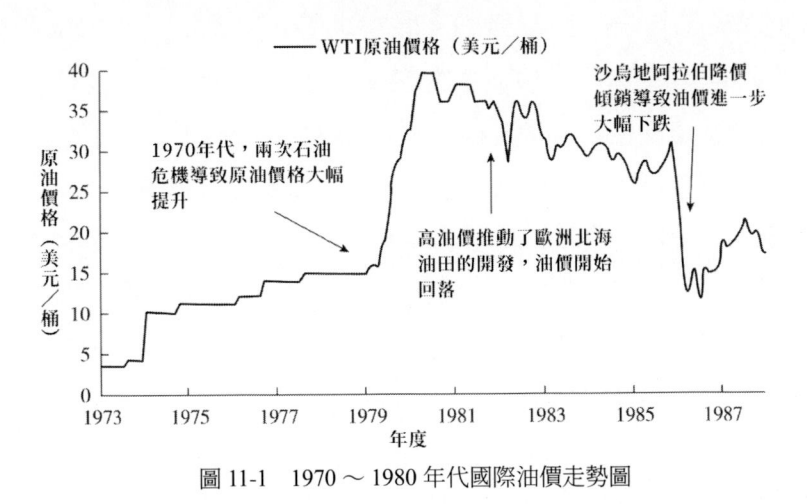

圖 11-1　1970～1980年代國際油價走勢圖

數據來源：Wind 數據庫

第三部分　公司篇：石油企業的生存戰略與市場應對

二、2008年金融危機導致的油價暴跌應對之策

　　2008年9月美國爆發金融危機，並迅速在全球蔓延，進而導致經濟危機。受此影響，全球經濟深度探底，石油需求萎縮，價格大幅回落，上游專案收入大幅縮水。儘管OPEC極力減產來控制油價下滑，全球各國透過降息、注資等管道應對市場疲軟，但隨著市場心態持續惡化，油價進入暴跌模式。最終，國際原油價格從2008年7月的約134美元／桶的價格高點跌至2009年2月的約39美元／桶價格低點。

　　為應對市場萎縮和油氣需求不斷下降帶來的市場衝擊，國際大石油公司採取多種措施，努力保持市場銷售規模，促進煉油和油田生產平穩執行。一是加大市場行銷力度，維護生產經營執行。2009年第一季，五大國際石油公司的油品銷量僅下降了4.7%，原油加工量下降4.5%，而原油產量基本沒有下降。二是嚴格控制投資規模，保持投資的「可控性」。2003～2008年，五大國際石油公司投資年均成長11%；2009年，國際大石油公司總體投資規模基本維持在2008年水準，並沒有如往年一樣的持續快速成長。國際大石油公司始終堅持審慎的投資策略，不僅在投資預算時使用較低的價格引數，而且把資本支出嚴格控制在公司現金流可承受範圍內。三是堅持盈利性原則，優化投資結構。面對金融危機，國際大石油公司注重把握投資時機，選擇在成本更低的時期進行建設：一方面利用歷史低位的石油價格優勢獲得比前期低得多的收購成本，另一方面透過收購油田專案的控股公司形式間接獲得上游專案。四是嚴格控制成本，保持收支平衡。金融危機發生以來，國際大石油公司紛紛制定成本削減計畫，BP公司制定了20億美元的成本削減目標，康菲石油公司削減成本14億美元。同時石油公司加強了現金流管理，有效運用

第十一章　國際石油巨頭的應變之道：歷史上的低油價與產業調整

財務槓桿，確保現有重大投資專案順利實施和捕捉新的投資機會，實現公司持續平穩發展。

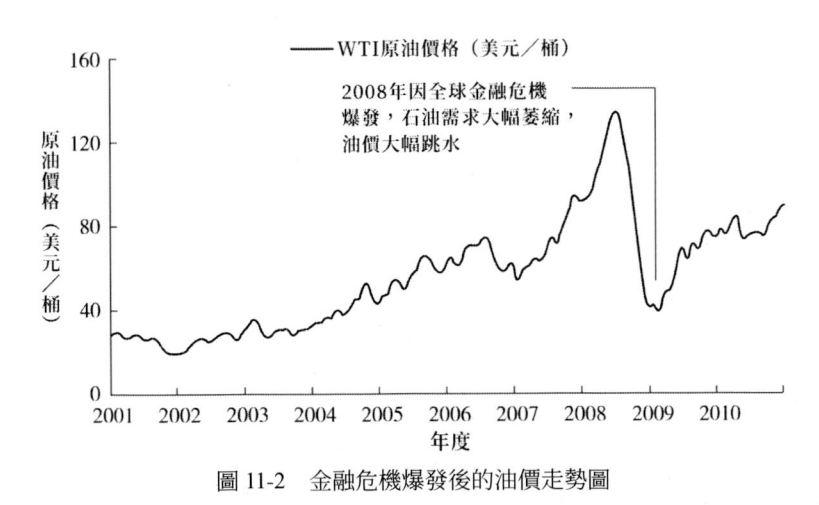

圖 11-2　金融危機爆發後的油價走勢圖

數據來源：Wind 數據庫

三、2014 年油價暴跌應對之策

2011 年初，國際油價重回 100 美元／桶上方，並且在之後的三年基本維持在這個數字，高油價給 OPEC 國家帶來鉅額收益的同時也醞釀著危機：油價過高使常規狀態下不具備經濟性的其他油氣資源和能源，如美國的頁岩油、太陽能等新能源具備了利用價值，其對常規石油的替代性逐漸顯現，國際能源市場供給過剩狀況開始出現。與過剩情況對應的是，2014 年 6 月分國際油價開始下跌，到 2015 年年初，國際油價已經跌破 50 美元／桶，創下自 2009 年年初以來的新低，新一輪逆向石油危機出現。

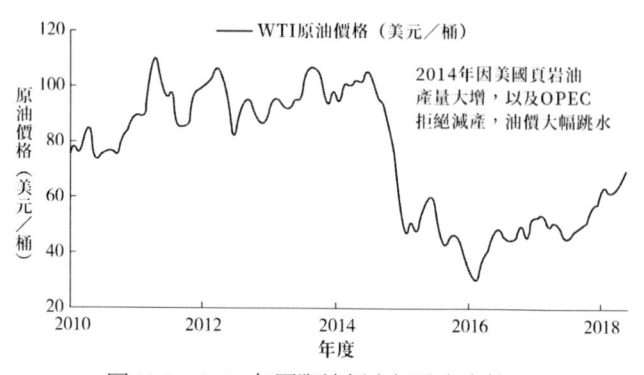

第三部分　公司篇：石油企業的生存戰略與市場應對

圖11-3　2014年國際油價大幅跳水走勢圖

數據來源：Wind數據庫

面對國際市場低油價，各大石油公司紛紛調整政策措施，加大改革力度。

一是石油公司削減資本支出，削減的領域或專案主要集中在不符合公司策略方向、且與國際油價掛鉤密切的重大複雜專案和非核心區域的非常規專案等。國際石油公司不斷優化專案順序，埃克森美孚、殼牌等大石油公司都建有專案順序，殼牌集團對油砂專案、下游專案、天然氣專案和深水專案在不同油價下的經濟性進行評比，所選專案的經濟壽命要達到15年。

二是國際石油公司嚴格控制投資預算，追求有價值的成長，遵從資本運作規律，以能源效率與良好財務指標作為投資的標準，對不具備投資價值的上下游資產大幅重組「瘦身」。BP公司經歷墨西哥灣漏油事件後，「瘦身」效果明顯；殼牌、埃克森美孚以及道達爾進行了資產重組和投資調整，其策略調整在相當程度上注重長期投資價值和當前股東收益的結合。

三是石油公司高度重視技術創新和管理創新，使公司平穩度過低油價危機。國際石油公司透過技術進步和重點突破瓶頸，完善和發展特色

第十一章　國際石油巨頭的應變之道：歷史上的低油價與產業調整

技術體系，穩定常規能源市場長期可靠供應，並透過優勝劣汰，參與非常規油氣資源開發生產。藉助能源結構調整實現石油企業健康、高效、持續發展。BP公司利用光纖和數據無線傳輸技術實現海上油井無人遠端壓力、溫度和油流測試。殼牌公司開發新的鑽井船，比原來的尺寸縮小一半，所用燃料減少50%。各大石油公司普遍認為，技術是保持競爭力的核心要素，即使在低油價時期也應保持研發開支的成長，並突出深水、非常規等前沿技術研究，提高煉油效率技術研發和新一代能源技術研發，以保持公司的技術領先地位。

四、2020年covid-19疫情下油價暴跌應對之策

2020年以來，covid-19疫情在全球快速蔓延，加劇了國際原油市場的供求失衡，造成國際油價暴跌，對主要產油國財政經濟狀況構成沉重打擊。受疫情影響，石油需求急遽萎縮，即世界石油消費「停擺」導致全球石油需求猛降，引發油價暴跌。需求衝擊成為油價下跌危機的主要驅動因素，也造成了前所未有的嚴重影響。

圖11-4　covid-19疫情期間原油價格走勢圖

數據來源：美國能源資訊管理局（EIA）

疫情爆發以來，石油公司透過積極的資本運作手段，削減資本性支出，加快資產剝離等措施應對油價下跌風險。

首先，各國石油公司紛紛加快原資產剝離計劃的執行速度，消減上游短期靈活專案和勘探專案的資本性支出。2020 年埃克森美孚到期債務約 60 億美元，償債壓力最大，加上 covid-19 疫情影響，宣布削減 30% 的 2020 年資本支出，從 330 億美元削減至 230 億美元。BP 削減 25% 資本支出，削減額達 40 億～120 億美元，為 2006 年以來最低的年資本支出。雪佛龍將 2020 年資本支出計劃減少 20%，即 40 億美元。

接著，隨著 covid-19 疫情的蔓延，國際石油巨頭相繼進行債券融資以補充現金流，引發新一輪國際石油公司「債券發行潮」。殼牌和 BP 均出現超額認購，小幅壓低融資利率。埃克森美孚為應對到期的債務壓力和基本面惡化，分 5 次發行 85 億美元債券，期限為 5～30 年不等。BP 透過旗下的融資實體發行 32.5 億美元債券。為維持經營性現金流量，所有國際大型石油公司均公開表示暫停日後的股票回購計畫和堅持以資產剝離、籌措現金的方式維持股息水準。

此外，covid-19 疫情下，石油公司還準備透過重啟股票股利，營運現金流管理以及發行混合型資本工具等各項金融及資本運作手段以補充股東權益。BP 實行股票股利計畫，計劃在 2020 年分發 70 億美元的股票股利，占總股利的 20%，這個計畫可為公司節省 15 億～20 億美元的現金股利支出。透過各項金融及資本運作手段，國際石油巨頭在 covid-19 疫情持續發酵的情況下現金流情況仍較為良好，基本面仍可維持穩定。

第十一章　國際石油巨頭的應變之道：歷史上的低油價與產業調整

> **案例：雪佛龍的降本增效**
>
> 雪佛龍公司是全球最大的綜合效能源公司之一，也是全球最大且最具競爭力的公司之一，總部位於美國加州聖拉蒙市，曾是20世紀初期統治世界石油工業的「七姊妹」之一，美國第二大石油公司，業務涵蓋石油天然氣化工的各個方面，分為上游板塊，包括勘探開發、生產；下游和化工板塊，包括煉油、製造、潤滑油、化工、管道、物流以及貿易等，這些業務遍及全球180個國家和地區。

進入21世紀以來，儘管國際石油市場波動巨大，特別是經歷了幾次大的油價下跌，但是雪佛龍仍然堅守油氣產業，透過一系列降本增效措施，順利度過低油價週期，而且在這個過程中持續做強油氣業務。您可能會好奇，在國際石油市場波動巨大的情況下，雪佛龍為何始終屹立不搖，並取得了良好的經營業績呢？本文將從四個方面介紹雪佛龍的降本增效措施。

一、注重降低成本，增加公司收益

1990年代，世界經濟進入輕度衰退期，原油和天然氣價格在低位徘徊，石油工業經營環境變得十分嚴酷。為了增加公司利潤，雪佛龍把降低成本作為一個重要發展策略。1992年制定了降低成本計畫，到1992年底就把桶油成本降低了0.25美元，到1993年桶油成本降低了0.5美元，1991到1997年，公司削減了18億美元的經營費用，生產和銷售成本也從7.45美元／桶降低到5.68美元／桶。自2000年至今，即使在油價相對較高的情況下，雪佛龍公司也積極採取一系列措施推動成本的持續降低。此外，在人力成本方面，從1990年到2000年，公司大量裁減人員，以降低人員費用，提高員工效率。10年間僱員人數下降了36.2%，共減少人員費用8億美元。除了優化定員之外，公司不斷進行機構調整，減

少管理層次,下放成本管理權力,提高機構管理效率。同時雪佛龍公司積極尋求新的降低成本途徑,透過採用新技術,充分利用網際網路的優勢,實施全球採購以及提高能源效率等措施來降低成本。以 2016 年為例,雪佛龍公司透過技術再造優化作業流程與管理,使得公司作業耗費的能源比 10 年前減少了 17%,僅此一項就節約了 3.4 億美元。

二、優化資產結構,提高資產效益

雪佛龍公司推進資產輕量化策略,更加注重用好增量、盤活存量、優化減量,清理低效、無效、閒置資產,推進合資合作,合理控制資產規模,調整優化資產結構,提高資產效益。雪佛龍公司將技術創新活動集中在技術與服務業務板塊,與公司的上游、中游、下游等業務板塊並列,1996 年公司把美國經營天然氣的單位與 NGC 公司合併。在下遊方面,雪佛龍公司與麥當勞聯盟,在美國 12 個州建立綜合性加油站。1998 年公司頂住油價下跌的壓力,堅持在安哥拉深海油田實施專案開發,該油田 1999 年底投入使用後,直接使雪佛龍公司的石油產量得到提高。進入 1990 年代後,隨著環保要求的日益提高,雪佛龍公司雖面臨降低成本的巨大壓力,但其每年科技經費支出仍保持在 1.7 億~ 2.0 億美元。在過去的幾十年,雪佛龍公司加強在成長前景較好的亞洲、裏海、非洲和拉丁美洲的上游業務,把資金用於更有盈利前景和發展機遇的地區,透過對老煉廠進行技術改造,利用公司 Aromax 和 EluxyI 兩項核心技術,提高煉廠利用率,使之能加工廉價的低等級原油並創造高附加值產品。雪佛龍公司透過資產置換和優化更新,強化核心優勢業務,精簡非核心低效業務,獲得重置資金,提高資產品質和盈利。

第十一章　國際石油巨頭的應變之道：歷史上的低油價與產業調整

三、壓縮資本支出，增加現金流

面對不斷出現的低油價挑戰，雪佛龍能夠快速轉變發展方式，在低油價時期更加強調現金流成長，成長目標由產量轉向現金流。以 2014 ～ 2016 年的油價下跌為例，為應對低油價，雪佛龍公司合理壓縮資本支出，聚焦於短期能夠提供淨現金流入的專案。雪佛龍公司連續 4 年削減其資本預算支出，將目標放在週期更短的高回報投資上。2016 年，雪佛龍公司資本支出為 224.28 億美元，同比下降 34%。從各板塊支出來看，上游板塊資本支出為 201.16 億美元，同比下降 35.4%，其中勘探板塊資本支出同比下降 51.9%，生產板塊資本支出同比下降 33.3%。下游資本支出為 20.72 億美元，同比下降 14.9%，其中煉油業務資本支出同比下降 4.4%，化工業務資本支出同比下降 21.9%。對於 2020 年的低油價，雪佛龍公司計劃將該年的資本支出削減 20%，削減額度達到 40 億美元。其中，二疊紀盆地開發等上游非常規專案支出削減 20 億美元，上游勘探專案預算削減 7 億美元，下游、化學品及其他業務領域也削減 7 億美元。

表 11-1　2012 ～ 2016 年雪佛龍公司資本性支出（億美元）

項目	2012 年	2013 年	2014 年	2015 年	2016 年
分版塊					
上游	304.44	378.58	371.15	311.17	201.16
下游	31.72	31.75	25.90	34.36	20.72
其他	6.13	8.44	6.11	4.26	2.40
合計	342.29	418.77	403.16	339.79	224.28
分地區					
美國	110.46	112.87	110.32	99.23	64.93
其他	231.83	305.90	292.84	240.56	159.35
合計	342.29	418.77	403.16	339.79	224.28

數據來源：標普全球（S&P Global Inc.）

四、剝離非核心資產，提高產能組合

低油價環境下，剝離非核心資產也是雪佛龍的重要應對策略。1990年代初，雪佛龍公司剝離不符合公司策略發展的化工業務，賣掉生產農業化工產品的業務，集中在市場潛力大的新增劑和聚乙烯等業務上。到1994年，基本完成剝離非策略性化工資產的工作。為應對2014～2016年這一輪低油價，雪佛龍在2016年出售資產50億美元，大部分來自煉油和業務部門，2017和2018繼續執行總價值數百億美元的資產剝離計畫，將所獲得的現金流投資於深水區液化天然氣（LNG）和深海油氣等高回報業務領域。

雪佛龍希望透過資產出售，優化資產全球布局，實現公司在惡劣市場環境中的現金流平衡。2015～2016年，雪佛龍放棄歐洲、澳洲等地的頁岩油勘探專案，全面暫停在美國的頁岩油投資，放棄丹麥頁岩油勘探等。在放棄一些專案的同時，雪佛龍對北美地區煉廠進行改造更新，提高對北美緻密油和加拿大油砂的處理能力；並與埃克森美孚合作在美國新建乙烷裂解裝置，充分利用當地便宜的頁岩油資源來提高有市場前景產品的產能。

在非核心資產剝離的同時，雪佛龍也注重透過收購等方式實現北美核心高回報資產的建構。2019年4月12日，雪佛龍公司同阿納達科簽訂約束性協議，同意以330億美元（每股65美元）的價格收購阿納達科流通股股票。收購完成後，進一步強化了公司在二疊紀盆地的領先地位。2020年7月21日，雪佛龍宣布以50億美元的價格收購油氣生產商Noble Energy。此次併購是雪佛龍在世界能源轉型背景下堅守油氣的具體體現。根據Noble Energy 2019年年底的探明油氣儲量報告，本次收購的平均成本小於5美元／桶油當量。Noble Energy在DJ盆地和二疊紀盆地的92,000英畝連續和毗鄰的區塊，增強了雪佛龍在美國非常規能源領域的領先地位。

第十二章

國家石油公司的角色與挑戰：
政策主導下的市場應變

　　百年來，國家石油公司在風起雲湧的時代中輝煌或沉淪，在跌宕中謀生存、求發展，逐漸控制了世界石油市場的命脈。國家石油公司同國際石油公司與獨立石油公司相比，有何優勢？不同的國家石油公司，又走著什麼樣的發展道路呢？本章節將為您詳細解答。當前正處於低油價時代，covid-19疫情與油價暴跌給全球的石油公司帶來了雙重打擊。而令人疑惑的是，相較於國際石油公司與獨立石油公司，國家石油公司在低油價環境下的反應總是較為滯後。本章節將對國家石油公司在低油價下「慢半拍」的反應進行分析。此外，您可能會想知道，政府行為在低油價環境下對國家石油公司有何影響？本章節將為您一一解答。

第一節
國家石油公司的誕生與發展軌跡

一、政治制度、國有化運動與國家石油公司的誕生

從一定程度上來說，一個國家擁有了大量的石油，就坐擁了巨大的財富。而一個國家如何更好地參與油氣資源的分配與營運、獲得更好的利潤，並在一定程度上提高政府的話語權呢？國家石油公司便應運而生。

世界上，在國際石油公司誕生之後，方有國家石油公司。國家石油公司被稱為「NOC」（National Oil Company），而私有性質的國際石油公司被稱為「IOC」（International Oil Company）。在時代的風起雲湧中，國家石油公司的身世，與國際石油公司息息相關。

上一章節已經給大家介紹了國際石油公司的前世今生。而國際石油公司與產油國之間的矛盾，促成了國家石油公司的誕生。從19世紀中期至1980年代，由於國際石油公司大多處於壟斷地位，其在資本、技術和管理的驅動下，一直在世界石油市場上較為強勢。這種強勢造成了國際石油公司與各產油國政府簽訂的往往是具有排他性的特許經營合約，即國際石油公司在產油國境內進行石油開採時，只需繳納一定的特許權使用費，便可排他性地對資源國地下資源實現長期的開發利用。在特許經營合約下，國際石油公司壟斷了在產油國的找油、採油、輸油、煉油和賣油的產業線，而產油國無法真正參與進來，僅可獲得少量的礦費與稅

第十二章　國家石油公司的角色與挑戰：政策主導下的市場應變

收收入。同國際石油公司相比，產油國獲取的利潤是微乎其微的。

因此，產油國與國際石油公司具有一定的矛盾，並導致一些產油國重新思考發展之道。他們開始思索，為何不直接透過政府，建立屬於本國的石油公司呢？如此，產油國可以真正參與石油產業與石油市場的營運，從而獲得更多的分紅與利潤，奪得石油話語權。同時，透過讓本國石油公司代表資源國與國際石油公司合作，可以學習國際石油公司的先進技術與管理經驗，並在一定程度上對其進行監管與干預。如此「一箭三鵰」的好方法，何樂而不為呢？而全球大多數國家石油公司，正是由此而來的。

值得注意的是，除了以激發矛盾促使大部分國家石油公司誕生外，其他國家石油公司的成立原因紛繁複雜。在民族解放運動中萌發、在第二次世界大戰後涅槃、在國有化運動中覺醒、在石油危機與政治劇變中突圍……本章節將在接下來的內容中，為大家講述國家石油公司的百年沉浮。

1. 民族解放運動的盛宴

正所謂主權至上，一些產油國政府常常以國家的力量對抗國際石油公司。而其對抗的法寶，常常藉助國際政治的風雲突變，或是國內局勢的動盪飄搖，宣布國際石油公司在國內資產「國有化」，以體現民族主義的精神。產油國將國際石油公司在本國的資產「一鍋端」後，常常透過建立或指定一個石油公司來開發和營運這些資產。由此，一批國家石油公司在民族解放運動中萌發了。

最早的國家石油公司是在拉丁美洲誕生的。在拉丁美洲這片神奇的土地上，人種、地緣政治、生態環境的複雜化帶來的是民族獨立解放運

動的風起雲湧。此外，中東地區作為「五海三洲」之地，自古以來便是戰火不斷。因此，拉丁美洲與中東地區的產油國，常常藉助政治局勢奪回石油話語權，建立了屬於本國的國家石油公司。

在拉丁美洲地區中，1920年代誕生的委內瑞拉國家石油公司前身、1938年成立的墨西哥國家石油公司（PEMEX），都是在風雨飄搖的民族運動中誕生的。其中，墨西哥國家石油公司透過沒收外國資本，實現國有化，在英美政府的巨大施壓下頂住了壓力，保住了世界重要產油國的地位。

對於中東地區而言，以伊朗為例。1951年，對大英帝國的石油業而言，是沉重的一年。作為英國石油公司的重要支柱伊朗，在國內情緒高漲的民族運動中，接管了英國石油公司在其境內的全部資產，建立伊朗國家石油公司（NIOC，National Iranian Oil Company），實行國有化制度。縱使之後英國政府從政治、經濟、軍事等方面對伊朗實行全面干預，美國則策劃軍事政變，顛覆摩薩臺政府，奪回伊朗國家石油公司的經營權和出口權，只給它保留了資產所有權。但伊朗建立的國家石油公司仍是此時期民族解放運動的深刻展現。

2. 二戰後的破舊立新

從第二次世界大戰結束到1950年代，世界上又一批國家石油公司紛紛崛起。戰後，一些西歐國家先後建立了國家石油公司，究其根本，是由於西歐國家的能源結構轉型。美國透過推行馬歇爾計畫，使得西歐大量國家使用中東地區的低價石油，促使西歐各國的能源結構由傳統的煤轉向石油。

為了保證本國的石油供應，打破外國公司對本國石油市場的壟斷。

第十二章　國家石油公司的角色與挑戰：政策主導下的市場應變

一些西歐國家先後建立起本國的國家石油公司。1945 年，法國成立石油勘探局，找油範圍面向本土和法屬殖民地。該局於 1966 年演變為石油勘探和經營公司 ERAP，並於 1976 年成為埃爾夫 - 阿奎坦（Elf-Aqiuatine）公司的大股東。1950 年，在英美法蘇四國結束對奧地利的占領時，奧地利接收蘇占區的石油資產，建立起國家石油公司 OMV。1953 年，經過近 3 年的辯論，義大利議會立法成立國家石油公司埃尼集團。

3. 資源國有化的凱歌

1970 年代掀起了世界各國石油公司興起的高潮。在這波高潮中最重要的事件是在石油輸出國組織（OPEC）成員國中建立國家石油公司。這些國家在資源國有化的運動中先後實現了本國石油工業的國有化。

這是世界石油工業的一次偉大革命。其中，委內瑞拉和其他國家採取了先廢除租賃制度，然後再接收外國石油資產的方法；阿拉伯主要石油生產國基本採取逐步提高持股比例的方法，將外國人持有的石油資產轉變為國有資產。在委內瑞拉、沙烏地阿拉伯、伊拉克和科威特等一些國家，國家石油公司壟斷了本國的石油產業，不允許外國公司介入。長期以來，牢牢掌握石油資源、控制石油生產、壟斷全球石油市場和透過租賃制度操縱石油價格的石油「七姊妹」被第三世界產油國驅逐出境。世界上絕大多數的石油保存與生產權都轉移給了產油國的國家石油公司。在此期間，伊朗的國家石油公司也重新獲得了對石油工業的控制。

還有一些國家石油公司，是國內石油工業改革的產物。俄羅斯和印度的國有石油公司均屬於這一類。例如，印度石油天然氣公司 ONGC（Oil and Natural Gas Corporation，前身為印度石油和天然氣委員會）於 1994 年改組為有限責任公司；俄羅斯石油公司是在蘇聯解體後的私有化

過程中組建的，後來在普丁總統的支持下，透過強行收買尤科斯（Yukos）——曾經的俄羅斯第一大私有石油公司的核心資產，不斷壯大。

4. 石油危機與東歐劇變

1973 年，第一次石油危機爆發。OPEC 透過宣布石油禁運，造成油價大幅度上漲。這對一些石油消費大國造成了巨大衝擊。以缺乏油氣資源的消費國日本為例，日本石油極其依賴外國公司，而石油供應基本上來自中東。但受到中東國家提價影響，日本成立了國家石油公司——日本石油公團（JNOC，Japan National Oil Corporation），並開始建立起策略石油儲備。而作為產油國的加拿大，其石油生產和銷售都被以美國資本為主的外國公司牢牢掌握。為了提高本國政府的石油話語權、對本國石油市場有所控制，加拿大的國家石油公司（Petro-Canada）應運而生。

此外，石油危機倒逼了除中東地區以外的石油的勘探與開發。其中以歐洲北海、東南亞和非洲尤甚；其中歐洲北海為英國、挪威、丹麥等先進國家；東南亞為馬來西亞、菲律賓等國；非洲則為剛果、安哥拉等國，為保障本國的石油權益，這些國家先後成立國家石油公司。而一些開發中國家石油進口國，以斯里蘭卡為例，為控制本國石油市場，也在高油價的衝擊下成立了國家石油公司。

在 20 世紀的尾聲中，東歐劇變給國際政壇帶來重擊。隨著蘇聯與南斯拉夫聯邦的解體，一大批國家宣布獨立。這些國家紛紛以原國有石油公司為基礎，建立國家石油公司。

就這樣，世界上 80 多個國家石油公司先後誕生。

二、國家石油公司的生存之本與發展之策

石油資源豐富的國家通常會透過建立國家石油公司來進一步增強國家對石油產業的參與。如今，全球有 100 多家國家石油公司，它們幾乎遍布所有的石油出口國和許多依賴石油進口的開發中國家。據估計，它們控制著全球 90% 的石油儲量，75% 的生產量。而國家石油公司在同國際石油公司、獨立石油公司相比，有何優勢？不同國家石油公司的發展道路又是什麼呢？

1. 生存之本

國家石油公司生存與發展的歷史同國際石油公司相比，並不算久遠。但在百年沉浮中，國家石油公司在歷史的跌宕裡謀生存、求發展，逐步控制了世界石油市場的命脈。國家石油公司在哪方面優於有著深厚歷史積澱的國際石油公司呢？

首先，國家石油公司具有或多或少的壟斷性質，以維護國家的主權和利益，這是其最大優勢。自 1980 年代以來，為了打破英美石油公司對產油國石油命脈的壟斷，先進國家與發展中產油國的國家石油公司均開始施行上下游一體化策略。其業務活動範圍主要在國內（尤其是勘探開發），營業收入亦主要依靠國內，且其在國內的經營業務受到本國政府強而有力的保護。例如，委內瑞拉的國家石油公司穩固地掌握著石油合作開發的主導權；即使是先進國家的挪威政府，政府將大陸架的多數區塊交給挪威國家石油公司經營，支持國家石油公司控股建設和管理 5 條跨國天然氣管線等。掌握著稀缺資源命脈的國家石油公司，在資源的安排、利用、分配上顯然同國際石油公司相比更加便捷。

其次，從企業的目標來看，國家石油公司與國際石油公司亦有所不同。國家石油公司常常「與國家目標掛鉤」，在政府的引導下有著更廣泛的非商業目標，而國際石油公司關注的則是商業目標。正所謂天有風雲，變化無常。如今的國家石油公司正以所占比重越來越大、程度越來越高的趨勢控制著全球石油生產和全球石油儲量，而在四十年前，卻是由國際石油公司控制著全球石油儲量的85%，這些都是國家石油公司的生存之本。

2.發展之策

由於產油國資源、資本、國內外市場等因素有所差異，國家石油公司在發展的過程中具有一定的區別。本書將國家石油公司歸為三種類型——尋資源型、找資本型、找市場型，並基於此闡述國家石油公司的發展之策。

(1)尋資源型。該類國家石油公司的主要目標是尋資源保供給，而大多數的新興國家石油公司屬於這個陣營。此類公司的經營能力尚可，受政府的支持力度較大，主要面臨本國資源供應不夠充足的問題。其中，泰國、越南、印尼、迦納、阿爾及利亞、哥倫比亞，以及墨西哥國家石油公司皆在此列。由於該類公司作為「資源獵取者」，在當前國際環境下，其主要的發展重點為平衡國內外市場，並大力開採國內資源。該類公司正在積極向國外市場拓展。

(2)找資本型。此類公司的國內石油資源較為富足。然而，此類公司存在著缺乏資金儲備、核心技術落後，以及本國政府受地緣政治影響較大等問題，因此，找資本型類國家石油公司只有不斷透過招標，以確保國內資源的有序開採、石油公司的正常執行。俄羅斯天然氣、俄羅斯國

第十二章　國家石油公司的角色與挑戰：政策主導下的市場應變

油、委內瑞拉、巴西、哈薩克、利比亞、奈及利亞、安哥拉以及伊朗國家石油公司位列其中。

(3)找市場型。此類公司資源與資本都較為充足，發展條件相對較好，主要目標是拓展市場，利用投資煉廠、收購下游等方式，拓展印度等高成長國家的石油市場，做強業務鏈上下游一體化優勢。其中阿布達比、科威特、卡達以及印度國家石油公司比較有代表性。該類國家石油公司在過去數十年的金融累積較為堅實，且國內有豐富的自然資源，政府對其亦較為支持。因此，該類石油公司和以上兩類公司相比，有較為穩定的現金流，抗擊風險能力相對較強。該類石油公司有著擴展買方市場的目標。例如印度政府大力支持印度石油公司海外投資業務，明確制定到 2030 年海外產量成長 50%，日產量達 1.3 百萬桶的發展目標。

第三部分　公司篇：石油企業的生存戰略與市場應對

第二節
政府如何影響國家石油公司應對低油價？

一、國家石油公司應對低油價的滯後反應

2020 年，covid-19 疫情席捲全球。在疫情與低油價的雙重壓力下，無論是國家石油公司、國際石油公司，還是獨立石油公司，斷崖式的油價下跌都會給石油公司帶來巨大影響。而國家石油公司面臨的情況更為複雜，其應對低油價的反應相對滯後。

1. 國家石油公司普遍缺乏「三輛馬車」

技術、資本和管理「三輛馬車」是決定石油公司如何應對市場震盪的重要因素。當低油價時代到來時，倘若缺乏先進的技術、雄厚的資本以及先進的商業模式，國家石油公司滯後的反應是在所難免的。

同國家石油公司相比，英國石油公司、殼牌、埃克森等國際石油公司，卻能夠歷經市場波動而百年不衰。其之所以能夠在幾輪油價起伏中保持著巨大優勢，依靠的正是資本、技術和管理這「三輛馬車」。在資本方面，此類產業翹楚擁有實力強大的投資者、商業和金融保險機構為其提供持續的資金支持。國際石油公司透過合理配置中長期投資需求，在高油價下注重中長期大型專案投資，在低油價下保持下游投資強度，促進短期提效與持續性發展的有機平衡。在技術領域，石油產業的歷次更新迭代都是以科技突破作為里程碑，而國際石油公司十分注重科技投

第十二章　國家石油公司的角色與挑戰：政策主導下的市場應變

入，在勘探開發、煉油和化工等重大技術攻堅領域大力研究，並致力於將公司的技術優勢轉化為市場優勢和經濟優勢。如殼牌在勘探與生產技術中心成立直接面向市場的殼牌技術風險公司，以更好的將技術優勢轉化為商業化應用。此外，國際石油公司還致力管理體系的創新變革，利用資訊科技促進管理體系的優化更新。因此，面對低油價的環境，眾多國際石油公司能夠更加從容的應對挑戰。

而由於發展方式不同，國家石油公司常常被分為尋資源型、找資本型和找市場型，意味著其普遍難以同時擁有「三輛馬車」。在低油價下，尋資源型石油公司的國際業務均出現了不同程度的萎縮，該類石油公司只得將發展重點轉向平衡國內市場以及國內資源開發方面。找資本型石油公司最為脆弱，首先，在資金方面，此類公司在過去經濟繁榮時期並未能抓住機會建立足夠的資金儲備，其不具備應對經濟動盪的能力。其次，在核心技術方面，以安哥拉、奈及利亞等國家石油公司為例，其本國油氣資源縱使十分充足，但缺乏開採國內資源的技術條件。找市場型石油公司應對風險的能力最強，但其仍然面臨國際市場需求縮減帶來的壓力。

2. 國家石油公司應對能源轉型不力

當前，能源轉型已成為各國共識。受 covid-19 疫情與低油價的疊加影響，全球石油需求疲軟，各石油公司亟須進行能源轉型。同國際石油公司、獨立石油公司相比，國家石油公司在能源轉型的行動步伐相對緩慢。

眾多國際石油公司與獨立石油公司積極應對能源轉型。如今，埃克森、殼牌、英國石油公司、雪佛龍、道達爾均大力探索綠色、低碳的轉

型之路，透過成立相對獨立的新能源專業公司，以每家公司年均約10億美元的巨資積極發展太陽能、風能、生物質能等新能源領域。以英國石油公司為例，其宣布在2050年來臨之際，全公司將實現「無碳」化生產。對於獨立石油公司而言，埃尼公司將主營業務一分為二，適時調整組織架構為傳統的自然資源業務與能源發展業務，並制定到2025年實現零燃燒、削減43％溫室氣體的目標。而雷普索爾則投資8,000萬歐元建立世界上最大的零排放燃料設備。此類大型獨立石油公司同殼牌、道達爾和英國石油公司一道，積極披露到2050年激進的零排放計劃畫，順應能源轉型潮流。

相比而言，大多數國家石油公司面臨能源轉型準備不足的問題。能源情報集團（EIG，EIG Global Energy Partners）在2020年5月18日發表了能源情報脆弱性指數評價體系，依據資產組合彈性和轉型適應度進行評價，衡量全球油氣公司在能源轉型中的準備程度與生存定位。根據調查顯示，大部分國家石油公司在能源轉型方面均相對滯後。以沙烏地阿拉伯的阿美公司為例，由於其面臨低油價和受能源轉型帶來的資產擱淺風險、且缺乏減少碳排放的轉型目標，導致其排名相對落後。此外，諸如俄羅斯國家石油公司、哥倫比亞石油公司等國家石油公司，因其在能源轉型方面的緩慢推進，在國家石油公司評價排名中墊底。EIG的負責人指出，絕大多數國家石油公司的能源轉型面臨著「行動遲緩和不作為」的風險。

3. 國家石油公司難以擺脫「泛政治化」的桎梏

國家石油公司常常與國內政治環境掛鉤。因在國內市場上具有壟斷地位，在一定程度上穩固了國家的石油話語權，然而，亦會導致其缺乏

第十二章　國家石油公司的角色與挑戰：政策主導下的市場應變

競爭力，在國際市場的激烈競爭與油價波動下反應滯後。由於受到國內的政治保護，大部分國家石油公司對於公司策略與管理架構的調整相對遲緩，導致官僚作風濃厚，效率低下。

相比於國際石油公司與獨立石油公司，國家石油公司常常有多重責任需要進行考慮。國家石油公司除了傳統的經營外，還需考慮雙邊關係、能源保障、就業安全和其他政府策略相關因素。

此外，對於找資本型的國家石油公司來說，由於其是該國政府收入的主要來源，政府對其的依賴度極高，該類公司深受本國政治勢力的影響，有些公司甚至直接參與其中。因此，倘若國內政治動盪，該類石油公司將受到較大衝擊。利比亞在國內局勢動盪之時，其國家石油公司產量大幅下降。俄羅斯國油與俄羅斯天然氣在西方制裁下技術革新受阻。伊朗在制裁下石油收入銳減。倘若油價持續走低或長期低位，此類公司的脆弱性風險將持續加大。

二、國家石油公司應對低油價的主要策略

找資源型國家石油公司謹慎投資海外市場。縱使該類國家石油公司具備一定的抗風險能力，但低油價對這些石油公司的日常經營與業務帶來重大影響。以馬來西亞國家石油公司、泰國國家石油公司、印尼國家石油公司等找資源型公司為例，2009～2014年間，這類公司曾在國際油氣資源併購市場較為活躍。然而，當油價低迷時，該類石油公司採取較為謹慎的態度參與海外市場併購活動，不輕易抄底。

找資本型國家石油公司進一步吸引境外投資。此類公司的形勢最為嚴峻，在低油價的衝擊下，受到的影響最大。其面臨的核心挑戰是資金

的缺乏與技術的短缺。因此,這些石油公司致力於透過放寬對外合作條款等手段不斷吸引境外投資與技術支援。俄羅斯石油公司和俄羅斯國家管道運輸公司均計劃透過出售部分政府股份的手法,引進外資合作。如今,俄羅斯石油公司已向印度和印尼國家石油公司轉讓了部分股權,以進一步利用外資。在非洲地區,2016年3月,安哥拉國家石油公司推動政府對安哥拉區塊財稅條款進行調整,以降低政府份額,從而提升境外資本在本國油氣的資源開發。在南美地區,巴西石油公司自2016年起,將對外合作經營策略從強化資源管理轉為向外資開放。2016年10月,巴西議會透過法案,對海域鹽下層系的石油產品分成合約內容中最低30%權益的規定進行修改,大幅增加了國際投資者在巴西深水油氣投資中的權益。

找市場型國家石油公司加強境外合作與海外併購。由於此類公司的現金流較穩定,其抗擊風險的能力最強,在低油價的環境下,這些公司採取吸引境外資本與加強海外併購等措施。在中東地區,沙烏地阿拉伯阿美於2018年進行公開募股,在沙烏地阿拉伯證券交易所上市,在公司資產與財務數據公開後,吸引大量境外資本進行投資合作。科威特國家石油公司亦透過調整對外油氣策略,吸引資本合作開發本國油氣。在亞洲地區,由於印度國內油氣資源有限、油氣需求成長迅速,以及印度莫迪政府認為印度應抓緊低油價帶來的難得機遇等因素,印度國家石油公司大肆斥巨資購入海外油氣資產。印度國家石油公司近年併購金額如表12-1所示。

表12-1　印度各國家石油公司海外資產併購總額

年度	印度國家石油公司(億美元)
2009	0
2010	0
2011	1

第十二章　國家石油公司的角色與挑戰：政策主導下的市場應變

年度	印度國家石油公司（億美元）
2012	11
2013	57
2014	2
2015	13
2016	32

數據來源：伍德麥肯茲

三、政府行為在國家石油公司應對低油價的作用

在低油價的環境下，多國政府積極發表能源轉型政策，推動國家石油公司轉型更新。政府的能源轉型政策是國家石油公司能源轉型行動的關鍵。挪威石油公司走在了能源轉型領域的前列，離不開歐盟對綠色能源的支持政策。歐盟以 7,500 億歐元的刺激計畫，優先支持循環經濟、可再生能源、數位時代投資等「綠色投資」。得益於歐盟的支持，2020 年 6 月，挪威國家石油公司與道達爾攜手，聯合投資 6.9 億美元，在北極地區開發歐洲首個商業規模的碳捕集和保存專案——北極光專案。此外，各國政府亦緊隨氣候，推出了許多促進低碳的政策。中東國家鼓勵發展太陽能；俄羅斯、德國、澳洲、葡萄牙等國加快推進以氫為核心的脫碳策略；日本預計將逐步淘汰燃煤電廠。這些政策將推動國家石油公司的能源轉型更新，提高國家石油公司的永續發展能力，同時促進其能夠在低油價下更好的生存發展。

為了便於對國家石油公司策略和管理架構進行更靈活的調整，以提高公司效率，一些政府對國家石油公司進行改制上市，將其推向市場。以挪威國家石油公司為例，其在 2001 年 6 月 18 日發行股票並上市。挪威政府所持股份占挪威國家石油公司總股本的 70.9%。政府既是石油公

司的所有者，又是油氣產業監管者。同時，挪威政府規定相關章程，確保政府透過股東大會和董事會對公司實施有效的控制。由此，一些國家的政府有效地改善了國家石油公司營運效率，透過政企分開，可以使得該類公司更好地應對低油價帶來的挑戰。

案例：PDVSA 會被清算嗎？

> 委內瑞拉國家石油公司（Petroleo De Venezuela S.A.，簡稱 PDVSA）成立於 1975 年 8 月 30 日，是一家跨國能源公司。PDVSA 在委內瑞拉乃至拉丁美洲具有重要地位，不僅是委內瑞拉最大的國有企業，也是整個拉丁美洲最大的石油企業。PDVSA 在國內外的經營範圍包括油氣勘探、開發、煉油、運輸、分銷、乳化油、化工、石化、煤炭等。2015 年，PDVSA 的銷售收入為 885.5 億美元，主要來自原油、石油產品、天然氣和液化天然氣，以及石化產品、乳化油和煤炭業。

在過去，大量出口的石油曾幫助委內瑞拉賺取大量的外匯收入，該國的經濟結構高度依賴於石油。根據 2014 年的統計數據顯示，委內瑞拉 95% 的出口收益、47% 的財政收入來自石油業務。

PDVSA 的策略方向選擇基於以下指導原則：

一是服務於國家利益，充分利用天然碳氫化合物資源。

二是以石油產業發展支持國家的外交政策。例如，在世界向多極化過渡的背景下，利用石油的重要性以及產業的關聯性促進與策略盟友的全面合作及拉丁美洲一體化。

三是在社會經濟發展中，成為國家內生發展的工具。

第十二章　國家石油公司的角色與挑戰：政策主導下的市場應變

基於以上指導原則，PDVSA曾作為石油領域的優秀企業，對委內瑞拉乃至世界石油市場產生過深遠且持久的影響。然而，2014年以後，PDVSA的產量不斷下滑。據路透社2021年1月4日報導，委內瑞拉的原油和成品油出口總量在2020年下降了37.5%，降至約62.7萬桶／天，為77年來最低。圖12-1展示了1998～2020年委內瑞拉月度原油產量，從圖中可以看出，委內瑞拉國內原油月產量總體呈下降趨勢，並從2014年開始進入大幅下滑狀態。

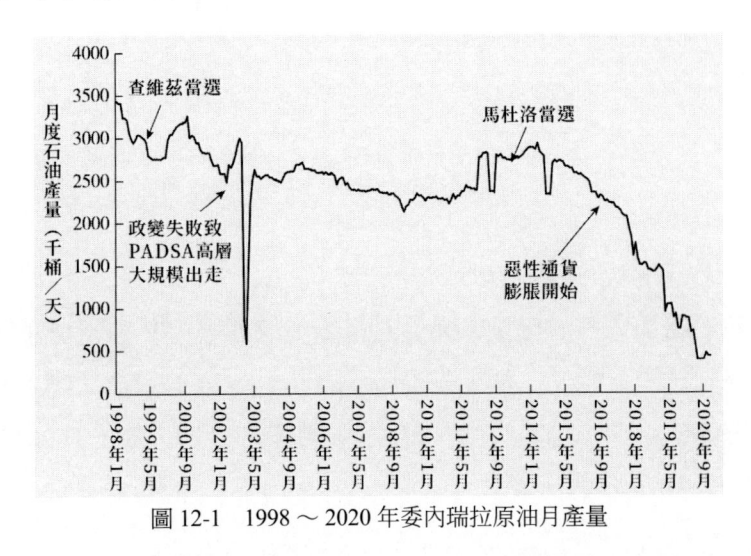

圖12-1　1998～2020年委內瑞拉原油月產量

數據來源：全球經濟指標數據網

同時，PDVSA的銷售收入亦大幅下降。如圖12-2所示，自2015年來，這家國有石油公司的銷售收入持續下降。PDVSA在2015年的銷售收入為885.5億美元，幾乎是2018年的四倍。

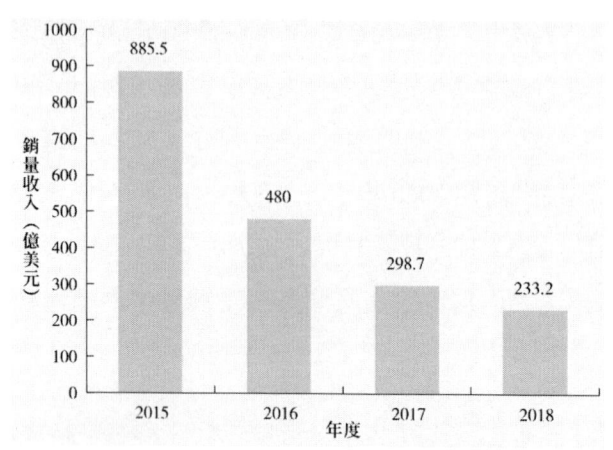

第三部分　公司篇：石油企業的生存戰略與市場應對

圖 12-2　2015～2018 年 PDVSA 銷售收入

數據來源：Statista 資料庫 https://www.statista.com/statistics/803918/revenue-petroleos-venezuela/

美國《石油情報週刊》(*Petroleum Intelligence Weekly*) 每年根據石油儲量、天然氣儲量、石油產量、天然氣產量、煉油能力和油品銷售等 6 項指標，對全球的百餘家石油公司進行綜合排名。表 12-2 為 PDVSA 在全球石油公司的排名，由表可知，PDVSA 的排名逐年下降，從 2017 年的第 4 名降至 2020 年的第 8 名。

表 12-2　2017～2020 年 PDVSA 在全球石油公司的排名

年度	排名
2017	4
2018	5
2019	6
2020	8

您可能會疑惑，PDVSA 為何日漸衰落呢？

如上文所述，一些尋資本型的國家石油公司面臨著巨大的「泛政治

第十二章　國家石油公司的角色與挑戰：政策主導下的市場應變

化」挑戰。對於部分油氣生產和出口大國，石油收入占國家GDP的20%左右，這些國家將舉國上下的經濟命運全部押在了國家石油公司上。在此背景下，當國家受到經濟危機、地緣政治等因素影響時，這類國家石油公司的經營也會變得極其脆弱。此外，對於委內瑞拉而言，國內石油產品的需求依賴於政府的補貼支持，一旦缺少石油補貼，民眾對政府的支持率就會下降。因此，政府不得不採取增加消費支出來不斷吸收膨脹的石油收入。而PDVSA正身陷這樣的圄圇。

遺憾的是，自2005年委內瑞拉與美國交惡以來，美國採取一系列措施打壓PDVSA的生產、出口以及在美國的資產營運。

2017年，委內瑞拉總統尼古拉斯・馬杜羅（Nicolás Maduro）當選後，川普政府對13名委內瑞拉現任或前任政府官員發動經濟制裁。此外，川普簽署法令，將PDVSA列入特別名單，阻止其在美國金融市場融資。這樣的制裁亦將限制PDVSA同歐洲的銀行進行融資，因為大多數國際貸方將使用該名單來進行交易篩選，以規避法律與聲譽風險。例如，法國巴黎銀行（BNP Paribas）曾與伊朗、古巴中被列入名單的個人進行交易，而被處以數十億美元的罰款。

據相關報導，2019年以來，委內瑞拉一直陷於政治危機之中。2019年1月23日，委內瑞拉反對黨成員、國民議會主席瓜伊多宣布自己為「臨時總統」，這個職位得到了美國、歐洲和一些拉丁美洲國家的認可。為了迫使現任總統馬杜羅辭職，美國繼續透過經濟制裁、外交孤立和軍事威脅等方式施壓。2019年7月25日，美國財政部宣布對5名委內瑞拉公民、5名哥倫比亞公民和13個與委內瑞拉總統馬杜羅有關的實體實施制裁。此外，美國財政部將PDVSA在美約70億美元的資產進行凍結，2019年8月，馬杜羅政府在美的全部資產皆被凍結。在美國製裁的壓力

下，據金融數據提供商路孚特（Refinitiv Eikon）的數據和 PDVSA 的內部檔案顯示，到 2020 年，委內瑞拉的石油出口量將平均減少約 37.6 萬桶／天，創近 80 年以來最低。

據路透社報導：「由於新的生產者的存在和國家石油生產的不穩定狀態，委內瑞拉的石油生產已不再對世界具有策略意義。」此外，該報導還提到：「鑑於這種情況，為了達到增加產量，並使委內瑞拉重返全球石油生產國的目標，重組 PDVSA 既必要又緊迫。」

PDVSA 是否會被清算？我們無法確切知道答案，但在未來，作為政府的工具，PDVSA 顯然仍將走在一條深受國內政治變動與外部勢力制裁影響的尷尬道路。

第十三章

獨立石油公司的存亡之戰：
低油價時代的併購風潮

　　2020年，在油氣市場需求低迷、國際油價暴跌、能源加速轉型等因素的影響下，獨立石油公司被推上全球油氣資產併購市場的風口浪尖。何為獨立石油公司？國際上具有代表性的獨立石油公司有哪些？當前石油公司的發展現狀如何？本章將對此進行一一探討。另外，低油價下，不同類型的獨立石油公司有著差異化的應對措施，其應對之策都是什麼？本章將詳細討論。過去，在油價低迷時，是國際大石油公司出手收購廉價油氣資產。然而，本輪低油價卻一改往常，國際大石油公司面臨同樣的經濟資本危機。因此，獨立石油公司只能「自救」，是「抱團取暖」還是「靜待其變」，低油價下獨立石油公司內部發生了什麼樣的兼併行為？獨立石油公司又受到了哪些被兼併活動？本章將一一展現。

第三部分　公司篇：石油企業的生存戰略與市場應對

第一節
獨立石油公司的興起與市場定位

一、獨立石油公司的概念

　　獨立石油公司就是未經一體化整合的公司，這一類公司僅專注於油氣產業的某一領域。從規模上看，獨立石油公司的規模大小表現出兩極分化的特點，有一到兩人的私人小公司，也有規模上千的上市公司。從業務上看，獨立石油公司主要從事上游勘探開發業務，大多由服務公司轉型而來，或者是依託於公司油氣技術的發展而設立的公司，其中也有很小一部分獨立石油公司是由其他產業轉型而來，因為油氣產業的高回報、高收益吸引了他們的目光。

　　根據美國獨立石油協會的定義，獨立石油公司是指營業收入主要來自生產的非綜合型公司，在石油天然氣產業中僅從事勘探和開發業務，營運中不包含行銷和煉油。而美國稅法公布的定義則是，獨立石油公司是在既定年分每日煉油能力少於 7.5 萬桶，或者每年的零售額小於 5 億美元的公司。

　　當前，國際上具有代表性的獨立石油公司有西班牙的雷普索爾（Repsol）、英國的塔洛石油公司（Tullow）、澳洲的伍德賽德石油公司（Woodside）、美國的康菲石油公司（ConocoPhillips）、依歐格資源公司（EOG）、切薩皮克能源公司（Chesapeake）、戴文能源公司（Devon）、阿帕奇石油公司（Apache）、赫斯公司（Hess）、馬拉松石油公司（Marathon

第十三章　獨立石油公司的存亡之戰：低油價時代的併購風潮

Oil)、西方石油公司 (Occidental)，加拿大的自然資源公司 (CNRL)、西諾沃斯能源公司 (Cenovus)、森科能源公司 (Suncor)，俄羅斯的諾瓦泰克公司 (Novatek)、盧克石油公司 (LUKOIL) 等。

二、獨立石油公司的發展現狀

當前油氣市場上與獨立石油公司對應的另一類是綜合石油公司，他們從事石油和天然氣的勘探、生產、提煉和分銷業務，參與石油業務的整個價值鏈，與聚焦於油氣產業某一細分部分，如油田服務、上游勘探、下游煉化的獨立石油公司不同。綜合石油公司透過垂直整合營運的方式，能直接接觸到能源終端市場，並獲取一定的市場情報。反過來，這有助於綜合石油公司根據不斷變化的市場需求，更好的管理石油和天然氣生產。但當不同類型的生產和營運資產集中在一起時，一家綜合性的油氣公司可能難以估值，導致市場估值下降。而一家僅經營一種類型的獨立石油公司會更加關注其業務活動，例如消除不同業務之間的競爭性資源分配。但是，在不利的市場條件下，上游和下游業務之間缺乏的利潤平衡可能成為獨立石油公司面臨的挑戰。獨立石油公司往往會因為油氣價格的漲跌而表現出興衰，但綜合性油氣公司對價格波動的擔憂較少，因為這一類公司可以透過平衡上下游業務在市場低迷時對沖利潤。

獨立石油公司在管理水準和技術實力上不及國際大石油公司領先，在資金支持上也不如國家石油公司便利。但正因為獨立石油公司專注於部分領域，使其相對於國際大石油公司和國家石油公司來說，具有決策更為靈活、憂患意識更加強烈的特點。獨立石油公司在資金和規模上的特點，使得獨立石油公司的布局相對集中，他們往往有選擇性的進入一些國家，業務發展涉及的國家和地區數量也遠不及國際大石油公司和國

家石油公司。例如，2014年爆發的低油價使一部分獨立石油公司採取了聚焦策略——阿納達科石油公司的資產除美國本土外主要分布在哥倫比亞；阿帕奇退出澳洲和加拿大的資產，重點開發埃及、北海的區塊。2020年再度出現的油價暴跌，獨立石油公司的聚焦策略再度出現，如盧克石油將海外專案聚焦在中亞、西非和中東地區；西方石油則將業務向美國本土集中。獨立石油公司大多活躍於上游勘探，油價高時透過出售油氣發現權獲取資金，油價低時則透過剝離資產來脫離困境。獨立石油公司對勘探的依賴程度遠大於國際大石油公司和國家石油公司，因此，獨立石油公司對前沿領域的勘探更為重視。

根據美國《石油情報週刊》公布的2020年世界最大50家石油公司綜合排名，有8家獨立石油公司上榜，分別為俄羅斯盧克石油公司、西班牙雷普索爾公司、美國康菲石油公司、俄羅斯諾瓦泰克公司、加拿大自然資源公司、美國西方石油公司、美國依歐格資源公司、加拿大森科能源公司。在標普全球公司的排名前250位中，共有11家獨立石油公司，其中盧克石油排名第2位；康菲石油排名第9位；加拿大自然資源排名第21位；諾瓦泰克排名第26位；依歐格資源公司排名第29位；森科能源排名第35位；西諾沃斯排名第45位；馬拉松石油排名第165位；伍德賽德石油公司排名第179位；西方石油排名第181位；雷普索爾排名第193位。

這些在獨立石油公司中處於領先地位的公司，在低油價來臨時表現出了不同的結果與舉動。低油價以來，獨立石油公司以上游為主的業務結構面臨巨大的挑戰，約一半的獨立石油公司2019年產量較2014年出現下滑，其中戴文能源公司下降幅度最高，約為51.40%，下降較為明顯的還有切薩皮克能源公司、阿帕奇石油公司、康菲石油公司等，下降

第十三章　獨立石油公司的存亡之戰：低油價時代的併購風潮

幅度分別為 31.50％、27.60％、14.37％（見圖 13-1）。與之相反的是另一半獨立石油公司 2019 年產量較 2014 年成長明顯，其中漲幅最大的是西班牙的雷普索爾，產量成長 99.82％。其他上升趨勢明顯的有美國西方石油公司、加拿大森科能源公司、加拿大自然資源公司、加拿大西諾沃斯能源公司和俄羅斯諾瓦泰克公司，漲幅分別為 66.51％、56.76％、48.23％、42.46％、29.86％（見圖 13-1）。

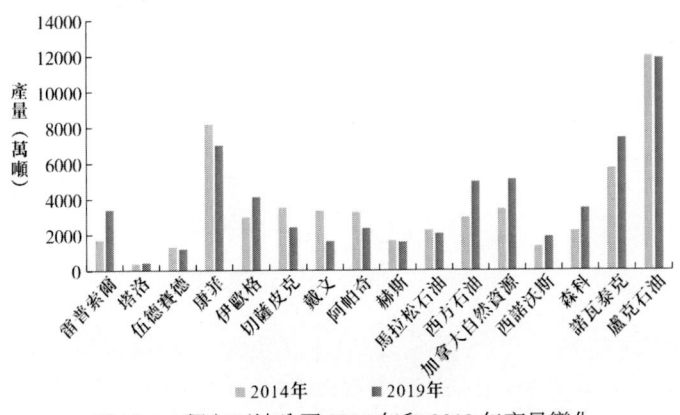

圖 13-1　獨立石油公司 2014 年和 2019 年產量變化

數據來源：各公司年報

從地區上看，低油價對美國的獨立石油公司衝擊最大，在產量下降的獨立石油公司中，有四分之三屬於美國地區（見圖 13-2）。可見，聚焦頁岩油資產的美國獨立石油公司，在這場風波中因缺乏彈性的資產組合，面臨著嚴重的存續風險與巨大的發展危機。在產量上升的獨立石油公司中，加拿大的獨立石油公司占據了上風（見圖 13-3），這得益於這些公司將發揮核心資產優勢作為目標，透過收購與核心資產相同或相近的資產來鞏固核心地位。

從資產類型上看，美國獨立石油公司在十幾年前開始涉足全球油氣

第三部分　公司篇：石油企業的生存戰略與市場應對

上游市場，隨著美國非常規油氣資源的大放異彩，這些獨立石油公司逐漸將目光回歸到美國本土。近年來的收併購活動也表現出向非常規資產靠攏的趨勢，全球常規油氣資產的參與度則在逐漸減弱。非常規資產在美國獨立石油公司總產量的占比幾乎全部呈現上升的趨勢（見圖13-4）。同樣地，加拿大獨立石油公司的油砂資產占比也表現出成長的趨勢（見圖13-5）。對於加拿大獨立石油公司來說，儘管低油價使油砂生產商喪失了利潤，但也僅僅是迫使他們暫停了新專案的開發，並不代表著放棄新建以及擴建油砂專案。加拿大油砂的產量還將持續成長，但成長速度將逐漸放緩。

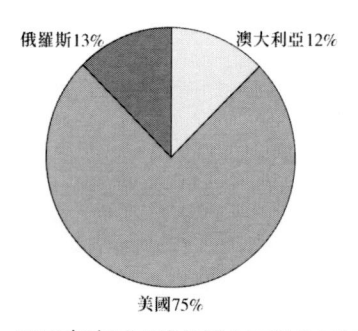

圖13-2　2019年產量下降的獨立石油公司地區分布

數據來源：各公司年報

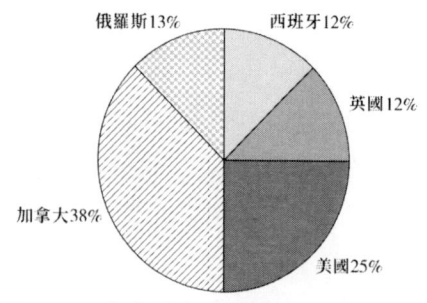

圖13-3　2019年產量上升的獨立石油公司地區分布

數據來源：各公司年報

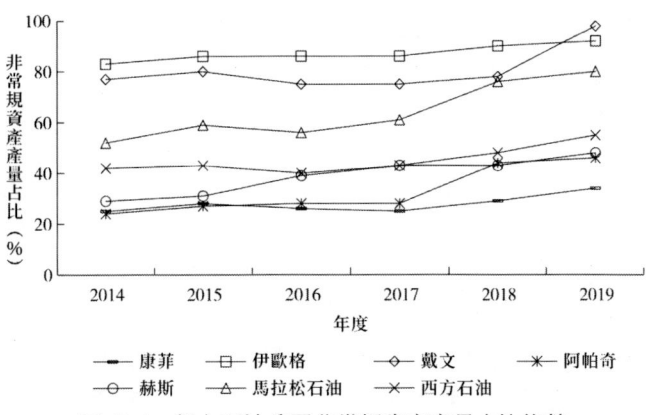

第十三章　獨立石油公司的存亡之戰：低油價時代的併購風潮

圖 13-4　獨立石油公司非常規資產產量占比趨勢

數據來源：各公司年報

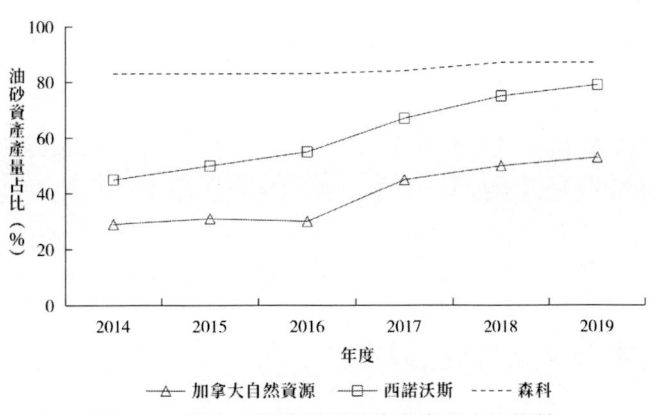

圖 13-5　獨立石油公司油砂資產產量占比趨勢

數據來源：各公司年報

第三部分　公司篇：石油企業的生存戰略與市場應對

第二節
低油價下各類獨立石油企業的生存戰略

2020 年爆發的 covid-19 疫情和 OPEC+ 談判失敗造成的新一輪低油價給全球獨立石油公司帶來了巨大的危機。低油價造成聚焦油氣勘探開發業務的獨立石油公司損失慘重，現金流短缺、到期債務壓力、資產減值成為壓垮獨立石油公司的三座大山。一些獨立石油公司甚至在此次危機中直接面臨了破產的威脅。在這種情況下，絕大多數石油公司不得不將自身的生存問題擺在首位，只有少部分石油公司開始了能源轉型的工作，如西班牙的雷普索爾這樣的歐洲獨立石油公司。不同類別的獨立石油公司選擇了差異化的應對措施，本節將分別從常規油氣公司、加拿大油砂類公司和北美頁岩油氣公司三個方向分析各獨立石油公司的低油價應對之策。

一、常規油氣公司應對之策

俄羅斯盧克石油公司（以下簡稱「盧克石油」）是全球最大的垂直一體化石油天然氣公司，也是俄羅斯第二大石油公司。該公司具有高效整合資源，靈活應對市場變化的能力。西班牙雷普索爾公司（以下簡稱「雷普索爾」）是西班牙最大的石油天然氣公司，營運著歐洲最大的煉油和化工資產，是一家致力於低碳發展的一體化國際能源公司。因此，本部分將以這兩家獨立石油公司為例，分析常規油氣公司的低油價應對之策。

第十三章　獨立石油公司的存亡之戰：低油價時代的併購風潮

1. 擴大資產組合，提高生產效率

受經濟成長放緩、地緣政治複雜多變、油價不斷下跌等因素的影響，各獨立石油公司遭到了不同程度的創傷。2020年covid-19的全球蔓延與國際油價的雪崩式下跌更是直接衝擊了盧克石油和雷普索爾的生產經營。盧克石油2020年第一季的收入約251億美元，利潤-6.94億美元，同比分別下降10%和130.8%；雷普索爾2019年的營業收入約552億美元，同比下降6.2%。

盧克石油堅持在動盪的環境中擴大資產組合，透過提高核心生產區域的生產效率與加速新技術在生產管理中的應用，以實現降本增效的目標。依靠其垂直一體化的優勢，保證公司在低油價環境下的生產營運彈性。由於限產的影響，盧克石油在大型和高產油田上加大生產力度，同時致力於提高老油田的採收率，如此大幅提高了盧克石油在俄羅斯境內的石油產量。

雷普索爾在這樣不利的市場條件下，同樣將目標放在優化投資組合與提高效率上。雷普索爾將業務集中在具有明顯競爭優勢的區域，重點推進短週期的項目，快速獲得生產回報以保證現金流的持續穩定。雷普索爾的上游資產分布地域較為廣泛，公司透過優化資產組合，以股權出讓等方式不斷整合全球的油氣勘探、開發與生產。

2. 關注能源轉型，開拓新市場

與油氣市場上大多數獨立石油公司聚焦核心資產的做法不同，隸屬歐洲地區的西班牙雷普索爾公司逆流而上，在低油價的環境中加速推進能源轉型，制定並披露公司的低碳發展和零碳計畫以及實施路線圖，降低公司油氣業務比重，有序剝離公司重碳油氣資產，以期在低碳領域發

揮領先作用。雷普索爾計畫在 2025 年碳排放強度降低 10%，如果碳捕獲、利用和封存技術發展順利，公司有望在 2050 年實現零碳。

二、加拿大油砂類公司應對之策

　　油砂作為全世界非常規石油資源中的重要組成部分，受到了越來越多的關注。加拿大作為油砂類石油產業的佼佼者，被世界寄予了厚望。根據 BP 統計數據顯示，截止到 2019 年，全球加拿大油砂的儲量為 1,624 億桶。加拿大西諾沃斯能源公司（以下簡稱「西諾沃斯」）是加拿大著名的獨立石油天然氣勘探開發公司，業務主要涉及了油砂和深盆油氣的勘探與開發，策略重點也集中在油砂方面。而加拿大自然資源公司（以下簡稱「加拿大自然資源」）作為加拿大最大的獨立原油及天然氣勘探和生產商之一，油氣資產中涵蓋大量油砂，在加拿大油砂資產中保持著強而有力的競爭能力。因此，本部分將以這兩家獨立石油公司為例，分析加拿大油砂類公司的低油價應對之策。

1. 壓縮資本投資

　　一般來說，油砂開發產業本身的成本較高，明顯高於常規原油的開發成本，這使得只有在油價較高時，油砂開採才能產生一定的經濟價值。油價高時，較高的油價能夠彌補油砂開發成本較高的缺陷，而油價跌落時，各大油砂資產豐富的石油公司對於油砂的投資將難以實現預期收益。在低油價成為常態時，壓縮投資成為油砂公司採取的措施之一。

　　2014 年 7 月分後，國際油價持續下行，幾乎所有的油砂公司都壓縮 2016 年的投資預算。2014 年加拿大油砂產業投入 330 億加元，2015 年則縮減至 230 億加元，2016 年則進一步縮減至 200 億加元。其中，西諾

第十三章　獨立石油公司的存亡之戰：低油價時代的併購風潮

沃斯大幅削減開支，2015年的操作成本、管理費用等縮減約22%，2015年的資本支出較2014年縮減約15%；加拿大自然資源2015年的資本支出由86億加元減少至62億加元，削減約28%。

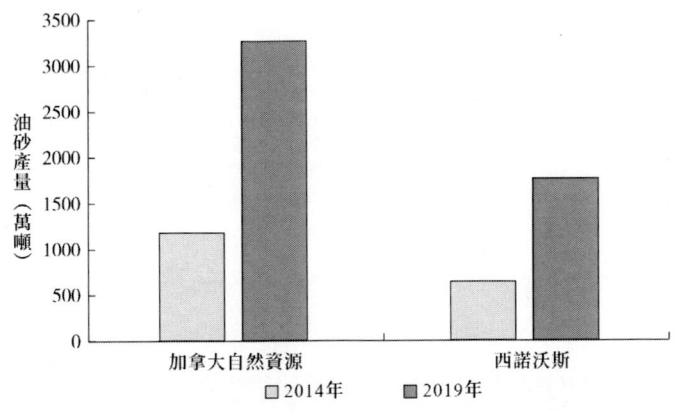

圖13-6　加拿大自然資源和西諾沃斯油砂產量變化

數據來源：各公司年報

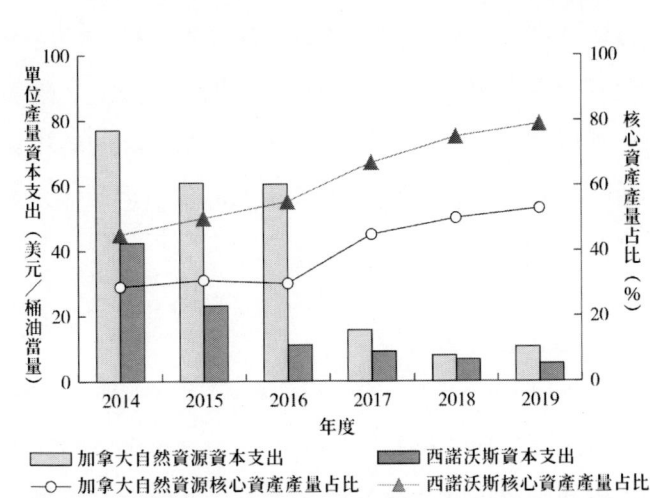

圖13-7　加拿大自然資源和西諾沃斯核心資產產量占比與單位產量資本支出變化

數據來源：各公司年報

2020 年，covid-19 疫情的蔓延再次引發國際油價暴跌，面對此次低油價，西諾沃斯及時調整其年度商業計畫，將 2020 年的操作成本預算及資本支出預算分別下調 0.75 億美元和 4.5 億美元，對一般和行政支出預算削減約 3,700 萬美元，同時提出暫停分紅，推遲重大增產專案投資決策的決議；加拿大自然資源則在 2020 年第一季期間多次削減其資本支出，第一季末時累計削減資本支出 10.5 億美元，降幅約 35%。

2. 聚焦核心資產

受國際油價波動的影響，西諾沃斯和自然資源公司都提出了全新的公司策略。西諾沃斯的策略重點之一就是其油砂資產，公司將保持並提高其作為低成本油砂營運商和最大現場油砂生產商的產業領先地位作為其價值目標。加拿大自然資源透過強化低風險資產建構策略、高效營運策略、成本控制與優化策略、外部收購與內部勘探開發平衡策略等措施，來提升公司資產聚焦度，聚焦核心資產成為油砂公司在低油價下採取的又一措施。2014 年低油價以來，西諾沃斯和加拿大自然資源透過收購新的加拿大油砂業務，實現其核心資產的聚焦，在此過程實現油砂產量的成長（見圖 13-6），與此同時，實現了核心資產占比的不斷提升與油砂單位產量資本支出的下降（見圖 13-7）。

三、北美頁岩油公司應對之策

頁岩油的成功開發一度成為美國本土油氣產量的主導。面臨全球經濟低迷，國際原油價格持續低位執行的背景，美國頁岩油產業受到了巨大的衝擊，甚至面臨著異常嚴峻的生存挑戰。在這樣的情況下，本部分將以美國康菲石油公司（以下簡稱「康菲」）和美國赫斯公司（以下簡稱

第十三章　獨立石油公司的存亡之戰：低油價時代的併購風潮

「赫斯」）為例，分析北美頁岩油公司的低油價應對之策。康菲是全球最大的獨立油氣勘探開發公司，美國本土的頁岩油是其核心業務之一。赫斯是美國第四大石油公司，也是全球領先的獨立能源公司，美國頁岩油產量的四分之一均由赫斯貢獻。這兩家獨立石油公司在低油價期間的應對措施對北美其他頁岩油公司有很強的借鏡作用。

1. 管控成本，聚焦重點投資

在低油價的環境下，節約成本，創造自由的現金流以及執行謹慎的投資計畫是北美頁岩油公司在低油價環境下保生存的重要措施之一。康菲不斷縮減其國際勘探開發業務，削減勘探開發成本和債務。嚴格的成本管控與合理的債務，使康菲在 2019 年實現淨利潤 72.6 億美元，同比成長 15.1%。赫斯在 2014 年後的低油價期間，將削減成本視為生存策略，而在 2020 年後的新一輪低油價中，公司將保留足夠的現金流以及聚焦重點投資機會作為新的策略目標。2020 年初，赫斯將年度成本支出預算定為 30 億美元，而截至 2020 年第一季末時，公司為應對 covid-19 疫情對油氣市場帶來的影響，已將該預算削減至 19 億美元。

2. 優化資產組合，提高投資報酬

做大核心資產規模是獨立石油公司在低油價下求發展的一大舉動。康菲和赫斯都將提升高回報資產，建構多樣化的低成本投資組合作為目標。康菲不斷優化美國本土和全球其他區域的油氣資產，透過出售非核心資產，將公司的業務逐步聚焦於南北美的非常規油氣資源上。赫斯出售公司持有的成本高且回報低的資產，繼而將資金投資在高品質高回報的美國巴肯頁岩油資產和蓋亞那油氣資產上。在過程中，儘管康菲和赫斯的公司總產量出現下滑，但將有限資金用於核心資產的勘探開發，使

第三部分　公司篇：石油企業的生存戰略與市場應對

其非常規核心資產產量較 2014 年明顯增加，分別成長 7%和 60%（見圖 13-8）。

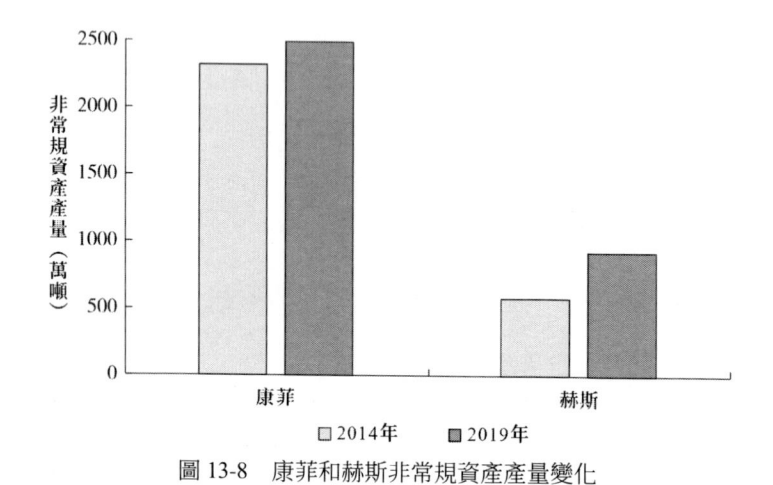

圖 13-8　康菲和赫斯非常規資產產量變化

數據來源：各公司年報

第十三章　獨立石油公司的存亡之戰：低油價時代的併購風潮

第三節
產業整合潮：
獨立油公司在低油價下的併購與淘汰

　　過去，國際大石油公司一直在油氣資產併購市場中打頭陣，油價低迷時正是這些國際大石油公司收購廉價油氣資產的最佳時機。但 2020 年以來的收購活動，卻表現出與以往不同的景象。由於 covid-19 疫情的蔓延、油價的暴跌，使這些國際大石油公司也開始面臨岌岌可危的財務狀況。同時，由於歐洲的國際大石油公司正將目光放在新能源、可再生能源的能源轉型上，導致國際大石油公司在目前的油氣資產併購交易市場中乏善可陳。再觀獨立石油公司方面，儘管獨立石油公司在公司營運管理、技術創新和資金運轉等方面難以與國際大石油公司和國家石油公司抗衡，但獨立石油公司運作模式的高靈活性，使其在本輪油氣資產上游併購市場中，氣勢不輸國際大石油公司和國家石油公司，尤其是美國和加拿大的一些獨立石油公司。但是，一些資不抵債的獨立石油公司仍然無奈宣布破產，或是成為新一輪油氣交易市場中的潛在併購對象。

　　2020 年上半年，受 covid-19 疫情和低油價的雙重影響，油氣資產和石油公司的收併購交易案創 2000 年以後同期最低數字。據 IHS Markit 統計，在 2020 年上半年的時間裡，全球交易額大於 1,000 萬美元的收併購案 35 宗，交易總額為 93.78 億美元，是 2019 年同期的 9.13%，這與 2019 年同期相比落差極大，油氣資產併購市場表現出疲軟的狀態。2020 年下半年，上游交易開始出現回暖的狀態。

第三部分　公司篇：石油企業的生存戰略與市場應對

一、低油價下獨立石油公司內部的兼併行為

　　國際原油價格低位震盪的「新常態」下，大多數獨立石油公司陷入資金虧損狀態，自由現金流和到期應付債務成為影響公司正常營運的關鍵。當越來越多的油氣企業在低油價的背景中宣布破產，當實力和資金雄厚的國際大石油公司同樣遭遇經營風險與轉型壓力時，「抱團取暖」的自救方式成為油氣企業活下去的唯一方式。

　　2018 年時，獨立石油公司內部的兼併行為主要發生在美國，如 2018 年 3 月 28 日，美國獨立石油公司康休資源以 97 億美元的價格收購了另一家獨立石油天然氣公司 RSP Permian；2018 年 10 月 30 日，切薩皮克能源以 38 億美元的價格收購了獨立石油天然氣公司 WildHorse 資源。

　　2019 年時，獨立石油公司內部的兼併活動不再局限於美國地區，也不僅僅只是公司間的收併購行為，還包括了資產的出售與收購，並且這段時期內開始出現圍繞頁岩油和油砂資產的收併購專案。如 2019 年 5 月 5 日，美國獨立石油公司西方石油公司以 655 億美元的總價格收購阿納達科石油公司，這是 2019 年最耀眼的油氣產業收購案；2019 年 5 月 29 日，加拿大自然資源在戴文能源退出加拿大業務時，以 28 億美元的價格收購了戴文能源在加拿大的油砂和重油資產，強化了公司長週期、低遞減資產的規模；2019 年 6 月 10 日，美國獨立石油公司 Comstock 資源以 21 億美元收購 Covey Park 能源公司，此次收購行為為 Comstock 資源在海因斯維爾頁岩區的策略地位立下功勞；2019 年 11 月 14 日，美國獨立石油公司 Callon 石油以 32 億美元收購 Carrizo 油氣有限公司。

　　2020 年上半年，油氣資產併購市場並不活躍，到了下半年，獨立石油公司內部的兼併頻頻發生，美國的頁岩油公司和加拿大的油砂類公司

第十三章　獨立石油公司的存亡之戰：低油價時代的併購風潮

紛紛站出，由競爭走向「抱團取暖」的合作形式，促成獨立石油公司間的優勢互補、共同發展的合作模式，抵禦低油價帶來的衝擊。2020 年 9 月 28 日，戴文能源公司以 26 億美元的價格，以全股票方式併購其競爭對手 WPX Energy，合併後的實體價值約為 120 億美元，合併後的公司規模僅次於最大的頁岩油企業依歐格資源公司，成為美國領先的非常規石油生產商；2020 年 10 月 19 日，美國獨立石油公司康菲石油宣布以 97 億美元的價格，以全股票形式一口氣收購美國獨立頁岩油生產商康橋資源公司，外加承擔的債務，交易總額約為 118 億美元，合併後的公司將成為美國最大的獨立石油公司；2020 年 10 月 21 日，先鋒自然資源公司以全股票的方式收購美國頁岩油競爭對手 Parsley Energy，交易額約 45 億美元，此次交易距離康菲石油收購康橋資源僅相隔兩天，是美國頁岩油產業一週內第二次大型收購交易，也是 2020 年上半年油價暴跌以來，油氣產業發生的第四宗大型收購案；2020 年 10 月 26 日，加拿大獨立石油公司西諾沃斯併購其競爭對手──另一家加拿大獨立石油公司赫斯基能源。本次併購按照全股票收購的交易模式，以 38 億加元加 51 億加元債務的形式全資收購赫斯基能源。併購後的公司以西諾沃斯能源公司的名義營運。這是加拿大第一起獨立石油公司之間的併購合併，合併後的公司成為加拿大第三大石油天然氣生產商。

二、低油價下獨立石油公司的被兼併行為

相較於獨立石油公司的內部兼併行為，獨立石油公司的被兼併行為在低油價期間寥寥無幾。低油價、高舉債形成的現金流壓力是獨立石油公司普遍面臨的問題，出於收益率或策略轉型的考慮，一些公司透過剝離部分資產來緩解壓力，如 2019 年 9 月，以西方石油公司收購阿納達科

石油公司為前提，道達爾以約 42 億美元的價格收購了阿納達科的莫三比克 LNG 天然氣專案，又在 2020 年 1 月將南非的資產出售給道達爾，兩次的交易總額約為 88 億美元；再如 2020 年 4 月，道達爾以 5.75 億美元的價格收購塔洛石油在烏干達的全部資產，塔洛石油將這筆收益用於償還債務。

2020 年上半年全球油氣資產收併購市場萎靡不振，而 2020 年 7 月雪佛龍對諾貝爾能源公司的收購則給全球油氣產業的復甦帶來了一絲曙光。2020 年 7 月 21 日，雪佛龍公司宣布以 50 億美元的價格外加 70 多億美元的債務，按照全股票方式收購獨立頁岩油生產商諾貝爾能源（Noble Energy），交易總價為 144 億美元，此次收購活動是 2020 年以來最大規模的石油公司收購，無疑給經濟低迷期的石油市場帶來了希望。

本輪低油價中，高舉債是被迫交易的重要原因。2020 年，諸如美國惠廷石油公司、切薩皮克能源公司等諸多頁岩油巨頭直接宣告破產。從雪佛龍收購諾貝爾能源來看，大型獨立石油公司在本次併購潮中更傾向於成為被併購者而非併購者。2020 年低油價、高舉債的背景，給全球油氣資產併購市場帶來了變化，獨立石油公司成為本輪收併購活動的重要角色，尤其是生產經營以頁岩油或加拿大油砂為主的獨立石油公司。2020 年的油氣資產併購行為中，交易規模較大的均為非常規資產交易，包括美國的雪佛龍併購諾貝爾能源、獨立石油公司康菲收購頁岩油生產商康橋資源、加拿大西諾沃斯能源併購赫斯基資源。北美及其頁岩油資產交易一直是全球併購活動最活躍的地區與最重要的主題，頁岩油資產注定會成為目前及今後一段時期油氣資產併購交易的主體對象。

第十三章　獨立石油公司的存亡之戰：低油價時代的併購風潮

案例：Tullow（塔洛）的未來之路

塔洛石油成立於 1985 年，總部坐落於英國倫敦，是歐洲最大的獨立石油公司。塔洛石油的業務涵蓋勘探、開發與生產等領域，公司在 14 個國家擁有 74 個勘探許可證，業務資產主要分布在西非、東非和南美洲國家，油氣勘探專案主要分布於南美洲的海上區塊，油氣生產專案主要分布於西非地區。

與多數獨立石油公司在低油價下的境遇類似，塔洛石油 2019 年全年淨虧損達 16.9 億美元；資本支出為 4.9 億美元，同比增加 15.8%，自由現金流 3.55 億美元，同比減少 13.6%。2019 年 11 月以來，塔洛石油的股價已下跌約 80%。2020 年初，塔洛石油在迦納的石油產量出現下降，蓋亞那新油田的品質也低於預期，東非專案的延期，使塔洛石油雪上加霜。面對環境和公司內部的雙重壓力，塔洛石油對發展策略進行了調整，為公司創造現金流、提高生產經營效率、優化資產組合成為塔洛石油的全新策略重點。

塔洛石油對現有資源儲量選擇性開發，以達到穩定現金流和保證低成本營運的目的。迦納的朱比利油田和 TEN 油田是能為塔洛石油創造現金流的重要區塊，塔洛石油將採取一系列技術措施來加強這兩個油田的營運效率與作業效率，寄希望於這兩個油田能成為扭轉公司當前困窘局面的關鍵。因現金流壓力巨大，塔洛石油對於新興領域的潛力區塊採取謹慎布局的措施，將更多精力集中在已知區域，開展低成本油氣勘探活動。儘管塔洛石油的勘探活動進行得並不順利，但公司仍對近海勘探保持樂觀態度。塔洛石油的勘探支出自 2015 年後一直維持在較低的數字，2019 年開始有所回升，達到 1.39 億美元；開發支出在 2015 年後降

第三部分 公司篇：石油企業的生存戰略與市場應對

幅十分明顯，2018年略有回升，2019年再次下跌至3.51億美元（見圖13-9）。

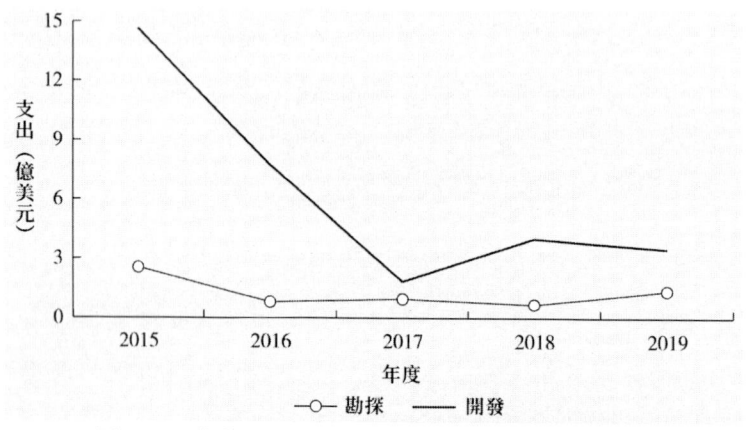

圖13-9 塔洛石油2015～2019年油氣勘探、開發支出

數據來源：塔洛石油公司年報

塔洛石油在2020年上半年多次削減全年資本預算，並做出裁員三分之一的決定，削減五分之一（約2,000萬美元）的管理成本。以勘探起家的塔洛石油因現金流困難和負債的增加，需剝離資產以償還債務。2020年4月，塔洛石油僅以5億美元的價格出讓了其在烏干達艾爾伯特湖區塊的權益給道達爾公司，而該權益在2012年時價值14.67億美元。儘管烏干達的油氣資產以較低價格被迫交易，但這大幅減輕了塔洛石油的償債壓力。

塔洛石油暫時頂住了低油價下的生存壓力，以剝離資產償還債務的形式加入新一輪的併購浪潮中。面對勘探開發活動的重重阻礙，塔洛石油的未來之路依舊艱難。

第十四章

科技如何改變石油產業？
新技術帶來的降本增效革命

　　人類進步史已證明科技是人類文明進步的根本動力。石油工業作為世界經濟發展的支柱性產業，自誕生以來，每一步發展與變革都離不開科技的加持。那麼，在科技的引領下，石油工業經歷了怎樣的變革？現代石油工業科技革命和資訊革命又對現代石油工業產生了怎樣的影響？本章將對此進行一一探討。如今，低油價已呈常態化發展，降本增效是石油企業走過低油價冬天的「良策」，那麼，科技在低油價降本增效中有著怎樣的作用？美國頁岩油革命，在油氣降本增效方面取得巨大成功，這其中，是哪些關鍵性技術發揮了巨大作用，科技創新又是如何促進頁岩油成本下降的？除此之外，如今正在發生的新一次資訊科技革命又將帶領石油工業走向何方，本章都將會帶您一探究竟。

第三部分　公司篇：石油企業的生存戰略與市場應對

第一節
石油科技的演變與對產業發展的影響

　　毫無疑問，科技革命已經成為一個國家乃至整個人類社會發展的巨大推動力。科技進步與變革對推動石油工業的發展也有很大的影響，可以說，石油工業發展史本身就是一部石油科技發明和技術創新的文明進步史，石油工業發展的每一階段都與科技變革緊密相連。世界石油工業的發展伴隨著石油科技的多次技術革命，自人類第一次發現並利用石油以來，石油工業經歷了多次科技變革，每次變革都是石油工業的一次華麗轉身。

一、石油科技的萌芽

　　世界對石油的發現與利用大致始於 2,000 多年前，且起初主要用於潤滑和醫藥領域，後來也有被用來燃燒，但是由於當時缺乏規模、有效開發利用石油的技術，石油的開發利用規模很小，並未對整個人類發展產生顯著影響，因此，這個時期的石油收集與利用並不能稱之為「石油工業」。直到 1859 年，美國人德雷克採用機械鑽井的方式鑿出了人類歷史上第一口油井，大大提高了石油產量，石油生產規模的增加隨之帶來了運輸與煉化的興起，現代石油工業由此才真正得以形成。

　　德雷克式的鑽井成功在一定程度上是具有偶然性的，因為對於什麼地方可能擁有石油，在什麼地方鑽井多是基於已經出現的一些現象，如已經觀察到了從地表滲透出來的石油等等，但是在沒有這些現象或者現

第十四章　科技如何改變石油產業？新技術帶來的降本增效革命

象不明顯的地方是不是就沒有石油，實際上都是不了解的。這反映的是當時缺乏石油成藏理論與埋深等基礎知識。所以，早期透過觀察地上油苗的方式來尋找石油的方法是十分消耗時間和資源的，這就在客觀上促使一批科學家來探尋石油形成的機理。直至1860年代，地質學家 T. Sterry Hunt 透過總結早期的找油實踐，提出了石油形成的背斜理論的雛形，這在一定程度上反映了石油科技的萌芽。雖然找油理論已經形成，但是開採技術仍然很缺乏，德雷克鑽井成功的另一原因是油藏埋深特別淺，使得當時粗劣的鑽井技術就可以開採石油，但多數情況下石油是埋藏在地下深處的，這使得即使發現了石油，也無法對其進行很好的開發。這個情況直至1920年代才得以改善，原因是鑽井技術的萌芽和發展，鑽井衝擊鑽、鑽井泥漿、牙輪鑽頭、套管固井等鑽井技術不斷出現，填補了石油開採技術的缺失。等到開採問題解決了，石油開始量產了，但石油長期保存和運輸問題卻隨之出現，早期的石油通常採用盛裝啤酒的桶來保存，並採用馬車或鐵路來運輸，直至1913年，啤酒桶開始轉向鋼質儲油罐，同時長距離管道開始出現。所有的這些科技變革都很好的支持了石油工業早期的發展。

二、現代石油工業科技革命的興起與發展

現代石油工業始於19世紀中期，人類第一次引入蒸汽機作為鑽井的動力，將蒸汽機技術和鑽井技術結合，使人工鑽井轉向機械鑽井，象徵著現代石油工業的誕生，石油科技革命也隨之興起。科技的發展與應用創造出先進的勞動工具，提高了生產力，為現代石油工業的發展奠定了基礎。使得石油工業形成了從「找油」到「產油」的原始產業鏈，並快速形成包括勘探、開採、保存、運輸、加工、銷售的完整石油工業體系。

第三部分　公司篇：石油企業的生存戰略與市場應對

　　但直到 1920 年代，並未出現使石油工業飛速發展的科學技術，由此這段時間內石油工業發展的進展並不顯著。

　　1920 到 1950 年代，石油科技革命的再次興起推動世界石油工業進入大發展時期。科學理論方面，微生物學、沉積學、地層學和古地理學等均被引入石油地質中，初步形成較為完善的石油地質理論，並用它來指導勘探。科學技術方面，折射法、反射法、重力法、電法、磁法等物理勘探技術逐步形成併成功應用到石油勘探中；廣泛應用了旋轉鑽機，鑽井能力逐步加強；採油工藝初具規模，成套的採油工具，有桿泵、無桿泵被廣泛應用，酸化、壓裂等手段被用於油層改造方面；油田注水技術在世界各地推廣應用，採收率得以大幅度提高。石油科技的提升使世界石油工業發展有了質的飛越，世界原油資源發現量在 1925～1930 年和 1935～1940 年期間，出現了兩個高峰，世界年均發現石油分別達到 200 億桶和 300 億桶。

　　1960 到 1970 年代，石油工業技術發展迅速，新成果不斷湧現。科學理論方面，板塊構造理論在地球科學領域掀起了一場革命，該理論推動了油氣成因理論和油氣藏形成及分布等研究的發展，指導了加拿大東海岸大淺灘含油氣區、南美東部巴西沿岸含油氣區、中非裂谷系查德和蘇丹含油氣區、澳洲西北大陸架含油氣區的油氣發現。科學技術方面，疊加技術和數位記錄器的出現為地質勘探技術帶來了顛覆性的變革，石油工業開始廣泛採用電腦技術，數位處理中心逐步形成；噴射鑽井、定向鑽井和優選鑽井的出現豐富了鑽井技術的發展；大型水力壓裂技術和蒸汽吞吐開採方法在油田開發方面廣泛應用，推動了非常規油氣資源的開發；海洋石油技術逐步發展，為建立海上採油系統提供技術支援。在這個時期，人類對油田開發有了更為科學的認知，並懂得遵循油田生產的規律，石油工業系統逐步完善。

第十四章　科技如何改變石油產業？新技術帶來的降本增效革命

1980 年代至 20 世紀末，多學科交叉產生的綜合技術投入到石油工業的應用中，世界石油科技又邁上一個新臺階。電腦模擬技術、圖形視覺化技術和電腦網路技術等資訊科技在地質勘探方面成功應用；成像測井技術的推廣應用，使測井儀器實現了組合化，大幅加快了數值模擬計算的速度和規模；分支井、小曲率半徑水平井、連續管鑽井和自動化鑽井等豐富了鑽井工程的發展；地面建設與油氣集輸方面發展了混相輸送技術、旋流分離技術和數據採集與監視控制系統，極大的提高了集輸流程密閉率，原油集輸損耗大大減小。這個時期，現代石油工業體系已基本建立完善，新石油技術的加入將引導石油工業邁向更為先進的資訊時代。

三、石油工業資訊科技革命的產生與壯大

隨著 21 世紀人類進入數位化時代，以網際網路為核心的新一輪科技和產業革命蓄勢待發，石油工業也在這個階段逐漸向數位模擬、智慧化方向發展，「科技石油」、「知識石油」、「綠色石油」的時代已經到來。數據智慧、人工智慧和虛擬實境已成為當今石油工業智慧化發展的主要策略和手段，並且資訊科技發展和應用在相當程度上揭示了石油工業的未來。

智慧化資訊科技的應用範圍主要覆蓋上游的勘探、開發和生產階段，在開發評估、鑽井決策、工具優選、壓裂優化、產量預測等石油工業的各個子領域得到廣泛的關注與應用。在專案可行性研究和資源預測方面充分利用大數據分析，透過分析環境、開採及生產過程中的數據，提高勘探準確率及開發生產率，有效評估專案的優勢與風險；油田開發也隨著資訊科技的加入進入了數字油田階段，透過建模分析操作過程中

的資訊數據，優化操作流程，提高操作效率，在增儲上產、降本增效方面發揮重要作用；透過數據驅動優化石油設備設計，使鑽井自動化和資訊化程度大幅提升，帶動一系列自動化鑽機、隨鑽測量／隨鑽測井（MWD/LWD）、自動垂直鑽井、旋轉導向鑽井、自動控壓鑽井及智慧鑽桿等重大技術裝備相繼出現，引領鑽井進入智慧化鑽井階段；油氣管道也已經進入數位化管道階段，透過設備的實時資料傳輸及環境資料傳輸，開展潛在風險評估和及時預警，並且在大數據、雲端運算、物聯網等新一代資訊科技的推動下，油氣管道開始向智慧化方向發展。

除此之外，資訊科技在石油工業的應用已不僅局限於上游生產，現如今已貫穿至下游的營運及銷售方面，透過大數據支撐智慧化預測，可精準定位客戶的需求，以此完善石油公司下游的銷售服務，顯著提高了石油產業的效率和效益。

資訊科技革命的興起與發展，正推動人類社會進入工業 4.0 時代，智慧化成為世界科技發展的趨勢，也是石油工業發展的趨勢。石油工業的智慧化發展是以產業專業知識與技能為根基，側重於優化預測和自動化能力的發展，最終形成貫穿石油工業全產業鏈的智慧化物聯網將指日可待。

第二節
技術創新如何幫助石油產業降低成本與提升效率？

　　科技進步與變革對石油工業的發展有著重要的支持作用，其不僅能夠幫助石油工業不斷解封新的地質構造和儲層，不斷擴大石油的生產來源，而且還能透過技術創新和科技管理幫助石油企業在營運過程中降低成本、提高效益，使石油企業在低油價下，能穩固企業在市場競爭中的地位，得以長遠的生存與發展。科技進步對於石油工業降本增效的作用是持續的，且效果是最為顯著的。

一、科技是降本增效的關鍵

1. 技術創新是降本增效的原動力

　　科學技術水準和不同方法的應用影響著勘探、開發、生產等階段的成本，對石油公司營運效益的影響是簡單而直接的，主要體現在鑽井和採油成本的整體降低、產量的增加或者綜合效益的整體提高。在低油價的衝擊下，國內外的石油公司採取了多種措施來應對低油價帶來的營運壓力，具體的策略措施差異明顯，但對技術創新研發的關注尤為統一。以 2014～2016 年油價下跌為例，面對持續低迷的油價，各大石油公司在多方面削減支出，唯獨對技術創新研發的資金投入不降反增，由此可

見，技術創新已成為石油公司降本增效、在油氣產業獲得競爭優勢的發力點。

根據近年來各大石油公司技術創新研發的情況可知，技術創新在降低成本、提高投資效益、擴大競爭優勢等方面發揮了明顯效用。埃克森美孚公司將「技術創新驅動」作為公司營運的首要策略，該公司認為科學研究資金的投入擁有非常高的收益回饋，埃克森美孚公司每年投入超 10 億美元用於技術研發，自 2008 年以來，在美國已累計獲得超 3,300 項專利，技術創新所帶來的增益顯著。

2. 科技管理是降本增效的推動力

在管理模式上，資訊化建設及生產辦公自動化等科技手段的有效運用，可加強對企業內部營運的控制與管理，以此來推動石油企業的降本增效。深化企業內部管理的改革與創新，離不開以資訊化、大數據等科技手段為支撐的精細化管理能力，該能力有助於企業內部形成良性的降本機制，實現低成本發展由被動向主動的轉變。透過科技方法整合 ERP（Enterprise Resource Planning）、財務、油田生產、工程造價等系統資源，並結合現代的資訊化技術和先進的科技設備來推進工作的有效開展，可進一步暢通生產經營各環節的切塊狀態，形成具備關聯性和制約性的大數據分析與處理平臺，由此有效降低人力資源所帶來的成本消耗，並增強工作的效率與品質，實現降本增效的目標。

此外，人才是科技創新的第一資源，企業員工積極參與科技創新，可顯著提升企業整體的科技化程度，促進技術與管理水準的革新與進步。這不僅是低油價下石油企業的發展方向，也是油氣產業永續發展的必然選擇。在企業內培養出更多的複合型人才，不僅可以降低人工成

第十四章　科技如何改變石油產業？新技術帶來的降本增效革命

本，還可以有效增加企業效益。

從全球油氣公司的歷史發展歷程來看，低油價是檢驗石油公司發展品質和效益的試金石，降本增效是低油價期間石油企業維持生存與發展的可行路徑，技術創新和科技管理則是保障石油公司實現降本增效的有效手段。

二、美國頁岩油成本下降中科技的作用

美國頁岩氣革命取得成功的關鍵在於技術創新。美國政府自 1970 年代開始積極推進頁岩油氣開採研發專案，歷經 30 年時間的技術沉澱，取得了突破性的技術進展，水力壓裂和水平井技術的成熟，大幅降低了綜合成本，由此美國於 2000 年以後開啟了頁岩氣大規模的商業開發。科技進步所帶來開採技術的突破性進展，幫助美國敲開了頁岩氣革命之門。

1982 年起，美國米契能源公司開始研究巴奈特區塊的頁岩氣開發，不斷改進壓裂介質，改善壓裂效果並減少壓裂成本，最終在 1998 年水力壓裂試驗取得突破性進展。水力壓裂法是在地面透過高壓泵將大量水、化學新增劑和支撐劑混合物注入地層，由此在地層中形成複雜的填砂裂縫網路，使油氣能夠通暢流入井中，發揮提高滲透率的作用。隨著科技的發展，壓裂技術與工藝水準不斷提升，水力壓裂已包含多級壓裂、清水壓裂、同步壓裂、水力噴射壓裂和重複壓裂等多種常用技術。1998 年雖水力壓裂技術取得巨大進展，但由於此時水準井尚未普及，頁岩氣開採仍未具備明顯經濟性。

1821 年，世界上第一口頁岩氣井在美國完鑽，頁岩氣鑽井技術經歷了直井、單支水平井、多分支水平井、叢式井、叢式水平井的發展過

程，直井是美國 2002 年之前頁岩氣開發的主流鑽井方式。2002 年 Devon Energy 公司收購 Mitchell Energy 公司後接棒頁岩氣的開發，同年，其在巴奈特區塊的水平井試驗取得成功。水平井即為高角度鑽井，是井斜角達到或接近 90°，井身沿著水平方向鑽進一定長度的井，可以增大油氣層的裸露面積，使頁岩氣採收率顯著提高，頁岩氣開採經濟性得以體現。此後水平井、分支井、叢式井水平井等技術迅速發展，相繼成為美國頁岩氣開發的主要鑽井方式。

2002 年以後，業界開始全面推廣水力壓裂與水平井相結合的綜合技術，以水平井重複壓裂、水平井分段壓裂等為代表的頁岩氣開採技術大大降低了壓裂成本，並取得顯著的增產效果，使頁岩氣的大規模開採得以在美國率先實現，促使了「頁岩氣革命」的發生。為受低位油價影響的油氣營運商開闢了一條新的降本增效途徑，美國從天然氣進口國一躍而成為全球第一大天然氣生產國。

美國頁岩氣革命的成功並非偶然，而是經過漫長科學累積、技術創新後的必然進展。科技的進步為開採技術的突破打下了堅實基礎，由此實現了頁岩氣開採的降本增效，開啟美國頁岩氣勘探開發的商業化發展。美國與世界能源市場的局面就此改變，國際能源局面開始步入非常規能源時代。

三、科技對未來石油產業發展的影響

石油的不可再生性決定了石油資源在本質上是稀有的，從長遠看其必被耗盡。但是，世界對於石油的消費需求依然巨大，2019 年，石油在全球能源消費中占據最大比例，占世界能源總消費的 33.1%，其對世界能源供應安全的重要性不言而喻。因此，提高採收率，降本增效，將

第十四章　科技如何改變石油產業？新技術帶來的降本增效革命

有限的資源發揮出其最大的效用，是對待石油這樣稀缺資源的最正確方式，而這過程將離不開科技的支持。另外，隨著全球氣候的持續惡化，低碳轉型已經成為全球各國應對氣候變遷的重要策略選擇，世界能源結構加速向低碳化、無碳化方向演變。而石油作為非潔淨化石能源，在低碳發展的背景下，其消費市場正逐步被潔淨能源取代，石油工業以低碳轉型為主線的高品質發展成為長期發展的必然選擇，科技則是推動石油工業綠色低碳發展的主要驅動力之一。

1. 石油產業的科技化前沿

當前，全球科技創新進入空前密集活躍期，應用基礎研究和技術創新的相互帶動作用不斷增強，多學科跨領域交叉融合態勢更加明顯，跨界融合將是未來科技發展的主旋律，跨界新興科技也將成為石油產業的科技化前沿，對提高勘探效率、優化開發流程、降低生產成本，保障能源供應安全有重要而深遠的意義。

人工智慧技術在石油領域的應用主要包括智慧地質、智慧物探、智慧油田、高精準智慧壓裂等技術，將大幅度提高探井成功率和油氣採收率。人工智慧還使傳統知識形成認知體系的速度提升數倍，未來的決策將越來越少的依靠經驗，而改為依靠數據。

增強現實可應用於油氣設備的維修保養，使用者可透過增強現實獲得生動、具體的維修教學，為維修工作提供實時指導，減少人為誤差、提高維修品質。

量子運算機的計算速度可達到傳統電腦難以企及的程度，將在地質勘探、油藏模擬等涉及大量數據處理的領域帶來顛覆性改變。另外，量子運算還可用於分子模擬，透過精確建模找到化學反應的最佳結構，這

有望大負提高石化產品的生產效率。

5G 通訊具有低能耗、大連線、深度覆蓋的低成本優勢。石油產業所依靠最重要的基礎設施之一是物聯網，藉助 5G 網路，物聯網可承載更多的設備連線、傳輸更大流量，這將推進石油產業物聯網建設進入真正的大規模時代。

區塊鏈可用於優化石油貿易流程。石油是全球貿易量最高的大宗商品，貿易規模大、環節多、頻率高。區塊鏈的應用可簡化石油貿易的流程，提高貿易數據的透明度，將為石油公司和投資者節省巨大成本。

新一代工業機器人可提高石油生產的無人化程度，由於其具備更強的環境感知力和靈活性，使得機器人可以進入複雜的環境中從事更精準細緻的操作，機器人對人工的替代將有效降低企業的營運成本。

3D 列印可實現特殊零件或者複雜結構件的快速製造，可廣泛應用於諸如定向井鑽井、深水油氣生產等作業中。這種定製化的生產方式，可減少石油企業的產品庫存，大大降低其經營風險。

石墨烯材料可提高油氣裝備材料抗高溫、高壓、腐蝕性氣體和液體的能力，在鑽井、採油領域有廣闊的應用前景，尤其是用於增強井下工具的耐腐蝕能力。

智慧材料是指可感知外部環境，並隨環境變化做出可控響應的新型材料。在油氣產業，可利用記憶性智慧材料生產完井工具和設備，還可能用於實現無水地層壓裂、輸油管道修復等，極大降低了修復成本。

2. 科技引領石油工業綠色發展

能源結構的低碳化轉型對石油工業的發展提出了新要求，「綠色石油」將會成為未來石油工業發展的主旋律，而科技將成為其轉型的主要

第十四章　科技如何改變石油產業？新技術帶來的降本增效革命

驅動力。隨著科學技術的提升，石油工業原有依賴燃料化工資源的傳統發展模式可以轉變為多次重複利用具有低汙染潔淨效益的新興發展模式。透過改進科學技術，創新石油資源的使用方式，大力開發石油產業的其他用途，延長石油工業的產業鏈，達到石油資源多次利用的目的，由此提高能源的利用效率，降低單位能耗，促進石油工業的綠色發展。除此之外，技術進步與創新將不斷提高下游油品的品質，從而滿足環保對燃料油品品質日益嚴格的要求。為了環境保護與環境和諧，廢水、廢氣處理及原油回收的技術能力等也會逐步提升，大力推進石油工業的低碳化發展。科技將引領石油工業走向環保、效益雙豐收的新發展時代。

> **案例：道達爾的「數位化轉型方案」**
>
> 道達爾公司（Total）是全球知名石油化工公司之一，總部設在法國巴黎，在全球超過 110 個國家開展潤滑油業務。道達爾公司於 2020 年初在法國巴黎開設了一家數位工廠，該機構匯聚了 300 多名開發人員、資料科學家和其他領域的專家，利用數位化工具為旗下所有業務創造價值，以加速道達爾的數位化轉型。該數字工廠將為道達爾提供詳盡的「數位化轉型方案」，主要涉及上游與下游兩個方面。道達爾的目標是，在 2025 年前，透過推進數位化為集團增加收入、削減營運成本和投資支出，每年為公司創造 15 億美元的價值。

一、上游的數位化轉型方案

在上游，道達爾主要透過資產績效管理、移動工業專案、人工智慧鑽井以及超級智慧石油人等來實現數位化轉型，為企業創造價值。

第三部分　公司篇：石油企業的生存戰略與市場應對

表14-1　上游數位化轉型方案

部門	數位化效果	數位化實例
營運生產部門	增加2%的產量	資產績效管理（APM）
	營運成本下降5%	移動工業專案（IMP）
產能建設部門	資本支出下降5%	人工智慧鑽井（DrillX）
油氣探勘部門	加速地質研究	Google合作「超級智慧石油人」
目標：上游每年創造約10億美元的價值		

資產績效管理（Asset Performance Management）：是基於已有的OT/IT系統，建立基於風險的資產管理策略，在管理風險的同時優化資產績效。APM涵蓋資產相關數據獲取、整合、視覺化和分析功能，以明確的目標來提高物理資產的可靠性和可用性。APM有助於企業的利益最大化，幫助企業減少營運隱患、提高設備執行時間、優化維護維修成本，並透過使用整合數據來建立並管理可以預測和預防資產故障的智慧資產策略，幫助企業實現基於風險主動預防的設備資產管理，改善設備資產績效，增加盈利並達到預期的生產能力。

移動工業專案（Industrial Mobility Program）：是移動式、全天候、視覺化、可操作的辦公系統。透過將勘探、開發活動相關資訊全部整合到作業系統上，用平板電腦或智慧型手機就可隨時檢視專案所有數據以及基於數據的分析結果，既可以減少專案人員數量、保障人員安全（由於人員不需要去現場操作），還能及時根據優化結果進行勘探開發調整，節省成本，提高效率。截至2018年底，道達爾已經將IMP應用到全球36個勘探專案中，惠及近2,000名員工。

人工智慧鑽井（DrillX）：人工智慧鑽井可以根據井下地質情況和油藏位置，自動調整井眼的設計軌跡，能夠自動尋找並鑽進到最佳的儲層位置，從而獲得最大產能。道達爾公司開發的DrillX智慧化鑽井系統，

第十四章　科技如何改變石油產業？新技術帶來的降本增效革命

可以大幅度提高工作者安全性及鑽井效率，優化鑽井流程，並形成獨特的成本文化。透過大數據和機器學習來進行鑽孔作業，利用人工智慧來做風險預測，進行實時模擬，效果隨時監控。2018 年，道達爾利用 DrillX 新增 96 個智慧鑽井，共計 321 公里。

與 Google 合作打造「超級智慧石油人」：由於傳統採集的地質數據中存在「不完美」數據，且數據體量不斷增加，傳統數據分析難以應對。因此，道達爾在 2018 年 4 月與 Google 建立合作，開發了一套能夠解釋地層影像的人工智慧程式，這套程式能夠利用電腦成像技術實現地震數據的學習，並利用自然語言處理技術自動分析數據檔案。這套程式可更精細地描述油田地質模型，解禁地球上大量在過去無法開採的油氣田，並大幅降低開採成本。

二、下游的數位化轉型方案

在下游，道達爾主要透過煉化轉型、一體化多功能移動服務平臺 (Be:mo)、客戶管理平臺、能源智慧助手等來實現數位化轉型，為企業創造價值。

煉化 4.0：2018 年 7 月，道達爾同印度的塔塔諮詢服務公司 (TCS，Tata Consultancy Services) 簽署合作協議，在印度建立數位創新中心，致力提供煉油領域的數位化解決方案和探索顛覆性技術。道達爾提出了要打造煉化 4.0 的目標，透過實時數據處理、物聯網、人工智慧等技術，提升其煉化業務效率，相關技術被應用於一處位於法國的工廠。

TOTAL Fleet：道達爾打造的一款管理軟體，該軟體將車輛的行程管理與數位化的數據處理與加工方案相結合，幫助公司來優化全公司所有類型車輛 (不管是傳統燃料驅動，還是電力、天然氣等) 的營運成本，以及與公司員工相關的更為廣泛的交通成本。

第三部分　公司篇：石油企業的生存戰略與市場應對

　　Be:mo：是道達爾針對移動交通而設計的全新商業模式，該模式的核心是將各類移動源（油車、電車及其他）設施的供應和消費者的潛在服務需求實現了廣泛化整合，並在一個平臺上實現，即 Be:mo 平臺。該平臺可以簽到進入各類已開發的 APP 中，為客戶提供一體化、全天候的實時動態詳細資訊查詢與服務，滿足客戶個性化要求。Be:mo 可以提供多種服務的詳細資訊，讓客戶一鍵掌握。

　　能源智慧助手（Energy Smart Assistant）：2019 年，道達爾與全球領先的能源科技企業遠景集團旗下的遠景智慧聯手，開啟了雙方在數位化能源和物聯網系統領域的合作。基於智慧物聯作業系統 EnOS™，遠景智慧將為道達爾提供包括智慧監控和電站效能大數據分析等在內的「阿波羅太陽能光電」一籃子數位化解決方案，助力道達爾在可再生能源領域實現智慧化、精細化資產管理，加速其潔淨能源轉型策略。

第四部分

家庭篇：石油與我們的日常生活

第四部分　家庭篇：石油與我們的日常生活

第十五章

我們身邊的石油與天然氣：看得見與看不見的能源影響

　　石油和天然氣本是大自然的慷慨餽贈，但如今它們身上肩負了更為重大的使命，已然成了生存在這個蔚藍星球上的必需品，和我們的生活息息相關。根據經濟學理論，石油和天然氣價格的變化會直接影響其需求和使用。本章中，我們可以將目光轉向自己的生活，用自己的視角衡量石油價格變化對家庭生活的影響。作為「家庭篇」的第一個章節，本章將系統的介紹從古至今我們身邊各個領域中石油和天然氣的使用，一同探尋時代變遷中，石油和天然氣應用的發展和變革。使您感受到，石油和天然氣的使用，其實就在你我身邊，重要且無法替代。

第一節
從照明到交通：石油如何塑造現代生活？

一、早期的石油使用 —— 潤滑與照明

縱觀世界石油發展歷史，石油的用途隨著技術的進步與人類需求的增加而日漸豐富。但最初人們對石油的認知有限，僅有少量的用途為當時的人們所熟知，其中最有代表性的便是潤滑與照明。

將目光投向世界，可以發現，在現代世界石油工業的開端，潤滑與照明仍是人們對石油的認知與使用的重要方面。西元 1755 年，印第安賽尼加族的人們開始在賓夕法尼亞州發現並開始使用石油，用毛氈在油溪區的小河中吸取石油作藥用。到了 1835 年夏，紐約律師喬治・比斯爾偶然得知了賓州石油的消息，開始對石油打起算盤。當時，人們普遍使用昂貴的鯨油作為家庭照明能源，機械工業也缺乏物美價廉的潤滑解決方案，缺乏廉價的原料來源成了拖慢工業革命步伐的「背鍋者」。因此，喬治認為，如果可以將石油用作潤滑和照明，將會帶來比藥用更大的經濟效益。這個想法在進行了實地考察和性質檢驗後迅速落實，但囿於低效的石油開採和高昂的開採價格，推廣石油潤滑與照明的程式並不順利，直到 1859 年「德雷克井」成功鑽開、原油產量暴漲後，人們開始大批次加工燈用煤油，煤油燈這個「新的光明」走進人們生活中的每個角落，世界石油工業自此進入了「煤油燈時代」。

「德雷克井」為石油基潤滑油的使用奠定了堅實的基礎，但這個觀點的推崇者的日子並不好過，因為未經煉製的原油的潤滑效能遠不及部分

動物脂肪產品。隨著石油煉製工業的發展，直到 1866 年，約翰・艾力斯「意外地」發現了原油的潤滑效能，隨即成立煉油廠，開始煉製石油基潤滑油。1911 年，福特 T 型車席捲市場，作為汽車的互補品，潤滑油需求量大增。基於當時較為豐富的原油產量和較為成熟的煉油產業鏈，各廠商紛紛對石油基潤滑油進行改良，礦物油最終走向了世界巔峰，成了每輛汽車的「標配」。

不難看出，早期的石油使用更多是基於人們對其物理性質（潤滑等）和基礎化學性質（燃燒等）的認知。這些用途的較原有方案品質高、性價比高、方便程度高、接納度高，自此，石油和天然氣開始逐漸深入人們的生活，成為人類生活中不可或缺的重要一環。

二、現代油氣使用 —— 食住行

日常生活中，看得見的現代石油和天然氣使用方式是什麼呢？看到這個問題，相信多數讀者的第一反應是各類交通工具的燃料，因為石油每一天都在路上、在加油站裡向人們刷著「存在感」。實際上，看得見的石油和天然氣不僅「在路上」，還在我們的餐桌上、房子裡。據統計，人的一生要「吃」掉 551 公斤石油、「住」掉 3,790 公斤石油、「行」掉 3,838 公斤石油。「行」石油消費的重要性不言而喻，但如果您對「食」和「住」的兩個數字沒有概念，我們可以一起算：用人的平均壽命折算每一年的石油消費，與實際全球消費量進行比對，據世界衛生組織的數據，世界人口平均壽命約為 70 歲，2019 年世界人口為 75.85 億人，每年人們花在「住」和「食」方面的石油占到 2019 世界石油消費的 10% 左右。由此觀之，我們日常生活中的油氣使用量巨大，如今的生活已經離不開石油和天然氣，其重要性便不言而喻。

第四部分　家庭篇：石油與我們的日常生活

1. 滋養生命 —— 食與石油

沒錯，我們「吃」掉的，確實是那個黑不隆咚、其貌不揚的石油。餐桌上的美味菜餚，從培育、收割、物流到烹飪，全程都離不開石油和天然氣的參與：為了提高產量，化肥成了農業從事者提高產量的有效利器，而硝酸銨、硫酸銨、尿素等常用氮肥就是以石油、天然氣為原料合成氨並進一步處理得到的；隨著現代化程度的提高，農業效率提升成了農業從事者關注的議題，越來越多的農作物採用機械化自動收割方式，石油作為驅動機器運轉的主要動力必不可缺；物流環節的石油消耗最為明顯，也是農產品進入我們生活的重要一環；烹飪過程中，天然氣的消耗就在手指在瓦斯爐的按壓旋轉和鍋內原料的反覆翻炒間。小朋友們喜歡的「有色食物」，如生日派對蛋糕上的奶油、五彩繽紛的軟糖，都是用石油加工的食用色素、食品級石蠟製成的。運動場上的礦泉水和各類機能飲料，從開採、加工、包裝到運輸的各個環節也離不開石油：據 Peter H. Gleick 的計算，每升進口礦泉水需要耗費 250 毫升石油，即每喝一瓶進口的礦泉水就相當於消耗了 1/4 瓶石油。民以食為天，食以油為本。石油在日常飲食中的重要性可見一斑。

2. 安得廣廈 —— 住與石油

「安得廣廈千萬間」相信對每個人而言，新房交屋的時刻是一生中最有成就感的時刻。也是從這一刻起，人們開始為裝潢，開啟了「住」與石油的緣分：門窗框（聚氯乙烯）、照明燈（聚苯乙烯）、塑膠椅等裝修用品是以石油為原料的合成樹脂製品；絕大多數的開關、插座等裝修耗材均為石油製成的塑膠製品；書櫃、餐桌等木製家具離不開石油加工品黏合劑和油漆的支撐和裝飾；人造大理石地磚、大理石板等光滑美觀的地面

第十五章　我們身邊的石油與天然氣：看得見與看不見的能源影響

和檯面也是由石油煉製的不飽和聚酯樹脂為原料的製品……裝潢驗收完畢之後，住戶與石油的關係更加緊密：晨起踩在地毯上、拉開窗簾的那一刻，你便開始與石油接觸，因為製作窗簾和地毯所用到的布料大多都來自合成纖維；開啟水龍頭接滿一臉盆熱水、按下開關開始刷牙，你也會與石油「親密接觸」，因為臉盆、牙刷等盥洗用品多數使用石油產出的合成樹脂；一天的生活中與家電的接觸十分頻繁，從空氣清淨機的開啟，到電腦顯示器的關閉，從中午冰箱裡拿出的冰鎮西瓜，到夜晚洗澡時熱水器源源不斷的熱水供應，人們也離不開石油，因為電視、電腦等現代家電的外殼（耐衝擊級聚苯乙烯），冰箱、熱水器等控溫家電的內膽都是由石油製成的。因此，石油讓人們住得更方便、更舒適、更高品質。

3．走遍天下——行與石油

從古時「驛寄梅花，魚傳尺素」、「飛車跨山鶻橫海」的古代交通，到如今「風馳電掣」、「安然於車中，日行千萬里」的現代交通，人們的交通效率和可預判程度得到了極大的提升。除了高端科技的發展之外，我們可以將它主要歸功於石油工業的發展。最直觀地來說，人們的交通需要石油：多數汽機車需要汽油和柴油；公共交通需要天然氣；海輪上使用的是燃料油；飛機依賴於航空煤油。但近些年來，隨著能源結構調整和新能源車的發展，石油在交通方面的直接應用有所減弱，但這絲毫不能撼動其在交通方面的重要作用：汽車的行駛需要輪胎，而石油和天然氣則是合成橡膠的原料寶庫；各類發動機需要潤滑油或者潤滑蠟，二者來自不同的石油加工過程；無論是汽機車還是飛機，所有的交通工具都需要石油製成的塑膠進行美化與充實功能；此外，所有的「柏油路」都是由石油中提取的瀝青鋪設的。可以說，沒有石油就沒有現代交通，我們也就沒有了走遍天下的可能。

第四部分　家庭篇：石油與我們的日常生活

案例：石油能加工出什麼產品？

現代社會，石油與人們的生活息息相關，石油被加工成燃料、潤滑劑、洗滌劑等產品，保證我們的衣食住行。

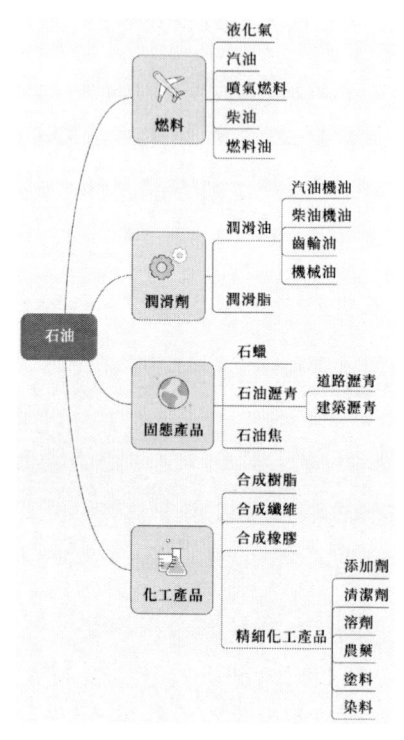

```
         ┌─ 燃料 ─┬─ 液化氣
         │       ├─ 汽油
         │       ├─ 噴氣燃料
         │       ├─ 柴油
         │       └─ 燃料油
         │
         ├─ 潤滑劑 ┬─ 潤滑油 ┬─ 汽油機油
         │        │        ├─ 柴油機油
         │        │        ├─ 齒輪油
石油 ─────┤        │        └─ 機械油
         │        └─ 潤滑脂
         │
         ├─ 固態產品 ┬─ 石蠟
         │          ├─ 石油瀝青 ┬─ 道路瀝青
         │          │          └─ 建築瀝青
         │          └─ 石油焦
         │
         └─ 化工產品 ┬─ 合成樹脂
                    ├─ 合成纖維
                    ├─ 合成橡膠
                    └─ 精細化工產品 ┬─ 添加劑
                                    ├─ 清潔劑
                                    ├─ 溶劑
                                    ├─ 農藥
                                    ├─ 塗料
                                    └─ 染料
```

君可見，滋養生命，安得廣廈，走遍天下，石油之用無窮極。橫向來看，以上僅僅列出了部分我們熟知的可見的石油和天然氣的應用場景。單憑這些，人們便可以意識到石油和天然氣的重要性。縱向來看，雖然不同場景下的石油天然氣使用量不盡相同，但使用量的驚人數字，也揭示著石油和天然氣在使用上的無法替代性。因此，看得見的石油和天然氣消費在人們生活中重要且無法替代，難以想像沒有了石油，我們的生活會變成什麼樣子。

第十五章　我們身邊的石油與天然氣：看得見與看不見的能源影響

第二節
日常消費中的隱藏油氣需求

一、各類化工品背後的油氣身影 —— 一滴油的旅行

　　大家好，我是一滴石油，是由地質時期中的生物有機物質形成的。在經歷了運移和成藏後，被地質學家發現，在被進行一系列技術、經濟評估後，被「磕頭機」——遊梁式抽油機抽出。經歷了管道的顛簸後，我來到了小油滴們的「整型醫院」——化工廠。（當然啦！我的朋友們還有坐汽車和輪船來和我碰面的！）化工廠的叔叔、阿姨們會為我們「改頭換面」，成為產品或其他產品的原料，最後我和我的朋友們會被送到千家萬戶，為人類奉獻自己。數據顯示，全球化工產品產量的85%為有機化學產品，而有機化學產品的75%為石油石化產品，都是由我們製成的喲！因此，化工產業的發展與我們油氣產業的發展息息相關。除了透過直接煉製生產的燃料、潤滑劑和固態產品之外，將石油分離得到原料分餾並進行熱裂解加工、生產各類石油化工產品也是我們「整型」的主要目標，透過這個過程，我們可以「變身」為有機原料、合成樹脂、合成纖維、合成橡膠和其他的精細化工產品（如農藥等）五類。

1. 有機原料

　　以石油、天然氣為起始原料的煉製加工是石油化工產品加工的起點。透過各種加工方法，製成一系列重要的化工產品，如烯類產品（包含乙烯、丙烯和丁二烯）、苯類產品（包含苯、甲苯、二甲苯）、乙炔和

萘。一方面，這些有機原料可作為獨立的產品使用，如乙烯作為催熟劑，萘作為驅蟲劑等；另一方面，這些有機原料也可作為一級基本有機化工原料進一步進行反應，製備醇、醛、羧酸等基本有機化工產品。這些產品不僅讓化學工業「光速發展」，也為石油在衣、食、住、行四個方面提高人們的生活效率打下了堅實的物質基礎。

2. 合成樹脂

合成樹脂是人工合成的、以石油或天然氣為原料進行提煉並裂解成單體後進行聚合反應產生的高分子聚合物，即將眾多稱為「單體」的小分子原料透過聚合反應相連，變成高分子化合物。其效能一般超過天然樹脂或與天然樹脂持平，可作為塑膠的加工原料。按照工業產品種類，合成樹脂分為通用樹脂和專用樹脂。通用樹脂家族分為聚乙烯、聚丙烯、聚氯乙烯、聚苯乙烯和 ABS 五類。以聚乙烯為例，其為從石油和天然氣中提取的一級基本有機化工原料──乙烯，透過加成聚合反應得到的。專用樹脂的性質相較於合成樹脂性質更好、製備更難，代表性最強的是更耐極端條件的工程樹脂。

合成樹脂≠塑膠

看了以上關於合成樹脂的介紹，有的讀者可能會問：上述合成樹脂的主要利用途徑為塑膠，每一種合成樹脂也都可以製備塑膠，是不是合成樹脂就是塑膠呢？答案是否定的。首先，由於合成樹脂的最重要用途為製備塑膠，在人們的生產、生活當中，也常將合成樹脂稱作塑膠，尤其是單體聚合的、未加任何助劑或僅加有極少量助劑的基本材料。但本質上，合成樹脂和

第十五章　我們身邊的石油與天然氣：看得見與看不見的能源影響

> 塑膠是兩種不同的物質，合成樹脂除了可以作為塑膠加工的原料外，還可以製備油漆、合成纖維等化工產品，而對於塑膠來說，其樹脂含量根據塑膠種類的不同，可占總重量的 40％ 至 100％，其餘的重量均為其他物質。

3·合成纖維

秋日的棉花田彷彿銀海雪原，這些蓬鬆的棉花在秋收後即將成為各種布料，叩響千家萬戶的大門。棉花的產量受到土壤環境、氣候條件等因素的共同影響，變動性較大。試想：在生產衣物、布料方面，是否存在一種替代棉花的解決方案，來控制生產棉花的變動因素呢？我和我的孿生兄弟天然氣一起大聲的告訴你，答案是肯定的。我們的法寶便是廣「布」天下的合成纖維。舉例來說，建造一個以石油為原材料、年產萬噸的合成纖維工廠所需的土地面積可以控制在 200 畝之內，但根據國家統計局提供的 2019 年數據，欲收穫同樣重量的棉花需要在 8.51 萬畝農田上播種。因此，生產合成纖維不僅不受各類自然不確定性因素的影響，而且可在相當程度上提高土地利用效率，自 1990 年代以來，越來越多的小油滴經過「整型」成為合成纖維，合成纖維的產量也逐步超過了棉花，在衣物、布料生產原料中占有重要地位。

想要變成合成纖維，我們小油滴需要透過三大關卡──合成聚合物製備、紡絲成型、後處理。第一關需要從石油和天然氣中提取物質並進行聚合或者共聚反應，可以產生具有纖維性質的「成纖高聚物」；第二關是向成纖高聚物噴灑紡絲液以進行成纖過程，並形成纖維的外形；第三關透過進一步處理才能得到可以紡織的合成纖維。石油和天然氣作為這個過程的根本物質基礎，在製備合成纖維過程中的重要性不言而喻。

4· 合成橡膠

橡膠對於大多數人來說並不是一種陌生的物質。憑藉其良好的物理性質（如高彈性、耐透氣性、絕緣性等），橡膠有著非常豐富的應用，早已扎根在千家萬戶。隨著歷史長河向前回溯，早在幾個世紀前，人們便開始使用橡膠了。早期的橡膠來源只有橡膠樹，但橡膠樹只能生長於熱帶和亞熱帶地區，且生產週期較長，需培植 6 至 8 年方能割膠。據文獻計算，生產 1,000 噸天然橡膠，需要在約 3 萬畝的土地上種植 300 萬棵橡膠樹，這個過程還需要 5,000 個勞動力進行管理。顯然，這種效率不高的生產方式無法滿足需求，這種弊端在戰爭中暴露無遺。因此，在一戰、二戰後，關於橡膠製備的研究投入大幅增加，人們發現，可以以石油和天然氣為原料製取單體並進行聚合製備合成橡膠。從此，合成橡膠開始迅速發展。

迄今為止，合成橡膠已然在歷史之樹上畫下了百餘圈年輪，橡膠的種類也不斷豐富，最終形成了以丁苯、順丁、異戊、氯丁、丁腈、乙丙、丁基七大基本膠種為主體，多種橡膠種類並存的良好態勢。縱使種類紛繁複雜，製備合成橡膠的起點和原料基本相似：製備橡膠的主要原料有生膠、配合劑、纖維材料和金屬材料，起點便是生膠，而生膠的起點可以轉化為石油和天然氣，這就是合成橡膠和石油、天然氣的「血緣關係」。為了讓橡膠獲得理想的物理和機械效能，人們在幫我們「整型」為合成橡膠時「請」來了各種配合劑，如硫化劑、增塑劑、抗老劑等。在對原料進行處理後，經過「塑煉─混煉─壓延壓型─成型─硫化」五個步驟的「千磨萬韌」，我們才能以合成橡膠的身分走向世界。

5. 其他精細化工產品

除了有機原料和三大合成品，精細化工產品也是石化產品大家庭的重要組成部分。其實人們對於精細石油化工產品並不陌生，新增劑、日用化學品、溶劑、農藥、油漆、染料等我們耳熟能詳的產品都屬於這個範疇。單從名字來看，這些產品彷彿和石油、天然氣是路人甲的關係，但它們都是使用以石油和天然氣煉製加工而成的有機化工原料製備的。

精細石油化工產品不僅在生產和生活中發揮著螺絲釘的作用，而且成為世界各國的「搖錢樹」。來自美國商務部的數據表示，價值為 1 美元的原料「搖身一變」加工為精細化工產品後，價值可激增至 100 美元以上，如此高的收益博得了世界各國的眼球，因此全球石油化工產業有著精細化發展的動向。

如此紛繁複雜的「整型」選擇，是不是很令人羨慕呀？可惜的是，「整型」成為什麼產品的決定權並不在我們小油滴自己的手上，而是由「看不見的手」——市場來決定的。但不論如何，我們小油滴在化工產業的地位可是不低的喲！身為化工產業的「半壁江山」，每個小油滴都會不辱使命，在您看不到的地方，充分發揮自己的每一分力量，為化工產業的進步做出貢獻，同時用這些化工產品為您的生活提供便利。

二、日常生活中的「隱含油氣消費」

本節將帶您從化工廠走向生活，從原料種類的角度區分，看看生活中那些不為人所知的「隱含油氣消費」。

1.「塑」造生活 —— 合成樹脂

「聚乙烯、聚丙烯、聚氯乙烯、聚苯乙烯和 ABS」—— 我們對通用樹脂這五個「高大上」的名字可能很陌生，但在生活中不難發現它們的身影：汽車中如車燈、扶手等的各類塑膠製品、農民耕地時使用的膜和溫室的塑膠外罩、以 PVC 門窗為代表的化工建築材料、各類電子產品和家電的塑膠外殼與內膽、各類日常用品、玩具、醫療用具、泡沫塑膠、塑膠跑道等。而關於專用樹脂，代表性最強的是更耐極端條件的工程樹脂。專用樹脂在日常生活中的應用不如通用樹脂頻繁，但細心的我們不難發現，工程樹脂被頻繁用以降低航天器整體結構重量，且被用於飛機隔熱和絕緣材料。以石油或天然氣為原料的合成樹脂不論在生產還是生活中的利用都十分廣泛。

2.廣「布」天下 —— 合成纖維

據統計，人的一生要「穿」掉 290 公斤石油。不論是最經典的尼龍，還是用來替代羊毛的腈綸和丙綸、生產各類襯衫和縫紉線常用的滌綸，這些利用石油和天然氣提取的有機物進行合成與抽絲後產生的纖維，這些融入生活當中的布料成分，這些引領時尚潮流的基本元素，已經成了人們生活中形影不離的「最佳拍檔」。試想：如果沒有合成纖維製成的「石油衣」，我們的生活會是什麼樣子呢？

3.「輪」上生活 —— 合成橡膠

合成橡膠的應用範圍也越來越廣。從橡膠手套、汽車輪胎、膠帶等生活必需品，到減震、密封、絕緣、黏接、耐磨等工業使用場景，到排灌管、輸送帶、電線外皮等農業和能源裝備，再到各類軍事裝備、航太

第十五章　我們身邊的石油與天然氣：看得見與看不見的能源影響

設備、導航系統衛星等策略和高端科技產品，合成橡膠這種源於石油和天然氣的化工產品似乎「無孔不入」，充斥了生產和生活中的各種場景。因此，不論是開車、用電、飲食，還是習慣性的在手機上開啟地圖 APP 查詢最近的捷運站的位置，我們都在無聲地「消費」著合成橡膠，也就是在「消費」著石油和天然氣。

4.「精」工廣益 —— 其他精細化工產品

如上節所述，其他精細化工產品種類繁多，且日常生活中均難以發現其中隱含的石油消費：運動過後，沖澡時打出豐富泡沫的沐浴乳、飯後幫助我們迅速潔淨餐具的洗碗精、家居裝飾中隨心所欲更換房間色調的油漆、耕種時保障產量所噴灑的農藥……我們在充分享受其便利的時候，石油和天然氣的使用清單上便又多了一個專案。

問君能享幾多油？年年歲歲分分秒秒消耗不停留。不論見與不見，了解與否，石油消費就在我們的日常生活當中，只要我們用發現事物的眼光看，我們便可以發現，「石油刷牙，石油洗臉，身披石油印染的石油衣，身下是石油驅動的石油輪」的確是我們日常生活的真實寫照。石油和天然氣的消費就在我們身邊，我們的生活也與石油和天然氣息息相關，我們的血液中已經注入了石油和天然氣的「基因」。

第四部分　家庭篇：石油與我們的日常生活

第十六章

成品油價格的真相：
政府從油價中收了多少稅？

    2020 年 4 月 21 日，國際資本市場發生翻天覆地的變化，原油價格發生「史詩級崩盤」，直接跌為了負數。然而國內眾多民眾存疑，國際油價大跌，國內的汽、柴油價格卻沒有明顯降低，是為什麼呢？本章將以美國、日本、英國為例，探究不同國家的成品油稅收政策。

第一節　各國成品油稅費比較：誰的燃油最貴？

一、美國

美國燃油稅自 1919 年開始徵收，是較早徵收燃油消費稅（簡稱「燃油稅」）的國家之一。美國在燃油稅開徵之初，基本目的就是用於籌措道路建設資金，根據稅收受益原則，使用道路的人有義務負擔道路成本，因此美國在徵收成品油稅費時區分路用油和非路用油，用於非公路的國有公路車輛免徵稅，即誰受益誰交稅。開徵之後，美國聯邦政府及各州確實籌措了大量的資金用於道路的建設和養護。

美國作為聯邦制國家，各州、地方有獨立的稅收體系，所以成品油在流通時要交兩道燃油稅。對於聯邦稅，由聯邦政府稅務部門對進口商和成品油生產者進行徵收，但由於稅負的轉嫁性，最終還是在零售過程中由消費者承擔。州稅主要在批發、零售環節，對銷售、移送和使用規定燃料的單位和個人進行徵收。美國聯邦政府對汽油和柴油等燃料採用全國統一的消費稅稅率（表 16-1），但是各州的燃油稅存在很大差異（圖 16-1），聯邦汽油稅為 18.4 美分／加侖，州汽油費和稅款的範圍從阿拉斯加的 13.77 美分／加侖至加利福尼亞的 62.47 美分／加侖不等。截至 2020 年 7 月 1 日，州汽油稅費平均為 36.38 美分／加侖。

表 16-1　美國聯邦燃油消費稅稅費

名稱	稅費（每分／加侖）
車用汽油（含生物燃料）	18.40
車用柴油	24.40

第十六章　成品油價格的真相：政府從油價中收了多少稅？

名稱	稅費（每分／加侖）
航空煤油	21.90
煤油	24.4
染色柴油和煤油	0.10
液化石油氣	18.30
液態天然氣	24.30
壓縮天然氣	18.3
其他替代燃料	18.40

平均而言，美國成品油稅費約占消費者支付價格的17%（圖16-2），在世界處於較低水準。美國的低稅負主要有以下兩個方面的原因：首先，美國作為世界大國，運用強大的經濟、軍事和外交力量，干預著石油資源的交易，這也相當程度上保證了美國的能源穩定，讓美國有足夠的信心設定低稅率。其次，美國幅員遼闊，地廣人稀，汽車是每家每戶出門必備的交通工具。當初，每桶幾美元至20多美元的低油價使得小汽車逐漸普及，成為美國絕大多數家庭工作和生活的必需品。汽車生活的必要性以及歷史低價格的慣性，提高稅率往往會遭到人民的反對，因此始終保持較低的稅率。

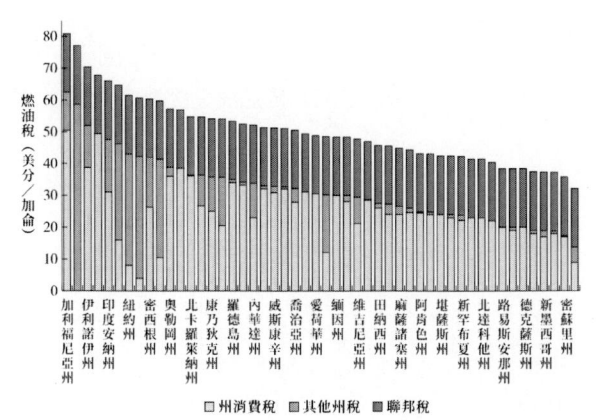

圖16-1　2020年7月1日美國各州汽油發動機燃油稅

數據來源：美國石油協會（American Petroleum Institute）

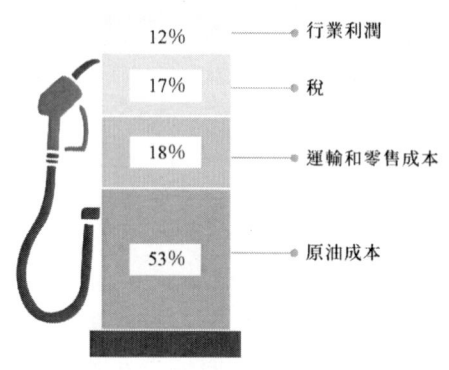

第四部分　家庭篇：石油與我們的日常生活

圖 16-2　美國成品油價格構成

數據來源：美國石油協會（American Petroleum Institute）

二、日本

日本是典型的高油價高稅率國家。自 1973 年第一次石油危機以來，日本先後五次調高了汽油和柴油的稅率，汽油稅由 1973 年的 28.7 日元／升提高到 1993 年底的 53.8 日元／升，柴油稅由 1973 年的 15 日元／升提高到 1993 年底的 32.1 日元／升，20 年間上漲了兩倍左右（表 16-2）。2005 年日本的石油價格是美國的四倍多，油價中所含的稅收是美國的六倍多。

表 16-2　日本成品油稅費

單位：日圓／升

時間	汽油稅	柴油稅
1973 年	28.70	15.00
1974 年 4 月 1 日	34.50	15.00
1976 年 7 月 1 日	43.10	19.50
1979 年 6 月 1 日	53.80	24.30
1993 年 12 月 1 日	53.80	32.10

數據來源：國際能源署（IEA）。

第十六章　成品油價格的真相：政府從油價中收了多少稅？

另外，日本的燃油稅收實現了專款專用。日本燃油稅劃分為四大類：精油稅、地方道路稅、柴油稅、天然氣稅，稅款分別用於地方道路維護以及公路設施的維護。

日本的柴油稅要比汽油稅低很多，主要是因為在19150年代，日本舉國上下處於建設熱潮局面，當時日本對作為奢侈品的小轎車所使用的汽油設定了較高的稅率，而對助力經濟建設的卡車所使用的柴油則制定了較低的稅率。

以2020年7月日本成品油為例，7月分日本成品油價格為192.69美元／桶，其中稅費約占72.24美元，平均占比37.5%，與原油成本將近持平（圖16-3）。稅率和稅負在世界都處於高水準，這種高賦稅的背後原因是日本極為短缺的資源。日本地域面積狹小，資源嚴重短缺，幾乎所有石油都來自進口，因此日本為了限制資源的使用，同時提高有限資源的使用效率，採用高油價高稅收的政策。

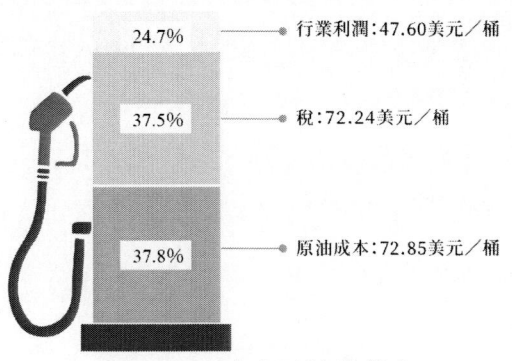

- 24.7%　行業利潤：47.60美元／桶
- 37.5%　稅：72.24美元／桶
- 37.8%　原油成本：72.85美元／桶

圖16-3　日本成品油價格構成

數據來源：美國石油協會（American Petroleum Institute）

三、英國

　　兩百多年前，英國就率先掀起了工業革命的浪潮，先進的機器帶給了英國第一桶資本主義的黃金，卻也讓英國為此付出了慘痛的代價。早在1909年，英國就在世界開創徵收燃油稅的先河，1952年「倫敦煙霧」事件發生以後，英國人更加反思空氣汙染帶來的苦果，於是發表了一系列的法律法有序治環境，其中包括加大對成品油的稅收。

　　英國對成品油的稅收主要包括燃油稅和增值稅，稅收增加了使用者的邊際成本，將環境汙染的負外部性內部化，在限制溫室氣體排放中發揮了很重要的作用。倫敦大學交通研究中心研究結論表明，燃料價格在一年內每上升10%，能減少2.5%的燃料使用和1%的交通總量。長期來看，燃料價格每上升10%，能使燃料使用量降低6%，交通總量降低3%。同時，燃油稅也是英國財政部環境稅中單項總額最大的稅種，在增加財政收入中發揮了重要的影響。

　　英國成品油的總體稅負是相當高的，以2019年英國成品油價格為例，每桶258.12美元中就有158.01是稅費，稅負高達61.22%，雖然在2015年至2019年期間稅負有所下降，但依然保持在60%以上（表16-3），充分體現了英國高強度的綠色環保政策導向。

表16-3　2015～2019英國成品油價格構成

單位：美元／桶

類別	2015	2016	2017	2018	2019
稅	181.55	158.90	154.76	163.62	158.01
行業利潤率	35.08	27.06	30.20	30.83	34.53
原油成本（到岸價）	53.81	44.62	54.69	72.65	65.58
成品油價	270.44	230.58	239.65	267.10	258.12

第十六章　成品油價格的真相：政府從油價中收了多少稅？

四、主要國家稅收比較

　　成品油的稅前價格通常由原油成本和加工利潤等決定，各地雖有差異，但差異並不大。我們觀察到的成品油稅後價格在各國之間的差異主要是由稅收引起的，而稅收體現的是不同國家的能源政策導向和宏觀調控意圖。

　　首先，從徵稅對象來看，稅收的徵收對象指的是徵稅所指向的客體或者標的物，比較各個國家發現，各國的徵稅對象之間並無很大不同，基本都是對汽油、柴油、煤油等成品油，以及天然氣等其他燃料進行徵稅。

　　其次，從稅率和徵稅目的來看，由於不同國家在設稅時想達到的目標不同，因此各國的稅率也大不相同。像一些歐洲國家是為了達到保護環境的目的，因此對於燃油稅稅率設定比較高，其中英國的稅率在歐洲可以說是名列前茅。而美國號稱車輪上的國家，進入汽車時代的時間較早，不僅汽車便宜，養車成本也極低，即便大多數貧困家庭也可以不太費力的負擔至少一輛私家車。長期以來美國政府的政策是鼓勵民眾消費汽油來支持作為國民經濟支柱之一的汽車工業，並將能源價格視為工業發展的優勢，因此一直施行低油價的政策，客觀上鼓勵了成品油的消費，美國也因此成為世界上人均消耗能源最多和對全球變暖「貢獻」最大的國家。再看日本，眾所周知，其國內能源嚴重匱乏，日本政府十分重視能源節約，不僅燃油稅的徵收範圍在先進國家中最廣，稅率也較高。日本的高燃油稅導致了高油價，也因此導致日本低排量小汽車盛行的現象。

　　再次，從計稅方式來看，各個國家在稅率的徵收方面都基本採用了

從量定額徵收的管理辦法。這種計稅方式可以有效避免原油價格波動過大,導致稅收的關聯波動,保證了成品油稅收的穩定性。

此外,從稅收用途來看,稅收是國家財政收入的重要組成部分,國家運用稅收籌集財政收入,按照國家預算的安排,有計畫的用於國家的財政支出,為社會提供公共產品和公共服務,發展科教文衛和社會保障等事業。在一些欠先進國家,為了保證消費者的正常生活水準,稅負通常比較低,因而用於社會基礎設施建設的財政支出也相對較低。而一些歐洲國家的社會福利程度高,相應的所要繳納的稅費也高於其他國家。總之,稅收實際上是「從群眾中來,到群眾中去」的一部分款項,這一點對所有國家都是相同的。

最後,各國成品油的稅負還和稅制結構有關,例如美國稅制中個人所得稅稅率占比高,增值稅、消費稅等流轉稅的比例較低。燃油消費稅是美國、澳洲等許多國家有效能源稅率的重要組成部分和唯一的能源使用特定稅種。但是在某些歐盟國家和經合組織國家中,明確的碳稅也發揮重要的作用。並且各個國家的計稅依據有所不同,因此無法僅透過稅率、稅負判斷一個國家的成品油稅費是高還是低。同時,正是由於稅費的不同,各國的成品油價格也有較大差異,同樣一升汽油,在沙烏地阿拉伯大概只需要一瓶礦泉水的價錢就能買到,而在挪威可能需要多出幾倍的價格。

案例:全球成品油價格比較分析

本章正文羅列了美、日、英三個代表國家的成品油價格構成,實際上我們還可以從 OPEC 網站上了解更多國家的價格構成。

第十六章 成品油價格的真相：政府從油價中收了多少稅？

2018 年 OPEC 年度統計公告顯示，在給出的 7 個國家成品油價格構成中，英國的稅負最高，達到了 61%，其次是義大利，稅負占比 60%，法國緊跟其後，占比 59%，其中稅負最低的是美國，僅占總價的 20%，遠遠低於 50% 的平均數字（圖 16-4）。

進一步，OPEC 網站上還展示了歷史成品油價格構成及與原油價格的關係。以主要油氣消費國 OECD 國家為例，從圖 16-7 可以清晰地看出，產業利潤占成品油價格的比例在 2000 年到 2018 年基本維持在 15%～20% 之間，變動不大。原油成本所占比例變化趨勢與原油價格變化趨勢一致，最低為 22%，最高為 41%。而稅收在其中起到了一個很好的調節作用，在原油成本較低時，OECD 政府傾向於執行較高稅收來提高成品油價格，而在原油成本較高時，政府則傾向於適當降低稅收來穩定成品油價格，但占比最低也在 44% 以上。

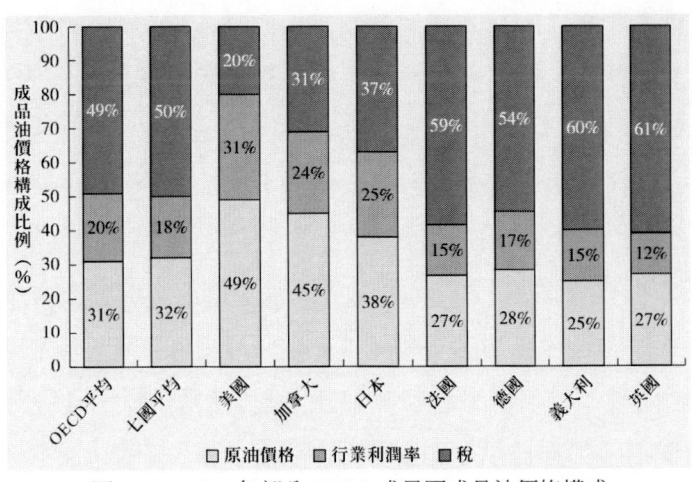

圖 16-4　2018 年部分 OPEC 成員國成品油價格構成

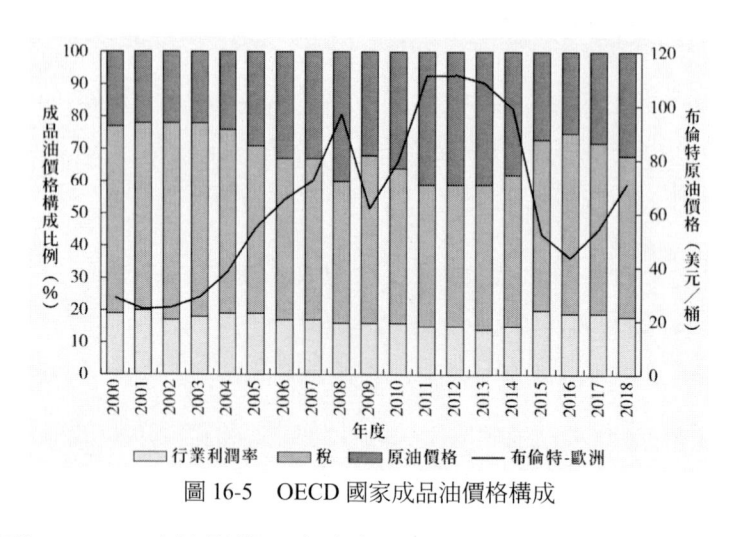

第四部分　家庭篇：石油與我們的日常生活

圖 16-5　OECD 國家成品油價格構成

　　受到 covid-19 疫情影響，全球成品油價格有所變動，以 2020 年 8 月 31 日全球汽油價格為例，儘管表面上看中國的高稅收使油價始終居高不下，但其實臺灣油價在有統計的 160 多個國家和地區中位列第 53，僅處於中游，而香港以每升 15.3 元的價格高居汽油價格榜首（表 16-4）。全球汽油價格差異懸殊，最高價的香港比最低價的委內瑞拉高出一百多倍。造成這種現象的原因在於香港地域狹小，人口眾多，人均又相對富裕，交通擁擠，所以需要對私家車有一定控制，因此收取極高的汽油稅，而委內瑞拉作為世界上最大的產油國之一，石油對他們而言就像礦泉水一般平常。這也再次印證了本章所提到的，成品油的稅收是政府綜合考慮國家石油供應狀況、利用狀況、石油安全、環境保護等多方面因素制定的，不能透過稅率的高低來評判一個國家稅收的好壞，而是要看是否符合該國的國情。也正是由於各國稅收的差異，導致即使在定價機制與國際接軌的情況下，最終到達消費者手裡的成品油價格也大不相同。

第十六章　成品油價格的真相：政府從油價中收了多少稅？

表 16-4　2020 年 8 月 31 日全球不同國家和地區汽油價格（人民幣元／升）

國家和地區	價格	國家和地區	價格	國家和地區	價格	國家和地區	價格
委內瑞拉	0.14	史瓦帝尼	4.88	甘比亞	6.62	匈牙利	8.7
伊朗	0.44	獅子山	4.89	肯亞	6.68	捷克	8.7
蘇丹	0.95	蓋亞那	5.14	牙買加	6.7	賽普勒斯	8.81
安哥拉	1.82	烏茲別克	5.23	聖露西亞	6.74	烏拉圭	8.82
卡達	2.34	瓜地馬拉	5.24	阿魯巴	6.75	盧森堡	9.04
科威特	2.35	多哥	5.28	智利	6.79	拉脫維亞	9.29
阿爾及利亞	2.45	巴西	5.3	蘇利南	6.83	黑山	9.32
尼日	2.54	納米比亞	5.34	菲律賓	6.89	斯洛伐克	9.44
哈薩克	2.82	黎巴嫩	5.38	剛果	6.95	塞爾維亞	9.48
馬來西亞	2.83	坦尚尼亞	5.4	摩洛哥	7.02	西班牙	9.56
沙烏地阿拉伯	2.91	阿根廷	5.51	巴哈馬	7.11	塞內加爾	9.62
土庫曼	2.92	臺灣	5.58	孟加拉	7.17	克羅埃西亞	9.63
阿富汗	3.11	烏克蘭	5.7	馬達加斯加	7.27	瓦利斯群島和富圖那群島	9.69
厄瓜多	3.15	柬埔寨	5.74	保加利亞	7.31	新加坡	9.77
亞塞拜然	3.21	迦納	5.8	格瑞那達	7.34	瑞士	9.92
吉爾吉斯	3.25	千里達及托巴哥	5.8	烏干達	7.36	紐西蘭	10.12
阿拉伯聯合大公國／杜拜	3.34	尼加拉瓜	5.86	羅馬尼亞	7.44	德國	10.18
阿曼	3.44	斯里蘭卡	5.92	象牙海岸	7.45	列支敦斯登	10.3
海地	3.6	宏都拉斯	5.92	維德角	7.5	愛沙尼亞	10.29
巴林	3.62	巴拉圭	5.92	加彭	7.51	愛爾蘭	10.31
埃及	3.65	多米尼克	5.94	布吉納法索	7.57	聖瑪麗港	10.47
緬甸	3.67	南非	6.01	模里西斯	7.57	英國	10.48
玻利維亞	3.71	聖地牙哥	6.03	辛巴威	7.62	巴貝多	10.7
哥倫比亞	3.86	莫三比克	6.15	波士尼亞與赫塞哥維納	7.64	比利時	10.79
衣索比亞	4.08	澳洲	6.18	開曼群島	7.69	冰島	10.83

第四部分　家庭篇：石油與我們的日常生活

國家和地區	價格	國家和地區	價格	國家和地區	價格	國家和地區	價格
巴基斯坦	4.29	土耳其	6.19	喀麥隆	7.82	法國	10.93
印尼	4.3	秘魯	6.19	韓國	7.84	馬爾他	10.96
伊拉克	4.3	中國	6.2	印度	7.91	阿爾巴尼亞	11.09
俄羅斯	4.32	尼泊爾	6.23	北馬其頓	7.93	瑞典	11.24
巴拿馬	4.48	貝南	6.27	葉門	8.04	馬約特島	11.37
賴比瑞亞	4.52	馬拉威	6.3	斯洛維尼亞	8.18	葡萄牙	11.44
越南	4.53	斐濟	6.33	古巴	8.19	義大利	11.46
波多黎各	4.55	摩爾多瓦	6.36	波蘭	8.27	以色列	11.61
白俄羅斯	4.57	幾內亞	6.37	馬利	8.33	芬蘭	11.76
不丹	4.62	寮國	6.39	貝里斯	8.39	摩洛哥	11.77
波札那	4.62	盧安達	6.42	日本	8.42	希臘	11.81
美國	4.64	查德	6.43	安道爾	8.43	丹麥	11.94
賴索托	4.64	多明尼加	6.47	立陶宛	8.49	挪威	12.46
喬治亞	4.72	泰國	6.49	蒲隆地	8.5	荷蘭	12.81
薩爾瓦多	4.73	哥斯大黎加	6.55	約旦	8.56	中非	13.66
突尼西亞	4.79	加拿大	6.57	奧地利	8.68	香港	15.3

數據來源：全球石油價格網（按 1 美元 =6.7 人民幣計算）。

第十七章

能源轉型如何影響消費選擇？
政策導向下的能源替代進程

能源是人類乃至世間萬物得以生存和發展的基礎，推動著人類社會不斷向前邁進。但不加節制的能源開發與使用也讓人類逐漸嘗到苦果，化石能源時代下工業飛速發展與氣候不斷汙染之間的矛盾湧現，能源轉型迫在眉睫。從世界整體視角下看，能源轉型的大趨勢是可再生能源替代傳統的化石能源，能源品種的替代因素有政策引導、經濟特性、技術支援、資源稀缺性等。但由於全球仍處於能源轉型的萌芽階段，沒有哪一種能源能夠在這四個方面取得絕對優勢，因此，迄今為止能源替代品種仍處於並駕齊驅的多樣化發展狀態。未來究竟哪一種能源能夠在工業時代的大浪淘沙下脫穎而出呢？這取決於國際社會和國家內部的政策等因素驅動。政策導向的作用在能源替代中如何體現，本章將為您詳細介紹。

第一節
氣候變遷與能源結構轉型的推動力

一、氣候變遷等環境問題不斷顯現

　　從鑽木取火到蒸汽滾滾，從熊熊燃燒的煤炭到汩汩流淌的黑色血液，一次次能源變革推動人類社會一步步前進。歷史上的第一次能源轉型發生在 18 世紀中後期，柴薪、稻草被煤炭所取代，煤炭成為主要能源動力，人類從此步入煤炭時代。第二次能源轉型發生在 1960 年代，石油在一次能源消費中的比例超過煤炭，人類自此進入石油時代。時至今日，人類仍然身處石油時代之中，而煤炭依然占據全球一次能源消費的 25%以上。

　　長期的煤炭和石油的消費支撐了人類的工業文明，為人類帶來了更為舒適的生活環境。然而，人類在文明發展的過程中不斷擴大能源的使用規模和範圍，在創造出光輝燦爛的文明偉績的同時，也由於過度的開發和不恰當的使用資源，嚐到了破壞生態的苦果。例如，工業汙染物的排放破壞了臭氧層，酸雨等生態環境問題正在危害人類身體健康，影響工農業的發展；土壤汙染、水汙染影響食品安全；冰川、凍土範圍的持續縮減，將導致自然災害發生頻率增高，強度變大，影響範圍變廣；快速的自然資源開採使岩石圈中的油氣資源日益枯竭，能源危機一觸即發。

　　在這些眾多的生態破壞中，對人類影響最大的是由人為排放二氧化碳等溫室氣體所引起的氣候變遷。地球的氣溫是由其對太陽輻射的吸收

第十七章 能源轉型如何影響消費選擇？政策導向下的能源替代進程

率和向宇宙空間中紅外輻射的排放率之間的均衡狀態決定的。對太陽輻射的吸收具有暖化效應（warming effect），而對紅外輻射的排放則具有冷卻作用（cooling effect）。兩者的差額（即對太陽輻射的吸收量減去紅外輻射的排放量）就是所謂的淨輻射（net radiation）。如果淨輻射為正，則氣候將變暖。自人類工業化以來，大量煤炭和石油等化石燃料在燃放利用過程中，釋放了巨量的二氧化碳等溫室氣體。根據美國能源資訊管理局（EIA）的統計，全球人類活動所釋放的二氧化碳從 1751 年的 0.1 億噸增加到 2018 年的 362 億噸，同期全球大氣二氧化碳濃度也從 276ppm 增加到 405ppm，兩者存在顯著的相關性（見圖 17-1）。而隨著大氣中二氧化碳排放量和濃度的增加，阻礙了更多的紅外輻射返回宇宙，進而導致地表溫度上升，即我們所熟知的全球暖化，而全球暖化是氣候變遷的最顯著表現之一。

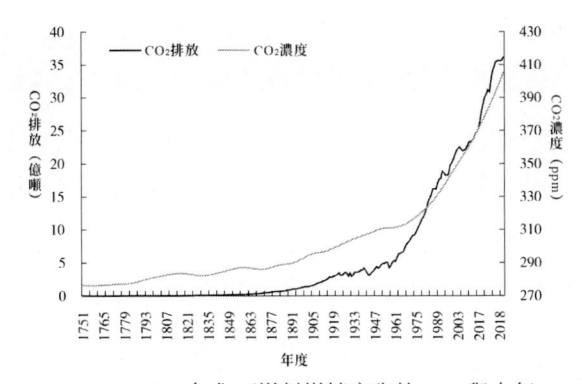

圖 17-1　1751～2018 年化石燃料燃燒產生的 CO_2 與大氣 CO_2 濃度

數據來源：美國能源署（EIA）

世界氣象組織發表的研究報告中指出：2011～2020 年這十年是有紀錄以來最熱的十年。從 2020 年 1 月到 10 月，全球平均氣溫已經相較於工業化前時代（1850～1900 年）顯著升高了 1.2 攝氏度。儘管受到拉

第四部分　家庭篇：石油與我們的日常生活

尼娜現象的降溫作用，但 2020 年的全球平均氣溫仍將是有紀錄以來最暖的三個年分之一。全球氣溫升高帶來的影響可不僅僅是夏天體感更加炎熱了一點那麼簡單，全球暖化引起的危害是全球性的、災難性的。氣候變遷破壞了地球億萬年以來形成的水熱平衡，引發了許多極端氣候事件。2018 年美國東南部佛羅里達州的四級颶風「麥可」、同年 9 月的颶風「佛羅倫斯」……極端的氣候事件帶來了巨大的經濟損失，讓許多人無家可歸，甚至奪走了許多生命。除此之外，氣溫升高還引發了海平面的上升，根據 2019 年 9 月聯合國政府間氣候變遷專門委員會發表的《氣候變遷中的海洋和冰凍圈特別報告》指出：20 世紀 100 年間全球海平面已經上升了 15 公分，而近年來海平面上升的速度已經達到了歷史最高值：3.6 公釐／每年，這個速度已經是 20 世紀的兩倍多。海平面的上升給眾多海洋中的島嶼國家帶來了滅頂之災：2001 年 11 月，太平洋南部的島國吐瓦魯領導人對外宣告，他們對抗海平面上升的努力已宣告失敗，該國居民將逐步撤離，舉國搬遷至紐西蘭。同樣受到海平面上升威脅的國家還有帛琉和印尼等島國。《自然・通訊》(Nature Communications) 雜誌在 2019 年發表的文章顯示，截至 21 世紀中期，約有 2.4 億人將直接受到海平面上升的影響。海平面上升不僅會淹沒陸地，還會引發各種次生災害，例如鹹潮、海岸侵蝕和風暴潮等，這些災害直接或間接影響人類的生存和發展。

除了二氧化碳等溫室氣體誘發的氣候變遷外，化石燃料在燃燒過程中也會產生大量的其他汙染物，如二氧化硫、一氧化碳、煙塵、放射性飄塵、氮氧化物等。這些物質會導致空氣汙染，引起霧霾、酸雨等。比較典型的是倫敦煙霧事件。作為率先步入蒸汽時代的英國，倫敦大量的工廠以燃煤作為主要能源，燃煤排放的粉塵和二氧化硫等聚集在倫敦城市上空經久不散。自 1952 年以來，倫敦發生過 12 次大的煙霧事件，煙

第十七章　能源轉型如何影響消費選擇？政策導向下的能源替代進程

霧逼迫所有的飛機停飛，汽車在白天依然無法行駛，呼吸疾病患者數量猛增，幾天之內有 4,000 多人死亡。除此之外，為人類發展歷史蒙上陰影的環境汙染事件還有洛杉磯光化學汙染、西德森林枯死病事件、庫巴唐死亡谷事件等不勝枚舉。此情此景之下，進行能源轉型與尋求新能源替代迫在眉睫。

二、環境因素驅動下的能源轉型與能源替代

在氣候變遷等環境問題的壓力下，各國紛紛開啟了能源轉型的步伐。概括來說，能源轉型指的是傳統的能源消費被更新和替代的過程。世界能源轉型趨勢是由不可再生能源到可再生能源，由高碳排放量到低碳排放量的轉變過程。自 1990 年代以來，國際社會越來越關注氣候變遷、能源轉型更新的問題。1992 年，聯合國環境與發展大會上通過了《氣候變遷框架公約》，其中明確要求至 1990 年代末，先進國家溫室氣體的年排放量要控制在 1990 年的程度。1997 年通過的《京都議定書》規定了 6 種受控溫室氣體，要求先進國家以 1990 年的排放量為基準，按照 5.2% 的比例削減本國該 6 種氣體的排放量。2010 年歐盟通過的「歐洲 2020 策略」建議歐盟國家減少二氧化碳排放，將能源中可再生能源比例提高至 20%，同時能源消耗總量減少 20%。2015 年巴黎氣候峰會上各國達成《巴黎協定》，提出將全球平均氣溫較前工業化時期上升幅度控制在 2 攝氏度以內。

不同於以往兩次能源轉型，本次能源轉型具有能源轉型動力內在化、能源轉型道路差異化、可替代能源多元化、政策推動加速化等特點。

一是能源轉型動力內在化。以往兩次能源革命本質上是由於傳統的

能源不能滿足快速發展的生產需求造成的，如第一次能源改革的薪柴能源危機，是迫於供求因素而被動尋求新的替代能源。而第三次能源轉型的主要動因在於氣候變遷的研究結果得到了普遍認知，化石能源的有限性和危害性日漸突出，各國開始主動尋求可替代的新能源，再加上近年來隨著技術的不斷成熟，新能源得到了規模化的利用，使用成本不斷下降，保證了使用新能源的可行性。總之，本次能源轉型不是由於供需狀況的外因決定的，而是由於人們對於自然環境的主動認知和新的科學技術的主動探索的內因導致的。

二是能源轉型道路差異化。總體來說，典型的能源轉型道路一般是從薪柴、稻草等傳統木材過渡到煤炭，再轉型為石油、天然氣的順序，代表國家如美國。但實際上，能源轉型更多的是各國因地制宜利用本國資源的過程。荷蘭由於地勢低窪，處於西風帶，風能資源豐富。早在17世紀，荷蘭就開始利用風能，透過大量使用泥炭、風能、水力等可再生資源滿足生產需求。步入近代後，由於荷蘭自身經濟規模較小，能源轉變較為靈活，以相對快的速度實現了從煤炭到石油天然氣的轉型。巴西盛產甘蔗，可用於釀製乙醇燃料，相較汽油具有很高的成本優勢。2007年甘蔗及其副產品在巴西能源構成中占16%，超過水力發電所占的14.7%，成為巴西除石油外的第二大能源來源。不同的資源使各國擁有不同的能源發展軌跡。

三是可替代能源多樣化。不同於歷史上某種主體能源替代另一種能源的轉型形式，當前的能源轉型呈現出多元化的態勢，即存在多種替代能源的選擇，但沒有一種能源具有超越其他能源的顯著競爭力。當代能源轉型過程中尚未出現可以促進能源轉型的能源資源或成熟技術，某些替代能源或技術一度被看好但後來漸漸失去吸引力。當前，替代化石能

第十七章　能源轉型如何影響消費選擇？政策導向下的能源替代進程

源的其他備選能源如水力、風能、生物質能、核能、太陽能等都將持續在能源轉型中發揮作用，但還沒有哪一種能源能夠擁有壟斷性的優勢。

　　四是政策推動加速化。雖然各國能源轉型週期不同，但從第一次能源革命到第二次能源革命，能源結構的轉型持續了近百年。事實上，這一百年是一個逐漸被市場接受和選擇的過程，最終使石油取代煤炭成為主要能源。如果沒有政策干預，第三次能源革命不會在短時間內完成。如果將潔淨能源的比重作為轉型指標的話，第三次能源革命才剛剛開始。如果不進行干預，至少需要幾十年的時間才能實現可再生能源的轉型。為此，一些國家積極推進能源轉型，制定了一系列措施，加快能源革命步伐。例如，歐盟在《2050年能源路線圖》中提出到2050年可再生能源要占到全部能源消費的55%以上，實現到2050年所有溫室氣體的中和。英國在通過《巴黎協定》的基礎上，提出了《氣候變遷法案》的階段性修訂案，即《2050年目標修正案》，這使得英國成為世界上少數對2050年碳中和目標進行立法保障的國家之一。日本和韓國也宣布要在2050年之前實現碳中和，為此日本大力發展氫能，計劃在2025年前建立320個商業加氫站，並鼓勵充電汽車發展。這些措施都加速了能源轉型，助力全球氣候變遷治理。目前，全球共計30個國家和地區設立了淨零排放或碳中和的目標。

第二節
政策如何影響市場選擇？
能源替代的趨勢與挑戰

一、能源品種替代影響因素

　　從世界整體範圍來看，能源品種替代的大趨勢是可再生能源替代傳統的化石能源。傳統化石能源包括煤、石油、天然氣；可再生能源包括水力、風能、生物質能、核能、太陽能等。值得一提的是，有些學者認為能源轉型的過程是從固體到液體再到氣體的過程，因此將天然氣作為能源轉型中的主體替代能源。而另一種觀點認為天然氣的使用仍然會釋放碳物質，因此將它歸類於傳統化石能源。事實上，由於能源轉型的複雜性和長期性，除了經濟體量非常小的國家，幾乎沒有哪一個國家可以立刻實現從一種能源向另一種能源的跨越式轉變，往往需要一種發揮過渡作用的能源作為樞紐，以穩定能源供給。於是天然氣便在美國等多個國家扮演了可再生能源與傳統化石能源之間轉變的過渡能源角色。

　　正如上文提到的，本次能源轉型可替代能源品種具有多樣性的特點，當前在世界各種替代能源並駕齊驅，沒有哪一種能源遙遙領先，這是因為能源品種替代因素具有雙面性，既促進了替代能源的普及，又限制了被替代能源的發展。能源品種替代的影響因素可以歸納為以下四個方面。

第十七章　能源轉型如何影響消費選擇？政策導向下的能源替代進程

1. 政策引導

在逐漸意識到環境汙染、過度開採和能源效率的問題後，國際社會通過了一系列環境政策協議，旨在全球達到減少碳排放、維持全球氣候穩定的目的。同時，各國也在國家內部制定了相應的能源政策，根據本國國情制定可行的階段性目標，將國際範圍的目標具體化。此外，新能源品種在開發階段往往需要大量的資金投入，根據國際可再生能源機構（IRENA）在阿拉伯聯合大公國發表的《全球可再生能源展望》報告，從2020年到2050年，維持氣候穩定的方案累計需要至少110兆美元的能源投資，而實現完全碳中和則需要額外20兆美元的投資。顯然，高昂的能源轉型成本單純依靠市場是無法實現的，需要政府的財政支持。

2. 經濟特性

能源發展本質上是不斷降低能源生產成本的過程，生產成本較低的能源才能在市場上取得優勢。能源開發具有規模收益特性，當產量在一定限額之內時，隨著生產規模的擴大，單位能源的生產成本不斷降低。據IRENA統計，2019年全球已安裝太陽能太陽能光電系統5.8萬千瓦，這意味著該技術自2010年以來成長了14倍。隨著系統規模的擴大，同期太陽能光電發電單位成本也在不斷降低。2010全球太陽能太陽能光電發電的平均成本為39美分／千瓦時，2019年降至7美分／千瓦時，十年間降幅高達82%。國際能源署（IEA）預測，太陽能光電發電的長期成本可以下降到6.5美分／千瓦時。

另外，能源作為一種普遍的生產要素，其供需如同一般消費品一樣受到價格的影響，因此能源的經濟特性也成為政策干預的主要切入點。當政府通過一系列相關政策降低能源價格時，理性生產者就會增加這種

生產要素的投入，以尋求利益最大化，如此一來就能夠促進這種能源品種的替代。

3. 技術支援

技術的革新能夠促進能源品種的替代。就目前來說，最具有技術挑戰性的能源品種當屬核能。核能最耳熟能詳的民用功能是核能發電，自1942年著名物理學家費米（Enrico Fermi）建造出第一座核反應堆後，人類開始了探索核能發電的步伐。核燃料能量密度比起化石燃料高上幾百萬倍，故核能電廠所使用的燃料體積小，運輸與保存都很方便，一座10億瓦的核能電廠一年只需30噸的鈾燃料，一趟飛機就可以完成運送。此外，核能燃燒不會釋放汙染物和二氧化碳，對環境友善。但當前由於存在核洩漏等安全性問題，核能發電並不普遍，倘若未來核儲存技術取得突破性進展，核能發電必將在能源替代方面顯現優勢。技術的革新不但可以促進能源品種的迭代更新，同時也可以橫向開拓能源市場。美國的頁岩油革命就印證了技術支援在能源替代中的重要作用，美國透過水平鑽井和水力壓裂技術在油氣開採方面的創新，逐漸降低美國對原油等化石燃料的對外依存度，天然氣基本實現自給。

4. 資源稀缺性

人類社會生產對資源的需求是無限的，而資源在一定時間、空間是有限的，兩者的相對矛盾造成了資源的稀缺性。在可再生能源面前，傳統資源的稀缺性不言而喻，傳統資源的儲量是有限的，雖然目前仍然在不斷發現新的油氣藏，但相比於人類飛速膨脹的生產需求來說終究是杯水車薪。相比於傳統能源，可再生能源是取之不盡，用之不竭的，但它

第十七章　能源轉型如何影響消費選擇？政策導向下的能源替代進程

也存在地域上的稀缺性。

　　能源替代受到以上四個因素的影響，但由於在當前階段，可再生能源仍處於發展階段，其經濟優勢和環境友善的特點並沒有很好的展現出來，因此需要政策的支持和推動，能源替代才能持續前進。更進一步，政策引導作用是能源替代的最顯著影響因素。

二、政策類型與強度對能源替代的影響

　　既然政策引導是決定能源替代的關鍵性因素之一，那麼分析政策類型與政策強度對能源替代的推進作用，有助於我們更加深入理解當前能源政策的合理性。按照政策強度的不同可以將能源政策可劃分為強制命令型政策、經濟激勵型政策和自願意識型政策。其中，按照實施路徑的不同，經濟激勵型政策又可以細分為價格政策、財稅政策以及投資融資政策。

　　強制命令型政策是指一般由立法部門或者行政部門制定的，具體包括強制要求遵守的法律法規、政策和制度等，強制性命令政策是各國能源政策的主要手段，但是在不同國家的具體法律形式和實施措施上有顯著區別。經濟激勵型政策是利用健全的市場機制，透過對企業或生產組織徵收環境稅費、規定排汙交易權、外部性補貼等方式來規範企業在排汙方面的經濟行為，進而影響企業的排汙量和生產量。自願意識型政策相比其他兩種政策較為靈活，主要是透過群眾的監督作用，舉報違規企業，或者鼓勵群眾主動購買可再生能源產品。

　　不同類型的環境政策之間存在較大差異。從成本方面看，強制命令型政策的發表需要前期大量的數據和資訊作為支持，並且在發表過程中

需要經歷多次的審批和修訂,耗時較長,需要消耗巨大的人力和經濟成本;經濟激勵型政策則不需要太多的數據調查研究和資訊支撐,發表過程較為簡易,因此成本較低;自願意識型政策的發表最為簡單,成本也最低。從實施難度上看,強制命令型政策中受眾處於被動地位,政策發表後容易受到民眾的質疑,更容易激起不滿情緒;經濟激勵型政策並非強制執行,受眾處於主動地位,企業在面臨抉擇時會根據自身需求選擇接受或者放棄激勵,因此更容易為企業受眾所接受。從政策效果來看,由於強制命令型政策使企業被迫強制執行相關措施,理性人面對激勵通常傾向收益最大化的選擇,因此強制命令型和經濟激勵型政策能顯著促進地區綠色經濟發展。而許多學者研究顯示自願型環境規制工具在一定程度上產生抑制作用,這是因為隨著消費者環保意識的強化,公開披露排汙企業的資訊量逐漸增多,有關部門的過度規制將使排汙企業在節能減排、增加研發支出等方面喪失主動性,使自願意識型政策失去理想的效果。

　　受國家政治、經濟、國際關係以及本國資源的影響,國家內部也採取了不同類型的能源政策。目前國際社會中為防治氣候變遷、控制碳排放而採取的氣候政策主要有碳排放權交易、碳排放配額及碳稅、碳關稅等。由於碳稅和碳排放權交易政策被認為是可以實現碳排放責任有效分配和控制的手段,部分經濟學家一直主張採用基於市場管制的經濟激勵政策來控制二氧化碳排放,利用市場機制推動低碳產業發展已經成為國際社會應對氣候變遷、推動經濟成長方式轉變的趨勢。

　　所謂碳排放交易政策,是指企業透過技術更新、改造等手段,達到了減少二氧化碳排放的要求,可以將用不完的排放權賣給其他未完成減少排放目標的企業。歐盟碳交易市場是世界上規模最大、歷史最長的碳

第十七章　能源轉型如何影響消費選擇？政策導向下的能源替代進程

交易市場。歐盟碳交易體系從 2005 年開始啟動，規劃為四個階段，第一階段是從 2005 年到 2007 年的試驗階段，交易涉及的氣體僅僅是對溫室效應貢獻最大的二氧化碳；第二階段是 2008 年到 2012 年，正式履行對《京都議定書》第一期的承諾；第三階段是 2013 年至 2020 年，期間擴大了歐盟碳交易體系覆蓋的產業；第四階段是 2021 年及之後的十年交易期，將一些新的產業不斷納入碳交易體系，同時擴大交易氣體範圍。歐盟頒布的相關法律規定，如果公司遵守協議，其實際碳排放量超過配額時，政府將給出 100 歐元／噸的行政處罰，透過這種懲罰機制來約束企業的碳排放，並提高企業的節能減排意識。碳交易政策不僅激勵了企業內部改進生產工藝，推動綠色生產技術發展，同時也推動了歐盟碳金融業的發展，累積了運用總量交易機制解決氣候問題的經驗。

德國是歐盟能源轉型的佼佼者。自 1960 年代起，德國就開始遭受嚴重的環境汙染，霧霾頻發，與此同時，德國還是一個能源大國，而自身資源不佳，因此對外依存度高，再加上 1980 年代德國去核運動的影響，德國能源轉型上升到政治層面。在環境威脅、能源安全以及政治博弈等多重因素的推動下，德國採取了激進的能源轉型政策。2000 年，德國發表了具有里程碑意義的《可再生能源法》，並分別在 2004、2009、2012 和 2014 年針對實際進展做出了修訂。德國在近年來所有與能源使用相關的法律法規的修訂中，都增添了鼓勵使用新能源的優惠政策。在一系列強而有力的政策推動下，德國計劃於 2020 年實現的可再生能源發電目標於 2018 就已實現，其他政策目標也有望實現。

與德國高比例的可再生資源、激進的碳排放政策相比，美國的能源政策就要保守很多。美國能源轉型並非是氣候變遷壓力下的能源替代，而是在實現能源獨立的條件下，推動一次能源潔淨。作為世界上第二大

能源消費國，雖然美國許多州政府都曾採取積極措施助力新能源技術的研發和市場推廣，但在聯邦政府，直到 2008 年歐巴馬（Barack Obama）總統在任期間才宣布要對全球氣候變遷承擔責任。當然，美國政府態度的改變並不意味著美國能源轉型的核心由能源安全轉變為環境問題，恰恰相反，美國蒸蒸日上的頁岩油革命更加強調了天然氣、煤炭等傳統能源的地位。

從德國和美國的能源轉型政策來看，各國的能源政策是根據不同的核心動機而設定的，本身並無優劣之分，但是對於本國的能源替代和世界氣候變遷會產生不同的影響。

參考文獻

[01]　李文，王鴻雁．國民經濟的命脈：石油經濟［M］．北京：石油工業出版社，2006．

[02]　曲會，薛慶．國際原油定價體系的前世今生［J］．石油知識，2017（4）：36-37．

[03]　汪莉麗，王安建．世界石油價格歷史演變過程及影響因素分析［J］．資源與產業，2009，11（5）：35-42．

[04]　王東．當前石油價格下跌的原因及其對世界經濟的影響［J］．國際石油經濟，1986（1）：11-17．

[05]　常毓文，馬寶玲，王曦．國際油價下跌特徵及石油公司應對策略分析［J］．國際石油經濟，2015，23（3）：46-51．

[06]　田洪志．國際原油價格下跌的深層次因素研究：基於2008——2009年和2014——2015年兩次國際油價下跌比較［J］．價格理論與實踐，2016（1）：112-115．

[07]　王林，李玲．國際油價為何又現「斷崖式」暴跌［N］．中國能源報，2020-03．

[08]　王建良．油價雪崩式下跌，現在是抄底的好時機嗎？解讀歷史首次「負油價」［R］．創業邦，2020-04-24．

[09]　bp. bp Statistical Review of World Energy June 2020 [R]. 2020-06.

[10]　Reeves S R, Kuuskraa V A, Hill D G. New basins invigorate US gas shales play [J]. Oil and Gas Journal, 1996, 94(4)：53-58.

參考文獻

[11] Manda A K, Heath J L, Klein W A, et al. Evolution of multi-well pad development and influence of well pads on environmental violations and wastewater volumes in the Marcellus shale (USA)[J]. Journal of Environmental Management, 2014, 142：36-45.

[12] Joshi SD. Horizontal well technology [M]. PennWell Books, 1991.

[13] DOE U. Modern shale gas development in the United States：A primer [R]. Office of Fossil Energy and National Energy Technology Laboratory, United States Department of Energy,2009.

[14] Carter KM, Harper J A, Kostelnik SJ. Unconventional natural gas resources in Pennsylvania：The backstory of the modern Marcellus Shale play[J]. Environmental Geoences, 2011, 18(4)：217-257.

[15] Engelder T, Lash G. Unconventional natural gas reservoir could boost US supply [R]. Penn State Live, 2008.

[16] Reynolds DB, Umekwe MP. Shale-Oil Development Prospects：The Role of Shale-Gas in Developing Shale-Oil [J]. Energies, 2019, 12(17)：3331.

[17] 姜杉，王金，孫乃·美國頁岩油上游產業發展程式和經驗啟示 [J]·中國礦業，2020，29（8）：42-46·

[18] Staff J. Permian Basin Oil History：Mirroring the Rise in Hydraulic Fracturing [J]. Journal of Petroleum Technologym, 2013, 65 (2)：59-67.

[19] Khalifa A, Caporin M, Hammoudeh S. The relationship between oil prices and rig counts：The importance of lags [J]. Energy Economics, 2017, 63：213-226.

[20] Fournier J M, Koske I, Wanner I, et al. The Price of Oil —— Will it Start Rising Again? [J]. OECD Economics Department Working Papers, 2013, 1031.

[21] 胡嬬·原油價格低迷，美國頁岩油這次能否度過危機 [N]·第一財經，2020·

[22] 孔盈皓，何曦，陳琛·OPEC+產量政策選擇與油價的中長期走勢 [J]·中外能源，2020，25（8）：16-22·

[23] 王俊鵬·供求增速失衡導致油價上行動力不足 [N]·經濟日報，2020-08-26（8）·

[24] 王婧，李昀霏·近期國際石油價格回顧與預測 [J]·國際石油經濟，2020，28（8）：109-112·

[25] Akpolat A G, Bakirtas T. The relationship between crude oil exports, crude oil prices and military expenditures in some OPEC countries[J]. Resources Policy, 2020, 67：101659.

[26] 王霆懿，鄭楠·疫情和低油價下的「石油政治」[J]·世界知識，2020，(15)：56-57·

[27] 馬登科·國際石油價格動盪：原因、影響及中國策略 [D]·長春：吉林大學，2010·

[28] 單衛國·歐佩克對油價的影響力及其政策取向 [J]·國際石油經濟，2000（1）：25-29+63·

[29] 李懿，馮春山·OPEC對國際石油價格影響研究 [J]·技術經濟與管理研究，2003（5）：40-41·

[30] 吳廣義·世界能源地緣政治格局的新態勢 [J]·亞非縱橫，2004（3）：44-48+80·

[31] 趙勇利·2020年世界石油供需展望：國際能源機構2000年預測［J］·國際石油經濟，2001（9）：6-10·

[32] Anand Toprani. The Rise and Fall of OPEC in the Twentieth Century by Giuliano Garavini [M]. New York： Oxford University Press, 2019.

[33] 程春華·歐佩克＋減產的背後［N］·中國石油報，2020-06-23（8）·

[34] 曹峰毓·「歐佩克＋」機制與俄羅斯、沙特、美國的能源博弈［J］·阿拉伯世界研究，2020（3）：3-22+157·

[35] 王越·低油價下美國頁岩油產業的發展及啟示［J］·國際石油經濟，2020，28（11）：41-49·

[36] 寇佳麗·沙特戰俄羅斯：國際原油市場重組［J］·經濟，2020（4）：110-113·

[37] 6 Things You Need to Know About OPEC+[EB/OL]. [2020-03-23]. https://www.themoscowtimes.com/2019/12/04/6-things-opec-russia-a68409l

[38] Cohen, Ariel. OPEC Is Dead, Long Live OPEC+[EB/OL]. Forbes. [2019-08-02].

[39] 劉朝全，石衛，羅繼雨·「OPEC+」限產行動力及其市場影響研究［J］·國際石油經濟，2020，28（5）：20-26·

[40] Razek, Noha H. A., Nyakundi M. Michieka.「OPEC and Non-OPEC Production, Global Demand, and the Financialization of Oil.」[J]. Research in International Business and Finance, 2019, 50： 201-225.

[41] 趙魯濤，孫陸一，鄭志益，等·2020 年國際原油價格分析與趨勢預測 [J]·北京理工大學學報（社會科學版），2020，22（2）：26-30

[42] 李晗·淺析當代中國石油經濟的發展與思考 [J]·中國市場，2020（10）：6+8·

[43] 宋玉春·國際油價創新低：看似偶然，實則必然：專家縱論新冠肺炎疫情和「OPEC+」減產失敗對國際油價影響 [J]·中國石化，2020（3）：73-78·

[44] 羅阿華·國際原油價格斷崖難持久或現投資商機 [J]·中國石油和化工，2020（4）：16-18·

[45] IEA. Energy Efficiency 2018： Analysis and outlooks to 2040 [R]. 2018.

[46] IEA. Global EV Outlook 2020 [R]. 2020.

[47] 單衛國，程熙瓊，王婧·歐佩克 60 年石油市場策略演變及未來發展前景 [J]·國際石油經濟，2020，28（9）：1-9+17·

[48] 薛慶，王震，劉明明，等·負油價、商業週期與套期保值 [J]·國際石油經濟，2020，28（5）：6-14·

[49] 張抗·關於中國所處能源時代及對策的思考 [J]·國際石油經濟，2014，1：73–80·

[50] The world's energy system must be transformed completely [N]. The Economist, 2020.

[51] The dirtiest fossil fuel is on the back foot [N]. The Economist, 2020.

[52] 聯合國環境規劃署·可再生能源投資十年回顧 [N]·2019·

[53] 彭華·中國新能源汽車產業發展及空間布局研究［D］·長春：吉林大學，2019·

[54] LIU Y, HELFAND G E. The Alternative Motor Fuels Act, alternative-fuel vehicles, and greenhouse gas emissions [J]. Transportation Research Part A：Policy and Practice, 2009, 43(8)：755-764.

[55] 高香玲·美國新能源汽車產業及其競爭力分析［D］·長春：吉林大學，2018·

[56] 李妙然·中國新能源汽車產業扶持政策效應［D］·中國社會科學院研究生院，2020·

[57] 左世全，趙世佳，祝月豔·國外新能源汽車產業政策動向及對中國的啟示［J］·經濟縱橫，2020（1）：113-122·

[58] SCOTT M. Economics of Electric Vehicles Mean Oil's Days As A Transport Fuel Are Numbered [N]. Forbes. 2019.

[59] Auty R M. Industrial policy reform in six large newly industrializing countries：The resource curse thesis[J]. World Development, 1994, 22(1)：11-26.

[60] Overland I. The geopolitics of renewable energy：Debunking four emerging myths[J]. Energy Research & Social Science, 2019, 49：36-40.

[61] Max C W, Peter N J. Booming Sector and De-Industrialisation in a Small Open Economy[J]. The Economic Journal, 1982, 92(368)：825-848.

[62] North D C. Institutions, institutional change, and economic perfor-

mance [M]. Cambridge University Press, 1990.

[63] Farhadi M, Islam M R, Moslehi S. Economic Freedom and Productivity Growth in Resource(-?)rich Economies[J]. World Development, 2015, 72：109-126.

[64] Amiri H, Samadian F, Yahoo M, et al. Natural resource abundance, institutional quality and manufacturing development：Evidence from resource-rich countries[J]. Resources Policy, 2019, 62：550-560.

[65] 張天舒·資源稟賦、制度弱化與經濟增長［J］·經濟與管理研究，2013（6）：7-15·

[66] 李文靜，張朝枝·基於路徑依賴視角的旅遊資源詛咒演化模型［J］·資源科學，2019，41（9）：1724-1733·

[67] 張銘洪·簡單路徑依賴模型及其經濟學含義分析［J］·廈門大學學報（哲學社會科學版），2002（5）：55-61·

[68] 姜昕，韓櫻，張乃凡·資源詛咒尋租與衝突傳導機制的博弈分析［J］·國土資源科技管理，2017，34（3）：81-88·

[69] Kozminski K, Baek J. Can an oil-rich economy reduce its income inequality? Empirical evidence from Alaska's Permanent Fund Dividend[J]. Energy Economics, 2017, 65：98-104.

[70] 邵帥，範美婷，楊莉莉·資源產業依賴如何影響經濟發展效率？——有條件資源詛咒假說的檢驗及解釋［J］·管理世界，2013，2：32-63·

[71] Su C W, Khan K, Tao R, et al. A review of resource curse burden on inflation in Venezuela[J]. Energy, 2020, 204, 117925.

[72]　李建民·曲折的歷程：俄羅斯經濟卷［M］·北京：東方出版社，2015·

[73]　陸南泉等·俄羅斯經濟是否患有「荷蘭病」［J］·歐亞經濟，2014（2）：5-34+126·

[74]　Zhao X, Wu Y. Determinants of China's energy imports： An empirical analysis[J]. Energy Policy, 2007, 35(8)： 4235-4246.

[75]　Jabir I. The shift in US oil demand and its impact on OPEC's market share[J]. Energy Economics, 2001, 23(6)： 659-666.

[76]　雷閃·財政盈虧平衡油價的概念及應用局限［J］·國際石油經濟，2016，24（3）：39-43·

[77]　郭曉瓊·俄羅斯產業結構與經濟增長的互動關係研究［J］·俄羅斯研究，2011（3）：119-134·

[78]　張聰明·俄羅斯第二產業的結構變遷與現狀解析［J］·俄羅斯東歐中亞研究，2018（6）：40-57+153-154·

[79]　韓志國·沙特石油市場特點及石油貿易策略分析［J］·當代石油石化，2015，23（2）：8-14·

[80]　馬秀卿·試論中東國家經濟發展的特點和趨勢［J］·西亞非洲，1986（2）：1-9+79·

[81]　Ampofo G, Cheng J, Asante D A, et al. Total natural resource rents, trade openness and economic growth in the top mineral-rich countries： New evidence from nonlinear and asymmetric analysis[J]. Resources Policy, 2020, 68, 101710.

[82]　蔣立，閆強，柳群義，等·沙烏地阿拉伯石油國家成本分析與應

用［J］.中國礦業，2020，29（1）：46-51.

[83] 劉亞南.疫情對石油行業影響或將持續更長時間［N］.經濟參考報，2020-10-19.

[84] 姜明新.低油價對中東經濟的影響［J］.當代世界，2016（12）：77-80.

[85] Eregha P B, Mesagan E P. Oil resources, deficit financing and per capita GDP growth in selected oil-rich African nations：A dynamic heterogeneous panel approach[J]. Resources Policy, 2020, 66, 101615.

[86] 北京師範大學金融研究中心課題組.解讀石油美元：規模、流向及其趨勢［J］.國際經濟評論，2007（2）：26-30.

[87] 張帥.「石油美元」的歷史透視與前景展望［J］.國際石油經濟，2017，25（1）：51-57+64.

[88] 廖茂林.川普政府「能源新現實主義」策略中的美元霸權分析［J］.東嶽論叢，2020，41（7）：104-119+192.

[89] 陳彭勇.「一帶一路」背景下原油人民幣計價研究［D］.天津：天津商業大學，2019.

[90] 楊力.試論「石油美元體制」對美國在中東利益中的作用［J］.阿拉伯世界，2005（4）：18-21.

[91] 常軍紅，鄭聯盛.石油美元的迴流、影響及政策建議［J］.國際石油經濟，2008（1）：46-51+55+88.

[92] 孟一坤.石油美元的環流、迴流與美國國債市場開放［J］.上海經濟研究，2018（1）：104-115+128.

參考文獻

[93] 邊衛紅，郝毅，蔡思穎．石油美元環流的新特點及其對石油人民幣發展的啟示［J］．金融論壇，2018，23（10）：18-27．

[94] 張茉楠．金融週期視角：「美元環流」與全球資本流動風險［J］．金融博覽（財富），2016（7）：18-19．

[95] 李萌．論美元環流對美國經濟霸權的影響［D］．2014．

[96] 郝宏展．美元環流的穩定性與美元本位存在機理［J］．現代管理科學，2012（11）：77-79．

[97] 威廉·恩道爾著．趙剛，曠野，戴健等譯．石油戰爭：石油政治決定世界新秩序［M］．北京：中國民主法製出版社，2016．

[98] 張智亨．戰爭引發的三次石油危機［J］．國土資源導刊，2011，8（3）：71-72．

[99] 徐孝明．第二次石油危機的動因及其影響新探［J］．首都師範大學學報（社會科學版），2009（4）：18-23．

[100] Paul Kemezis. The Decade ofOil Policy[M]. NewYork： Praeger, 1984.

[101] 朱靖江．石油相思血色迷狂［J］．中國國家地理，2003（5）：36-49．

[102] 江紅．為石油而戰：美國石油霸權的歷史透視［M］．東方出版社，2002：349-350．

[103] 林綠，吳亞男，董戰峰，等．德國和美國能源轉型政策創新及對中國的啟示［J］．環境保護，2017，45（19）：64-70．

[104] 田昊，胡衛華．淺析國際投資中的國有化及其補償［J］．法制與社會，2008（15）：225+231．

[105] 薛慶，王震·油價衝擊、政治制度與資源國有化決策：基於 1960——2010 年數據的實證分析 [J]·世界經濟與政治，2012 (9)：93-106+159·

[106] 于鵬·石油資源國有化與私有化的動因 [N]·中國石油報，2016-07-14 (4)·

[107] 陳鍇·福兮？禍兮？——反思新一輪石油國有化浪潮 [J]·社會觀察，2008 (2)：44-46·

[108] 于鵬·國際石油業國有化新趨勢 [J]·經濟導刊，2006 (10)：49-52·

[109] 郭佳·普丁時期俄羅斯資源民族主義及其對國際能源安全的影響 [D]·上海：復旦大學，2014·

[110] 馮連勇·私有化目標：俄羅斯石油天然氣工業改革歷程 [J]·科學決策，2002 (9)：60-64·

[111] 李建民·俄羅斯新一輪私有化評析 [J]·俄羅斯學刊，2013，3 (2)：5-12·

[112] 巢清塵，張永香，高翔，等·巴黎協定：全球氣候治理的新起點 [J]·氣候變化研究進展，2016，12 (1)：61-67·

[113] 劉滿平·中國實現「碳中和」目標的意義、基礎、挑戰與政策著力點 [J]·價格理論與實踐，2021，2：421-426·

[114] 黃靜，陳思遠·歷次石油危機對世界的影響及對中國的啟示 [J]·商業經濟，2019 (11)：123-125·

[115] 杜創國，張小丫·歐洲生態文明發展及其啟示 [J]·新視野，2013 (4)：28-31·

參考文獻

[116] 楊澤偉·歐盟能源法律與政策及其對中國的啟示 [J]·武大國際法評論，2007，7（2）：214-229·

[117] 科技部·歐盟通過歐盟能源技術策略計劃 [OL]·[2007-11-28]· http://www.most.gov.cn/gnwkjdt/200711/t20071127_57437.htm

[118] 陳柳欽·歐盟 2020 年能源新策略 [J]·國際數據信息，2012（4）：1-4+47·

[119] 常紅·歐洲藍皮書：歐洲新能源正逐步取代傳統能源 [OL]·[2014-8-29]·http://world.people.com.cn/n/2014/0829/c1002-25565981.html

[120] 歐盟釋出 2050 能源路線圖 [J]·石油和化工節能，2012（1）：4·

[121] 馬娜·中國與歐盟環境政策比較研究 [J]·上海標準化，2005（2）：40-45·

[122] 陳俊榮·歐盟促進低碳經濟發展的政策手段研究 [J]·對外經貿，2014（11）：28-34·

[123] 潘家華，陳迎·碳預算方案：一個公平、可持續的國際氣候制度框架 [J]·中國社會科學，2009（5）：83-98+206·

[124] 鄭傑峰·歐盟二氧化碳減排政策研究及其對中國的啟示 [D]·中國石油大學（華東），2011·

[125] 戚永穎，何繼江·瑞典交通能源轉型路徑 [J]·能源，2018（Z1）：75-79·

[126] 何繼江·冰島的能源轉型（上）[J]·風能，2017（8）：12-15·

[127] Word Energy Council. World Energy Trilemma Index 2019 [R]. 2020. https://www.worldenergy.org/assets/downloads/WETrilemma_2019_

[128] 呂建中．打破能源「三元悖論」要增強政策靈活性［N］．中國能源報，2020-12-14（4）．

[129] Ken Koyama, Shiheru Suehiro. Covid-19 and outlook for oil gas and LNG demand in 2021 [R]. IEEJ, 2020-04-30.

[130] 余嶺，熊靚，林曉紅，等．復甦形勢下世界領先石油公司策略選擇［J］．石油科技論壇，2019，38（1）：49-55．

[131] 余嶺，夏初陽，熊靚，等．2019 年國際大石油公司經營業績與策略動向［J］．國際石油經濟，2020，28（4）：83-89．

[132] 董世紅．2014 年下半年國際市場原油價格暴跌的原因分析及對策研究［J］．經濟研究導刊，2015（2）：65-66．

[133] 高新偉，趙揚揚．國際油價暴跌的影響及中國應對策略［J］．價格理論與實踐，2020（4）：31-35．

[134] 李希宏．金融危機對石油石化業的影響及應對策略［J］．當代石油石化，2009，17（1）：1-8．

[135] 張瑩．新冠疫情下國際石油巨頭金融活動研究及前瞻［J］．當代石油石化，2020（5）：17-20．

[136] 邢珺．雪佛龍公司應對低油價的新策略解析［J］．當代石油石化，2017（10）：44-50．

[137] 梁慧，侯明揚．低油價下各類石油公司經營策略分析［J］．國際石油經濟，2017（5）：29-37．

[138] 于建寧．雪佛龍 - 德士古公司：主要業務及發展策略分析［J］．石油科技論壇，2005，6（6）：31-31．

[139] 劉猛·疫情對國際原油市場的影響及應對建議［J］·中國財政，2020（10）：35-37·

[140] 張抗，羅雲峰·從剩餘產能看新世紀世界石油供需形勢［J］·中外能源，2014（4）：7-11·

[141] 張抗，盧泉傑·油價下跌的根本原因和深遠影響［J］·中外能源，2015（5）：1-15·

[142] 陸如泉·國家石油公司的未來［EB/OL］·[2020-09-13］·https://mp.weixin.qq.com/s/V2QkPj CehcpWK_eOp3suNA·

[143] 王才良·世界上國家石油公司的產生和發展［J］·國際石油經濟，2000（5）：29-33+71·

[144] 徐東·油氣企業轉型之「辨」（二）[N]·中國石化報，2020-09-04（6）·

[145] 鄒倩，王克銘·低油價環境下國際油公司資產優化特點及啟示［J］·中國礦業，2018，27（6）：44-47·

[146] 梁慧，侯明揚·低油價下各類石油公司經營策略分析［J］·國際石油經濟，2017，25（5）：22-30·

[147] 國家石油公司與非國有石油公司在管理上的主要差異［J］·中國石油企業，2012（7）：46-47·

[148] PDVSA. LA INDUSTRIA [EB/OL]. [2021-01-1]. http://www.pdvsa.com/index.php?option=com_content&view=article&id=8917&Itemid=569&lang=es.

[149] Steve H. Hanke. Venezuela's Retrogressing Economy：Exhibit 1, PDVSA [EB/OL]. [2018-09-19]. https://www.forbes.com/sites/stevehanke/2018/09/19/venezuelas-retrogressing-economy(-?)exhib-

it-1-pdvsa/?sh=7f07195f10c4.

[150] Kenneth Rapoza. Up Next On The Venezuela Front, Slapping PDVSA With Sanctions? [EB/OL]. [2017-08-10]. https://www.forbes.com/sites/kenrapoza/2017/08/10/venezuela-sanctions(-?)maduro-pdvsa-trump-regimechange/?sh=112dfca56113.

[151] 竇立榮，肖偉，劉貴洲．抓住低油價機遇積極獲取優質油氣資產［J］．世界石油工業，2020，27（5）：52-60．

[152] 劉尚奇，羅豔豔，劉劍波．低油價下加拿大油砂專案的經營策略［J］．國際石油經濟，2016，24（11）：32-37+44．

[153] 徐東2020年全球油氣資產併購市場的八個特徵［N］．中國石油報，2021-01-14（6）．

[154] 徐東．頁岩氣還沒涼透？［J］．中國石油石化，2020（20）：50-51．

[155] 徐東．油氣企業轉型之「辨」（三）［N］．中國石化報，2020-09-04（7）．

[156] 張寧寧，王青，王建君，等．全球主要石油公司發展策略及啟示［J］．石油科技論壇，2019，38（6）：48-55．

[157] 中國石油勘探開發研究院（RIPED）．全球油氣勘探開發形勢及油公司動態（2020年）［M］．北京：石油工業出版社，2020．

[158] Cenovus. Annual Documents[EB/OL]. https://www.cenovus.com/invest/financial-information/annual-reports.html.

[159] CNRL. Annual Documents[EB/OL]. https://www.cnrl.com/investor-information/annual(-?)documents.html#2015.

[160] CNRL. Annual Documents[EB/OL]. https://www.cnrl.com/investor-information/annual(-?)documents.html#2019.

[161] ConocoPhillips. Annual Report[EB/OL]. http://www.conocophillips.com/company-reports(-?)resources/annual-report/.

[162] EOG. Annual Reports & Proxy Materials[EB/OL]. https://investors.eogresources.com/Annual-Reports/default.aspx.

[163] Hess. Annual Report[EB/OL]. https://investors.hess.com/Annual-Reports?c=101801&p=irol(-?)reportsAnnual.

[164] Lukoil. Annual Results[EB/OL]. https://www.lukoil.com/InvestorAndShareholderCenter/ReportsAndPresentations/AnnualReports.

[165] Marathon Oil. Annual Report and Proxy[EB/OL]. https://www.marathonoil.com/Investors/Financial-Information/Annual-Report-and-Proxy/.

[166] Novatek. Annual Reviews[EB/OL]. http://www.novatek.ru/en/investors/reviews/.

[167] Occidental. Annual Report[EB/OL]. https://www.oxy.com/investors/Reports/Pages/Annual-Report-and-Proxy.aspx.

[168] Respol. Shareholders and Investors[EB/OL]. https://www.repsol.com/en/shareholders-and(-?)investors/financial-information/annual-reports/index.cshtml.

[169] Suncor. Investor Center[EB/OL]. https://www.suncor.com/en-ca/investor-center#.

[170] Tullow. Annual Reports[EB/OL]. https://www.tullowoil.com/investors/results-reports-and(-?)presentations/.

[171] Woodside. Reports[EB/OL]. https://www.woodside.com.au/inves-

tors/reports-publications.

[172] 田納新，張禮貌，姜向強·世界石油工業發展歷程、啟示與展望 [J]·當代石油石化，2020，28（10）：5-12+38·

[173] 李宏勳，應黎黎·國外石油科技發展趨勢研究 [J]·石油大學學報（社會科學版），1999（1）：19-23·

[174] 林伯韜，郭建成·人工智慧在石油工業中的應用現狀探討 [J]·石油科學通報，2019，4（4）：403-413·

[175] 楊金華，邱茂鑫，郝宏娜，等·智慧化——油氣工業發展大趨勢 [J]·石油科技論壇，2016，35（6）：36-42·

[176] 突出創新驅動，強化技術引領 [J]·中國石油企業，2016（Z1）：68-69·

[177] 安琪兒，張虎俊，曲德斌·技術創新驅動油公司降本增效案例解析 [J]·石油科技論壇，2019，38（2）：57-63·

[178] 張麗娟·淺析石油企業降本增效的有效途徑 [J]·財會學習，2018（18）：186-187·

[179] 孫奉哲·低油價下國內石油企業降本增效策略探討 [J]·中國中小企業，2020（6）：83-84·

[180] 王小林，匡明·石油公司降低桶油成本面臨的問題與對策 [J]·世界石油工業，2020，27（4）：8-11+63·

[181] 劉銀山，朱晴，杜燕，等·低油價下國內外石油企業降本增效策略探討及啟示 [J]·科技經濟導刊，2017（3）：193-195·

[182] 唐穎，唐玄，王廣源，等·頁岩氣開發水力壓裂技術綜述 [J]·地質通報，2011，30（Z1）：393-399·

參考文獻

[183] 王金磊，伍賢柱．頁岩氣鑽完井工程技術現狀［J］．鑽採工藝，2012，35（5）：7-10+6．

[184] 馬永紅．基於低碳經濟的石油工業發展對策［J］．財經界，2020（26）：28-29．

[185] 中國石油．中國使用石油的歷史［OL］．http://www.cnpc.com.cn/cnpc/rdgzbk/201612/58a24 a60c717400a924d1fcbd8248aaa.shtml2016．

[186] 程希榮．古今石油：關於石油工業史、科技史的札記［M］．北京：石油工業出版社，1999．

[187] 胡文瑞．重新發現石油：石油將緩慢地失去青睞度［M］．北京：石油工業出版社，2018．

[188] Gleick PH. Bottled and Sold：The Story Behind Our Obsession with Bottled Water[M]. Island Press, 2010.

[189] 梁文傑，王丙申．石油與衣食住行［M］．北京：石油工業出版社，2006．

[190] 馮連勇，陳大恩，唐旭．國際石油經濟學（第 2 版）［M］．北京：石油工業出版社，2013．

[191] 中國石油化工與銷售分公司．中國石油化工產品生產工藝及加工應用［M］．北京：石油工業出版社，2007．

[192] 張嬌靜等．石油化工產品概論［M］．北京：石油工業出版社，2019．

[193] 中國石油化工總公司生產部．石油化工產品大全［M］．北京：中國石化出版社，1992．

[194] 錢鳳珍·1997——1998年中國塑膠工業進展[J]·塑膠工業，1999，27，3-5·

[195] 國家統計局·國家數據[OL]·http://data.stats.gov.cn/easyquery.htm?cn=C012020·

[196] 阮雲峰·合成纖維：超乎想像的跨越式發展[J]·中國石化·2018：47-51·

[197] Commerce DoClUSDo [OL]. https://www.commerce.gov/2020.

[198] 中國合成橡膠工業協會·2019年合成橡膠行業執行數據公布[OL]·http://www.cnsria.org.cn/newsitem/2784896112020·

[199] Darido G, Torres-Montoya M, Mehndiratta S. Urban Transport and CO_2 Emissions： Some Evidence from Chinese Cities[J]. Wiley Interdisciplinary Reviews Energy & Environment, 2014, 3(2)： 122-155.

[200] 呂淑儀，區嘉良·淺析國內成品油與國際原油價格變動幅度不同步的原因[J]·全國商情（經濟理論研究），2014（20）：75·

[201] 張高明·推進成品油價格形成機制改革的幾點思考[J]·價格理論與實踐，2007（5）：37-38·

[202] 潘寧·國際石油價格形成機制分析與中國石油定價模式研究[D]·上海：復旦大學，2011·

[203] 張崢，許經彤·原油的商品屬性和金融屬性：影響原油價格因素解析[J]·國際石油經濟，2018，26（12）：23-31·

[204] 李雪慧·中國成品油價格機制研究[D]·福建：廈門大學，2012·

[205] 孫祥·中國成品油價稅負水平究竟是高是低[J]·寧波經濟（財經視點），2012（8）：40·

參考文獻

[206] 萬瑩，徐崇波·成品油消費稅稅率和稅負水平的國際比較研究［J］· 當代財經，2016（2）：43-51·

[207] 扈志勇·中國成品油消費稅問題研究：以山東省為例［D］·濟南：山東財經大學，2017·

[208] 唐東會·中國成品油稅費改革評析［J］·會計之友，2009（21）：36-37·

[209] 王守春，張靜，周若洪·美國燃油消費稅徵收監管政策及對中國的啟示［J］·當代石油石化，2017，25（6）：13-16·

[210] 袁曙光·國際比較視角下中國成品油價格合理稅負水平分析［N］·金融時報，2012-02-27（12）·

[211] 劉英韜·完善中國燃油稅制度的思考［J］·時代經貿，2013（5）：118·

[212] Langer A, Maheshri V, Winston C. From gallons to miles：A disaggregate analysis of automobile travel and externality taxes[J]. Journal of Public Economics, 2017, 152：34-46.

[213] 謝穎·英國環境稅制的演變及效應評估［J］·生產力研究，2014（9）：59-61+137·

[214] OPEC. Annual Statistical Bulletin 2019[R]. https://www.opec.org/opec_web/en/

[215] Bakirtas, T., Akpolat, A. G. The relationship between energy consumption, urbanization, and economic growth in new emerging-market countries[J]. Energy, 2018. 147：110-121.

[216] Kasman, A., Duman, Y. S. CO_2 emissions, economic growth, energy

consumption, trade and urbanization in new EU member and candidate countries：A panel data analysis[J]. Economic Modelling, 2015, 44：97-103.

[217] Liu, Y. Exploring the relationship between urbanization and energy consumption in China using ARDL (autoregressive distributed lag) and FDM (factor decomposition model) [J]. Energy, 2009, 34(11)：1846-1854.

[218] 周國富，藏超·城市化與能源消費的動態相關性及其傳導機制：基於1978——2008年的實證研究［J］·經濟經緯，2011（3）：62-66·

[219] Xie, L., et al. Does urbanization increase residential energy use? Evidence from the Chineseresidential energy consumption survey 2012[J]. China Economic Review, 2020, 59：101374.

[220] 劉耀彬·中國城市化與能源消費關係的動態計量分析［J］·財經研究，2007（11）：72-81·

[221] Yang, Y., et al. The impact of urbanization on China's residential energy consumption[J]. Structural Change and Economic Dynamics, 2019, 49：170-182.

[222] Wang, Q., et al. Exploring the relationship between urbanization, energy consumption, and CO_2 emissions in different provinces of China[J]. Renewable and Sustainable Energy Reviews, 2016, 54：1563-1579.

[223] Li, K., Lin, B. Impacts of urbanization and industrialization on energy

consumption/CO_2 emissions: Does the level of development matter? [J]. Renewable and Sustainable Energy Reviews, 2015, 52: 1107-1122.

[224] Wang, Q., et al., Does urbanization lead to less residential energy consumption? A comparative study of 136 countries[J]. Energy, 2020, 202: 117765.

[225] Yu, Y., Zhang, N., Kim, J. D. Impact of urbanization on energy demand: An empirical study of the Yangtze River Economic Belt in China[J]. Energy Policy, 2020, 139: 111354.

[226] Salim, R. A., Shafiei, S. Urbanization and renewable and non-renewable energy consumption in OECD countries: An empirical analysis[J]. Economic Modelling, 2014, 38: 581-591.

[227] Mrabet, Z., et al., Urbanization and non-renewable energy demand: A comparison of developed and emerging countries[J]. Energy, 2019, 170: 832-839.

[228] Chen, S., Jin, H., Lu, Y. Impact of urbanization on CO_2 emissions and energy consumption structure: A panel data analysis for Chinese prefecture-level cities[J]. Structural Change and Economic Dynamics, 2019, 49: 107-119.

[229] 李小軍，城鎮化水平對能源消費結構的作用機制研究［J］.湖北農業科學，2020，59（22）：193-198.

[230] 韓效，邱建.美國城市化視角下的中國城市發展思考［J］.西南交通大學學報（社會科學版），2015，16（2）：118-123.

[231] 蔡繼明等，中國的城市化功能定位、模式選擇與發展趨勢［M］·上海：東方出版中心，2019·

[232] 唐旭，王建良，能源經濟學［M］·北京：石油工業出版社，2017·

[233] 馬麗，劉立濤，基於先進國家比較的中國能源消費峰值預測［J］·地理科學，2016，36（7）：980-988·

[234] 于汶加，王安建，王高尚，中國能源消費「零增長」何時到來［J］·地球學報，2010，31（5）：635-644·

[235] 李迅，曹廣忠，徐文珍，等·中國低碳生態城市發展策略［J］·城市發展研究，2010，17（1）：32-39+45·

[236] 朱永彬，王錚，龐麗，等·基於經濟模擬的中國能源消費與碳排放高峰預測［J］·地理學報，2009，64（8）：935-944·

[237] Yuan J, Xu Y, Hu Z, et al. Peak energy consumption and CO_2 emissions in China[J]. Energy Policy, 2014, 68：508-523.

[238] 沈鐳，劉立濤，王禮茂，等·2050年中國能源消費的情景預測［J］·自然資源學報，2015，30（3）：361-373·

[239] 國家發展和改革委員會能源研究所，中國2050年低碳發展之路：能源需求暨碳排放情景分析［M］·北京：科學技術出版社，2009·

[240] 李江濤，張春成，翁玉豔，等·聽鄰國日本談中國能源發展［J］·能源，2019，126（6）：64-67·

[241] ＊＊，王恰，中國的能源革命：供給側改革與結構優化（2017——2050）［J］·國際石油經濟，2017，25（8）：1-14·

[242] 吳靜，王錚，朱潛挺，等·微觀創新驅動下的中國能源消費與碳排放趨勢研究［J］·複雜系統與複雜性科學，2016，13（4）：68-79·

參考文獻

[243] 張寧·全球變暖加劇，美國難辭其咎 [J]·生態經濟，2020，36（9）：1-4

[244] 王卓宇·世界能源轉型的漫長程式及其啟示 [J]·現代國際關係，2019（7）：51-59+28·

[245] IRENA. Renewable power generation costs in 2019 [R]. 2019.

[246] 劉璐，劉晨，劉罡，等·能源品種替代的影響因素分析 [J]·東北電力技術，2018，39（1）：27-29+34·

[247] 王冠，張凱，劉靜·不同規制工具對綠色發展效率的影響及機制研究 [J]·生態經濟，2021，37（1）：130-135·

[248] 楊仕輝，魏守道·氣候政策的經濟環境效應分析：基於碳稅政策、碳排放配額與碳排放權交易的政策視角 [J]·系統管理學報，2015，24（6）：864-873·

[249] 申偉·歐盟排放交易體系擴大至航運業的利弊及思考 [J]·中國船檢，2020（10）：54-57·

[250] 林綠，吳亞男，董戰峰，等·德國和美國能源轉型政策創新及對中國的啟示 [J]·環境保護，2017，45（19）：64-70·

[251] 申偉，陸敏恂·中國新能源汽車產業的發展現狀與展望 [J]·汽車實用技術，2020，45（22）：239-242·

黑金動盪，全球能源秩序的轉折點：

頁岩革命 × 能源轉型 × 地緣政治 × 環保議題……能源市場如何影響全球格局？

作　　　者：王建良，趙林，薛慶		**國家圖書館出版品預行編目資料**
發　行　人：黃振庭		
出　版　者：山頂視角文化事業有限公司		黑金動盪，全球能源秩序的轉折點：頁岩革命 × 能源轉型 × 地緣政治 × 環保議題……能源市場如何影響全球格局？/ 王建良，趙林，薛慶著. -- 第一版. -- 臺北市：山頂視角文化事業有限公司, 2025.02
發　行　者：山頂視角文化事業有限公司		
E - m a i l：sonbookservice@gmail.com		
粉　絲　頁：https://www.facebook.com/sonbookss/		面；　公分
網　　　址：https://sonbook.net/		ISBN 978-626-99407-4-5 (平裝)
地　　　址：台北市中正區重慶南路一段61號8樓		1.CST: 石油經濟 2.CST: 石油問題 3.CST: 能源政策
8F., No.61, Sec. 1, Chongqing S. Rd., Zhongzheng Dist., Taipei City 100, Taiwan		457.01　　　　　114001547
電　　　話：(02)2370-3310		
傳　　　真：(02)2388-1990		
印　　　刷：京峯數位服務有限公司		
律師顧問：廣華律師事務所 張珮琦律師		

-版權聲明-

本書版權為石油工業出版社所有授權山頂視角文化事業有限公司獨家發行電子書及繁體書繁體字版。若有其他相關權利及授權需求請與本公司聯繫。

未經書面許可，不可複製、發行。

定　　　價：480 元
發行日期：2025 年 02 月第一版

電子書購買

爽讀 APP　　臉書